高职高专计算机类专业系列教材——大数据技术与应用系列

U0113972

MySQL 数据库技术及应用项目教程

刘 芳 主 编

李林燕 谢丽萍 副主编

电子工业出版社
Publishing House of Electronics Industry
北京 · BEIJING

内 容 简 介

本书结合 MySQL 8 数据库管理系统，基于"与企业应用、岗位技能相符"的原则，按照项目教学的基本规律编写。全书以项目为导向、以工作任务为主线，以 MySQL 数据库的管理与应用开发任务为载体，重点介绍以下知识与技能：MySQL 数据库环境的建立及其连接；数据库及各种数据库对象的创建与管理；数据的增删改及查询；索引与视图；MySQL 程序设计；数据的备份与恢复、导入与导出等操作；MySQL 数据库的安全管理；数据库的设计方法；利用 Python 和 PHP 语言开发基于 C/S 和 B/S 结构的数据库应用系统的方法。

本书注重理实一体，语言浅显易懂，具有较强的实用性和操作性。本书结构合理，便于教学取舍；选材实用，示例丰富，便于理解和操作。

本书可作为高等职业院校计算机相关专业及电子商务、物流管理、机电一体化等专业的教材，也可作为普通高校或成人院校本科非计算机专业的教材，也是 MySQL 及其应用编程初学者的理想入门读物，对计算机工作者及爱好者也有很好的参考价值。

图书在版编目（CIP）数据

MySQL 数据库技术及应用项目教程 / 刘芳主编. —北京：电子工业出版社，2021.6
ISBN 978-7-121-40513-6

Ⅰ. ①M… Ⅱ. ①刘… Ⅲ. ①SQL 语言—程序设计—高等学校—教材 Ⅳ. ①TP311.132.3

中国版本图书馆 CIP 数据核字（2021）第 013324 号

责任编辑：贺志洪

印　　刷：北京天宇星印刷厂
装　　订：北京天宇星印刷厂
出版发行：电子工业出版社
　　　　　北京市海淀区万寿路 173 信箱　邮编　100036
开　　本：787×1092　1/16　印张：20.25　字数：518.4 千字
版　　次：2021 年 6 月第 1 版
印　　次：2021 年 6 月第 1 次印刷
定　　价：58.00 元

凡所购买电子工业出版社图书有缺损问题，请向购买书店调换。若书店售缺，请与本社发行部联系，联系及邮购电话：（010）88254888，88258888。

质量投诉请发邮件至 zlts@phei.com.cn，盗版侵权举报请发邮件至 dbqq@phei.com.cn。

本书咨询联系方式：（010）88254609 或 hzh@phei.com.cn。

前　言

一、关于本书

在以往基于知识体系的教学模式下，学生学习后普遍反映理论知识偏多、要掌握的技能不是太明确，拿到实际项目不能很快上手，遇到新问题也不知道如何解决。如果将学生的学习活动与具体的项目相结合，以工作任务导向来组织教学，既能使理论知识和工作技能紧密融合，减少和分散理论知识；又能使学生更快地获得规划、实施和管理中小型数据库应用系统的方法技能，提高解决实际问题的能力。为此，编者基于"与企业应用、岗位技能相符"的原则，按照项目教学的基本规律，并结合实际应用与开发 MySQL 数据库管理系统的经验编写了《MySQL 数据库技术及应用项目教程》，旨在响应国家在高职院校进行的"三教"改革的实践，让学生体会到"学中做""做中学"的乐趣。

本书采用项目任务的体系结构，强化技能操作，突出知识重点和实用性，在内容上引入 MySQL 数据库应用的最新技术；在编写团队上吸纳有数据库管理与应用经验的企业人员，与他们共同探讨大纲、技术规范，力求体现技术的规范性。本书是编者多年来在教学实践中对本课程的项目教学内容、项目教学方法及项目教学效果研究成果的具体应用，是与学院智慧校园服务中心进行校企合作在教育教学上的实践成果，也是 2019 年全国高等院校计算机基础教育研究会计算机基础教育教学研究项目"面向新平台的高职数据库技术及应用课程建设和资源开发实践研究"（项目编号 2019-AFCEC-174）的研究成果之一。

二、内容与结构

本书以学生成绩管理系统为主线、以 MySQL 8.0.17 为教学环境，分 9 个项目重点介绍以下知识与技能：MySQL 数据库环境的建立及其连接；数据库及各种数据库对象的创建与管理；数据的增删改及查询；索引与视图；MySQL 程序设计；数据的备份与恢复、导入与导出等操作；MySQL 数据库的安全管理；数据库的设计方法；利用 Python 和 PHP 语言开发基于 C/S 和 B/S 结构的数据库应用系统的方法。

另外，本书为了兼顾不同体系结构的数据库应用系统的开发需求，在项目 9 中较为详细地介绍了 C/S 和 B/S 两种不同体系结构下的窗体应用程序和 Web 应用程序的开发方法，使学生对利用 PyCharm 或 WAMPServer 集成环境进行数据库应用系统编程有一个较为全面的认识，在掌握数据库基本概念和 MySQL 的基本操作技能的同时，能进行中小型管理系统的设计与开发。

本书中各项目均包括完整的教学环节：知识目标、技能目标、素质目标、若干工作任务、与任务相关的知识讲解、完成任务的方法和步骤、项目小结和课后习题等。其中，每个工作任务又包括"任务描述"、"任务分析与知识储备"、"任务实现"和"任务总结"，部分"任务总结"后还包括对技能点应用的触类旁通或举一反三的"任务拓展"部分；课后习题包括能巩固所学知识点的选择题、填空题、判断题和问答题，以及与所学技能相配套的实训题。

三、编写思路

本书不仅注重知识与技能的传授，还注重教会学生怎么学、如何做，从而使学生学后就能很快上手。这些做法都是作者多年来从事计算机课程教学的体会，并在教学中收到了较好的教学效果，具体体现在以下几方面。

（1）强调以学生为中心。以学生的学、练、思为教学主体，在注重对学生实际操作能力培养的同时，也强调其技术应用能力的培养，既让学生了解数据库管理与设计方法，又使学生掌握如何去做，使学生学后会用，学以致用。

（2）合理编排内容，把握认知规律。教材打破常规章节的编排顺序，在讲解数据库知识和训练操作技能的过程中，充分考虑学生的接受能力，按照由浅入深、由感性认识到理性认识的规律组织项目内容。

（3）强化技能操作，突出知识重点。每个项目都分为若干工作任务，围绕任务进行技能和知识的传授。工作任务设置的总原则为从工作岗位需求出发，选择典型任务并确定相应的知识点，其目标是在任务的完成过程中更好地学习、理解和应用知识。

（4）定位于职业岗位需求，适用面广。教材中有关数据库管理技能的训练，可为学生日后从事数据库管理员工作打下基础；而有关数据库设计与开发技能的训练，可为学生日后从事数据库应用系统的开发提供保证。

（5）体现技术的先进性和规范性。适当参照相关职业资格标准，所选实例能够满足国家职业资格技能等级 Web 前端开发 1+X 证书中对数据库操作技能的要求，同时体现新技术、新标准，实现专业课程内容与职业标准对接、教学过程与生产过程对接。

四、本书特色

本书的特色有以下几点。

（1）体系结构的职业性。本书结构采用"项目导向，任务驱动"来组织教学内容，结构合理，便于教学取舍，具有新型活页式教材的特点。

（2）突出实用性和可操作性。以岗位需求和职业能力为目标，以工作任务为主线，以数据库管理与应用开发任务为载体进行内容讲授。所选项目和任务难易适中，实用性较强。

（3）注重实践、兼顾理论。本书在突出实用性和操作性的基础上也不失系统性和科学性，使学生能在掌握应用技能的同时提高知识的迁移能力和实践的创新能力。

（4）在内容的表述上，行文朴实流畅、浅显易懂，图文并茂，示例丰富，既便于理解和操作，也便于自学和效仿。

五、适用对象

本书可以作为高等职业院校计算机相关专业及电子商务、物流管理、机电一体化等专业的数据库技术基础、数据库应用开发课程的教材，也可以作为计算机培训及自学教材。学生在学完本书后，应能熟练掌握 MySQL 数据库的基本知识，会操作、应用 MySQL 数据库，并具有开发一般复杂程度的数据库应用系统的能力。

本书由苏州经贸职业技术学院的刘芳主编，李林燕、谢丽萍副主编，苏州普腾信息科技有限公司的冯养信工程师参编。全书由刘芳统稿。在本书的编写过程中，还得到了其他相关企业专家和教师的大力支持，如苏州经贸职业技术学院智慧校园服务中心的盖之华老师、苏州佳图智绘信息技术有限公司的韩菲工程师的热情指导，在此一并表示衷心感谢。

由于作者水平有限、时间紧迫，书中肯定存在疏漏和不足之处，恳望广大读者不吝赐教，批评指正。如对书中内容有疑问或其他意见，请与作者联系。

E-mail：liuf_0606@qq.com，fliu@szjm.edu.cn。

编　者
2021 年 1 月

目 录

# 项目 1 MySQL 数据库环境的建立

知识目标：①理解数据库和数据库管理系统的基本概念；②了解 MySQL 数据库管理系统的发展历史、特点及其应用场合；③掌握 MySQL 服务器的作用；④了解常用的 MySQL 命令行工具的功能。

技能目标：①能根据不同的应用场合选择合适的 MySQL 版本；②能在 Windows 平台下进行 MySQL 社区版的安装与配置，并能进行安装结果的验证；③会用多种方法启动与停止 MySQL 服务器、连接与断开 MySQL 服务器；④熟悉 MySQL 图形化工具 MySQL Workbench 的使用。

素质目标：①形成勤学苦练、奋发上进的学习态度；②养成查阅相关技术手册或资料的意识；③培养分析和解决实际问题的能力。

[项目描述与任务分解]

MySQL 是一个功能强大、开放源码的用来帮助用户创建和管理数据库的关系型数据库管理系统，它采用客户机/服务器的计算模型，为用户提供了极强的后台数据处理能力，许多应用程序开发工具都提供了与 MySQL 的接口。所以，了解 MySQL 的发展历史、掌握 MySQL 的主要功能、学会 MySQL 的基本操作，既有利于对数据库原理的理解，又有利于进行数据库的设计和开发。而要了解和掌握 MySQL 的功能与基本操作，进行应用系统的开发，首先要建立 MySQL 数据库环境，即正确地安装和配置 MySQL 系统，它是确保软件安全、健壮、高效运行的基础。安装是选择系统参数并将系统安装在生产环境中的过程，配置则是选择、设置、调整系统功能和参数的过程，安装和配置的目的都是使系统在生产环境中充分发挥作用。按照 MySQL 数据库环境构建的步骤，本项目主要分解成以下几个任务：

任务 1.1　为应用系统选择合适的数据管理技术

任务 1.2　MySQL 版本的选择

任务 1.3　安装与配置 MySQL 社区版

任务 1.4　验证安装与配置结果

任务 1.5　启动与停止 MySQL 服务器

任务 1.6　连接与断开 MySQL 服务器

任务 1.7　查看与修改 MySQL 的配置

任务 1.1　为应用系统选择合适的数据管理技术

【任务描述】某高等学校的学生信息管理内容丰富，工作繁多，其中，学生成绩数据的存储与管理就是重要的一部分。现需要为即将开发的学生成绩管理系统选择合适的数据处理技术以提高工作效率。

【任务分析与知识储备】针对具体的数据管理与应用场合，必须选择积极有效的技术手段对这些数据进行管理。由任务描述可知，该任务面对的是与学生成绩相关的数据管理，属于结构化数据管理。如果要长期保存数据，并实现如输入、存储和检索的功能，则可以使用传统的数据库技术来管理。由此首先需要认识并理解数据库技术中涉及的数据处理、数据库及数据库管理系统的相关概念。

数据处理（Data Processing，DP）是指对数据的收集、分类、组织、编码、存储、检索和维护等一系列活动的总和，其目的是从大量原始的数据中分析、提取出对人们有价值的信息，作为管理者行动和决策的依据。这里所说的数据（Data）不仅包括普通意义上的数字，还包括文字、图像、声音等。

数据库可以直观地理解为存放数据的仓库。但严格地说，**数据库**（Database，DB）是按一定的数据模型组织，长期存放在某种存储介质上的一组具有较小的数据冗余度和较高的数据独立性、安全性与完整性，并可为各种用户所共享的相关数据集合。通常，这些数据是面向一个单位或部门的全局应用的。

在计算机中，数据库通常是由一个称为数据库管理系统的软件进行统一管理和维护的。**数据库管理系统**（Database Management System，DBMS）是一个在特定操作系统支持下、帮助用户建立、管理和使用数据库的系统软件，它能有效地组织和存储数据、获取和管理数据，接受和完成用户提出的访问数据的各种请求。

数据库及数据库管理系统均是基于某种**数据模型**的，数据模型的好坏，直接影响数据库的性能，这是因为在数据库中是根据数据模型对数据进行存储和管理的。目前应用最成熟、最广泛的一种数据模型是关系模型，它的存储结构为一组二维表格，如 MySQL 即为关系模型的数据库管理系统。有关**数据模型**的详细内容将在项目 8 中介绍。

【任务实现】通过任务分析，对于具有大量结构化数据且需要长期保存并实现如输入、存储和检索功能的学生成绩数据的管理，可以使用传统的关系型数据库进行存储和处理数据。因此，后续将在关系型数据库管理系统下建立学生成绩数据库，并将其作为即将开发的学生成绩管理系统的后台数据处理平台。

【任务总结】随着计算机技术的发展，利用数据库大容量、高效率处理日益增加的数据资料已成为很多企事业单位的首选，而数据库管理系统则是用户和数据库交互的一个接口，用户对数据库的所有操作都是通过数据库管理系统进行的。为此，本教材使用**学生成绩数据库**作为**全书实例数据库**，并将在此数据库基础上建立的**学生成绩管理系统**作为全书应用开发的**实例**。

【任务拓展】随着互联网、物联网技术的发展，大数据技术已经进入社会生活的各个层面，大数据的规模性、多样性、高速性和价值性决定了已无法用传统的数据库技术对其进行存储与管理。为了应对海量的半结构化、非结构化数据，近年来发展出多种 NoSQL 数据库技术，但其仍无法替代关系型数据库在结构化数据处理上的优势，可以预见关系型数据库和

NoSQL 数据库将在未来的数据处理领域共同存在，发挥各自的作用。

 ## 任务 1.2　MySQL 版本的选择

【任务描述】针对【任务 1.1】的学生成绩管理系统，现决定后台采用 MySQL 数据库管理系统，试根据 MySQL 的版本分类及其各自的特点，为其选择合适的 MySQL 版本。

【任务分析与知识储备】在针对具体的应用场景建立 MySQL 数据库环境之前，必须先选择合适的版本。而要选择合适的版本，就需要先对 MySQL 数据库管理系统的发展历史、特点、版本分类及其应用场合有所了解。

（一）MySQL 的发展历史

MySQL 最初是由瑞典 MySQL AB 公司开发的一个可运行在多种操作系统平台上的关系型数据库管理系统。由于 MySQL AB 公司 2008 年 1 月 16 日被 Sun 公司收购，2009 年 4 月 Sun 公司又被甲骨文公司收购，自此 MySQL 数据库进入 Oracle 时代。在后来的十多年里，MySQL 经历了若干次重大革新和升级，其功能和性能日臻完善。其中，2010 年 12 月发布的 MySQL 5.5 加强了 MySQL 各个方面在企业级的特性，并将 InnoDB 存储引擎变为 MySQL 的默认存储引擎；2013 年 2 月发布的 MySQL 5.6 对 MySQL 的复制模式、优化器等做了大量的变更，并对源代码进行了大量的调整；2015 年 10 月发布的 MySQL 5.7 在并行控制、并行复制等方面进行了许多优化，增强了其安全性和可用性，并从 5.7.8 版本开始提供了对 JSON 的支持。2016 年 9 月，Oracle 决定跳过 MySQL 5.x 命名系列，直接进入 MySQL 8 版本命名。甲骨文公司已于 2018 年推出最新的 MySQL 8.0，这是一个具有里程碑意义的版本，其数据处理速度比 MySQL 5.7 快 2 倍，使用 utf8mb4 作为 MySQL 的默认字符集，提供 NoSQL 存储功能，并大幅改进了对 JSON 的支持。

（二）MySQL 的特点

由于 MySQL 体积小，速度快，总体拥有成本低，尤其是跨平台和开放源码的特性，使得其被广泛地应用在 Internet 上的中小型、甚至大型网站中作为网站数据库，如 Facebook、Google、雅虎、新浪、网易、百度等都采用了 MySQL 数据库。另外，MySQL 数据库还是一种完全免费的产品，用户可以直接从网上下载。

（三）MySQL 的版本分类

1. 按操作系统分类

按操作系统类型，MySQL 可分为 Windows 版、UNIX 版、Linux 版及 Mac OS 版。同时，针对这些操作系统的不同版本，也有相应的 MySQL 版本。因此在下载 MySQL 时，需要根据不同的操作系统及其版本选择下载相应的 MySQL 版本。

2. 按 MySQL 数据库的开发情况分类

根据 MySQL 数据库的开发情况，可将其分为 Alpha、Beta、Gamma 和 Generally Available （GA）等版本。

（1）Alpha：处于开发阶段的版本，可能会增加新的功能或进行重大修改。

（2）Beta：处于测试阶段的版本，开发已经基本完成，但是没有进行全面的测试。

（3）Gamma：发行过一段时间的 Beta 版，比 Beta 版要稳定一些。

（4）Generally Available（GA）：已经足够稳定，可以在软件开发中应用。

3. 按用户群分类

针对不同的用户群，MySQL 可分为以下 4 种不同的版本。

（1）MySQL Community Server 社区版：完全开源免费，但不提供官方技术支持。

（2）MySQL Enterprise Edition 企业版（商业版）：能够以很高的性价比为企业提供完善的技术支持，运行更加稳定，但需要付费。

（3）MySQL Cluster 集群版：开源免费，可将几个 MySQL Server 封装成一个 Server。

（4）MySQL Cluster CGE 高级集群版：需付费。

4. 按发布系列分类

在 MySQL 的开发过程中，会同时存在多个发布系列，每个发布系列处在不同成熟度阶段。目前常用的发布系列主要有 MySQL 5.6、MySQL 5.7 和 MySQL 8.0。其中每个发布系列的不同版本的命名机制都由 3 个数字组成，如 mysql-8.0.17。

（1）第 1 个数字 "8" 是主版本号，描述了文件格式，所有版本 8 的发行版都有相同的文件格式。

（2）第 2 个数字 "0" 是发行级别，主版本号和发行级别组合在一起便构成了发行序列号。

（3）第 3 个数字 "17" 是该发行系列的版本号，随每次新发布版本递增。

【任务实现】由 MySQL 的版本分类及其应用场合可知，MySQL 社区版完全开源免费，且其可搭配 PHP 和 Apache 组成较好的应用程序开发环境，为此，针对学生成绩管理系统数据库环境的建立，我们选择 MySQL 社区版。另外，为了增强系统运行的性能，现选择功能较强的稳定（GA）版本 mysql-8.0.17。

【任务总结】在实际应用中，应根据企业和个人独特的性能、运行时间及价格要求选择合适的 MySQL 版本，以达到较好的性价比。目前常用版本主要有 MySQL 5.5、MySQL 5.6、MySQL 5.7 和 MySQL 8.0，其中 MySQL 8.0 是目前最新开发的发布系列。

 任务 1.3　安装与配置 MySQL 社区版

【任务描述】在 Windows 10 环境下完成 MySQL 社区版的安装与配置。

【任务分析与知识储备】在选择好 MySQL 版本后，接下来的工作是进行 MySQL 的安装与配置。安装前须确保计算机的软硬件环境完全符合安装要求，不同的 MySQL 版本所需的软硬件环境各不相同。另外，因为 MySQL 支持多种平台，不同平台下的安装和配置过程也不相同。由于本任务重点讲述 Windows 平台下 MySQL 8.0 的安装与配置过程，所以首先了解下 MySQL 在 Windows 平台上的安装方式及其安装环境。

（一）MySQL 在 Windows 平台上的安装方式

在 Windows 操作系统下，MySQL 的安装包分为图形化向导安装版和免安装版两种，前者为.msi 安装文件，后者为.zip 压缩文件。这两种安装包的安装方式不同，而且配置方式也不同。图形化向导安装包有完整的安装向导，安装和配置很方便，只要根据安装向导的提示安装即可。免安装的安装包直接解压即可使用，但是配置起来不是很方便。因此建议初学者使用图形化界面的安装向导来安装和配置 MySQL，这样会更方便一些。

（二）MySQL 8.0 的安装环境

（1）操作系统：Windows 7/Windows 8/Windows 10，可为 32 位或 64 位。

（2）CPU：Intel Core i5 及其以上。

（3）内存及硬盘：内存建议 4GB 或更大；硬盘根据所选组件的不同而不同，完全安装至少 2.0GB，建议 4.0GB 或更大。

【任务实现】根据以上分析，从 MySQL 官网下载安装于 Windows 操作系统中的图形化向导安装包 mysql-installer-community-8.0.17.0.msi，该安装包内含 64 位版本和 32 位版本，安装时选择所需版本即可。

1. 下载 MySQL 安装文件

步骤 1：打开网页浏览器，在地址栏中输入网址 https://www.mysql.com，在打开的页面中单击 "DOWNLOADS" 链接，进入下载页面 https://www.mysql.com/downloads/，单击 "Community" 链接，进入 "MySQL Community Downloads" 下载页面，在 "MySQL Community Server (GPL)" 区域单击 "DOWNLOAD" 链接，如图 1-1 所示。

图 1-1　MySQL Community Server（GPL）区域所在页面

步骤 2：在弹出的"MySQL Community Server 8.0.17"页面中，读者可以根据自己的平台选择 32 位或 64 位.msi 类型的图形化向导安装包或.zip 类型的免安装包。这里选择默认的 Windows 平台下.msi 类型的图形化向导安装包，单击右侧的【Go to Download Page】按钮，如图 1-2 所示。

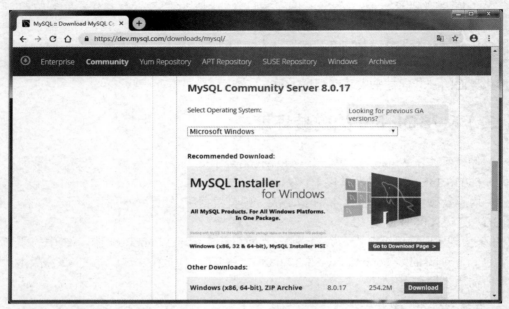

图 1-2 "MySQL Community Server 8.0.17"下载页面

步骤 3：在弹出的"Begin Your Download"页面中，将网页往下拉，会看到"No thanks, just start my download."链接，单击该链接即可开始下载了，如图 1-3 所示。

图 1-3 "No thanks, just start my download."链接

2. 安装 MySQL 8.0

步骤 1：双击运行下载的安装包 mysql-installer-community-8.0.17.0.msi，弹出如图 1-4 所示的"License Agreement"对话框，选中【I accept the license terms】复选框，表示接受安装时的用户许可协议。

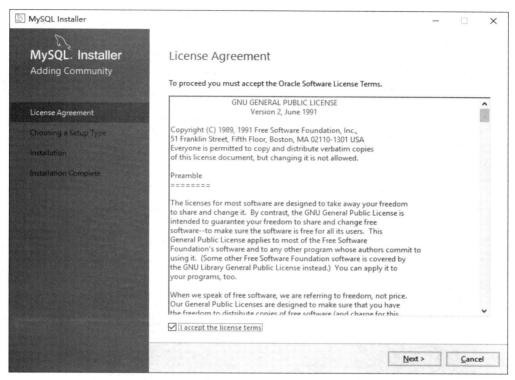

图 1-4 "License Agreement"对话框

步骤 2：单击【Next】按钮，弹出如图 1-5 所示的"Choosing a Setup Type"对话框，其中列出了 5 种安装类型，用户可根据实际需要选择相应的安装类型。

Developer Default（开发模式安装）：安装 MySQL 服务器和 MySQL 应用程序开发所需要的工具，为默认设置。如果打算开发 MySQL 服务器应用程序该选项很有用。

Server only（仅服务器安装）：只安装 MySQL 服务器。该安装类型用于部署 MySQL 服务器，但不能用于开发 MySQL 应用程序。

Client only（仅客户端安装）：只安装 MySQL 应用程序开发所需要的工具。

Full（完全安装）：安装软件包内的所有组件，包括 MySQL 服务器、MySQL 外壳、MySQL 路由器、MySQL 工作台、MySQL 连接器、文档、示例等。此选项占用的磁盘空间比较大，一般不推荐用这种方式安装。

Custom（自定义安装）：用户可以自由选择需要安装的组件。

这里选择【Developer Default】单选按钮，进行默认安装。

步骤 3：单击【Next】按钮，弹出如图 1-6 所示的"Check Requirements"对话框，其中列出了安装 MySQL 各组件需要的软件环境。

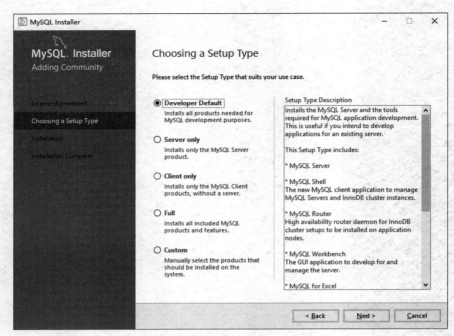

图 1-5 "Choosing a Setup Type" 对话框

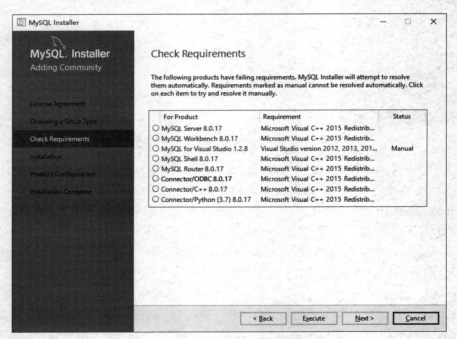

图 1-6 "Check Requirements" 对话框

　　说明：该对话框中显示的内容随个人计算机配置不同而有所不同，系统中缺少什么组件，窗口中就会显示所缺少的组件信息。此时如果单击【Next】按钮，则会弹出如图 1-7 所示的 "One or more product requirements have not been satisified" 消息框，询问是否安装这些组件。另外，在安装 MySQL 前，最好在系统中已安装了最新的 Microsoft .NET Framework，否则这里会显示手动额外安装。

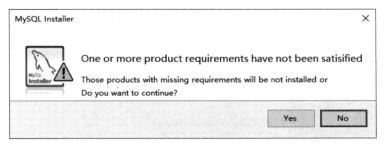

图 1-7 "One or more product requirements have not been satisified" 消息框

步骤 4:单击【Execute】按钮,安装缺少的组件。这里每安装一个组件,就会依次显示类似图 1-8 至图 1-9 所示的对话框。

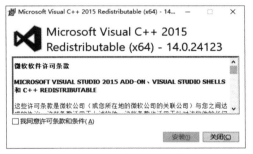

图 1-8 安装确认对话框

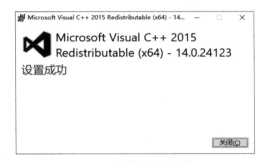

图 1-9 安装完成对话框

步骤 5:安装完所需要的组件后,单击【Next】按钮,进入如图 1-10 所示的"Installation"对话框,其中显示出将要安装或更新的 MySQL 应用程序组件。

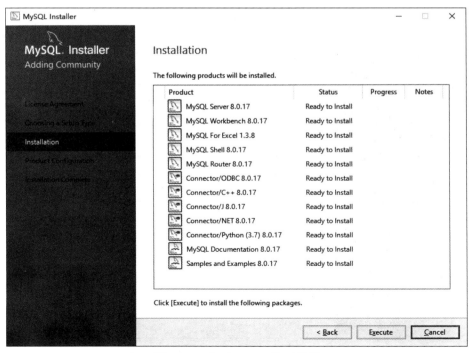

图 1-10 "Installation"对话框

步骤 6：单击【Execute】按钮，开始安装 MySQL 组件，安装完成后显示如图 1-11 所示的安装完成窗口。

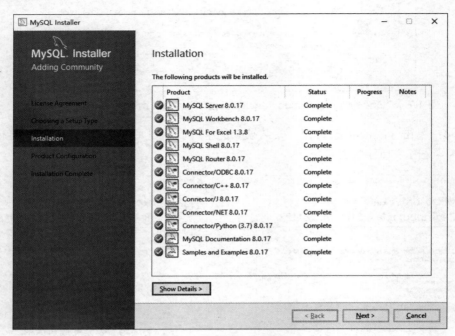

图 1-11 安装完成窗口

步骤 7：单击【Next】按钮，进入如图 1-12 所示的"Product Configuration"对话框，其中显示出需要添加配置的组件列表。下面开始配置第一个组件 MySQL Server。

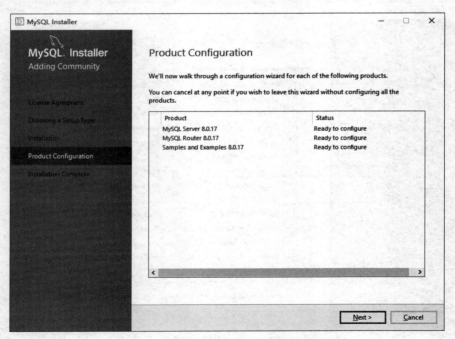

图 1-12 "Product Configuration"对话框

步骤 8：单击【Next】按钮，弹出如图 1-13 所示的"High Availability"对话框，在其中可选择默认的标准 MySQL 服务器模式或 InnoDB 集群模式。这里使用默认设置。

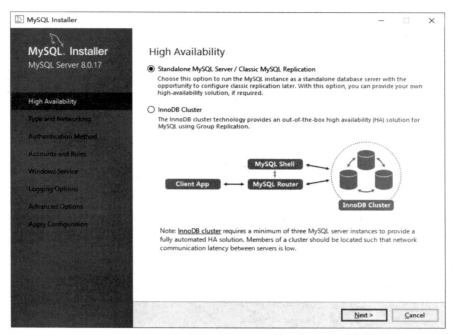

图 1-13　"High Availability"对话框

步骤 9：单击【Next】按钮，弹出如图 1-14 所示的"Type and Networking"对话框，进行 MySQL 服务器运行参数的配置。

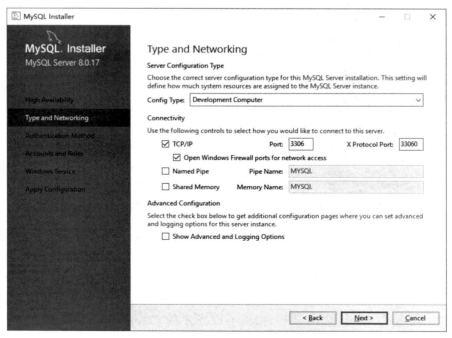

图 1-14　"Type and Networking"对话框

其中，"Config Type"下拉列表项用来配置当前服务器的类型，可以选择以下 3 种类型。

■ Development Computer（开发者机器）：使用最少的系统资源。

■ Server Machine（服务器）：使用适当比例的系统资源。

■ Dedicated MySQL Server Machine（专用 MySQL 服务器）：配置所有可用系统资源。

作为初学者，可选择"Development Computer"。

"Connectivity"区域下包含连接 MySQL 服务器的参数设置，如使用的协议和端口号、是否打开防火墙功能等。其中可使用的网络协议有 TCP/IP、命名管道和共享内存；默认端口号为 3306。

"Advanced Configuration"区域中可选中"Show Advanced and Logging Options"复选框，以显示高级选项。

这里均使用默认设置。

步骤 10：单击【Next】按钮，进入如图 1-15 所示的"Accounts and Roles"对话框，在其中可设置 Root 账户的密码，以及创建新的用户。这里为了使用方便，将 Root 账户的密码设置为 123456。

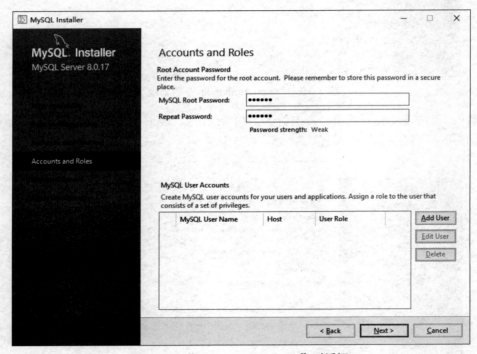

图 1-15　"Accounts and Roles"对话框

步骤 11：单击【Next】按钮，弹出如图 1-16 所示的"Windows Service"对话框，在其中可设置 MySQL 作为 Windows 服务运行及其服务的名称，以及是否在系统启动时自动启动 MySQL。这里也均使用默认设置，即默认 Windows 启动时自动启动 MySQL 服务器，其服务名为 MySQL80。

步骤 12：单击【Next】按钮，进入如图 1-17 所示的"Apply Configuration"对话框，其中显示出将要进行应用配置的各项内容。

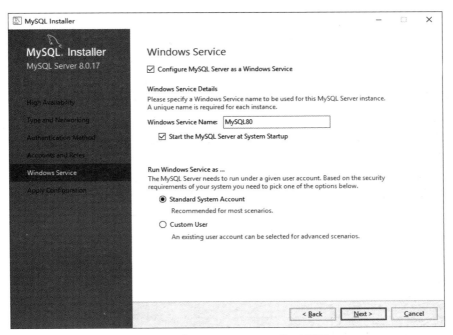

图 1-16 "Windows Service" 对话框

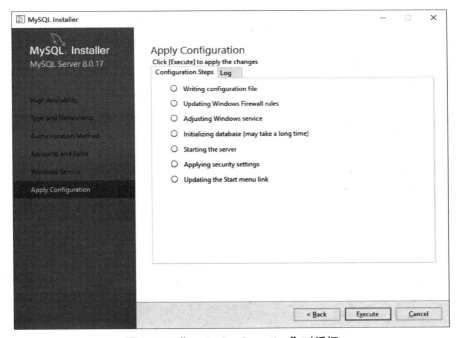

图 1-17 "Apply Configuration" 对话框

步骤 13：如果前面设置无误，则单击【Execute】按钮，开始进行应用配置。当所有项都配置完成后显示如图 1-18 所示的 MySQL Server 配置完成界面。

步骤 14：单击【Finish】按钮，返回如图 1-19 所示的 "Product Configuration" 对话框，此时 MySQL Server 8.0.17 的 "Status" 显示为 "Configuration complete"，表示 MySQL Server 配置完成，将要开始进行 MySQL Router 的配置。

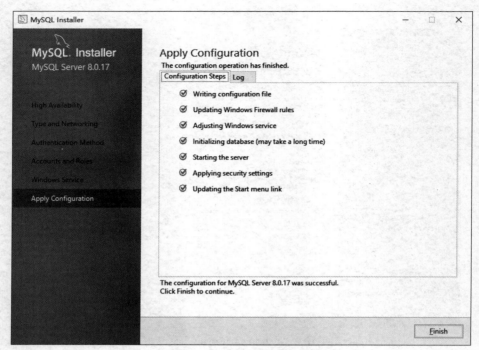

图 1-18　MySQL Server 配置完成界面

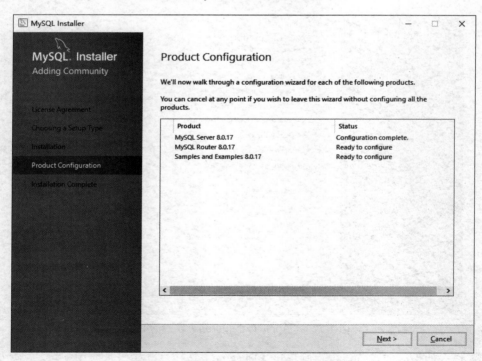

图 1-19　"Product Configuration" 对话框

步骤 15：单击【Next】按钮，弹出如图 1-20 所示的 "MySQL Router Configuration" 对话框，在该对话框中可不进行设置，直接单击【Finish】按钮进入如图 1-21 所示的对话框，系统将要进行 "Samples and Examples" 的配置。

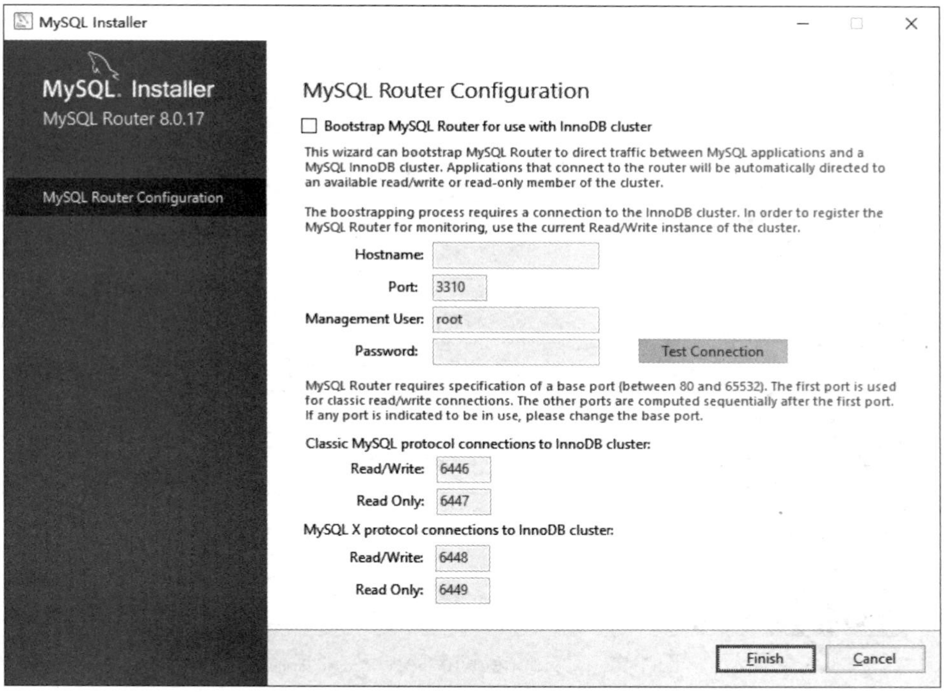

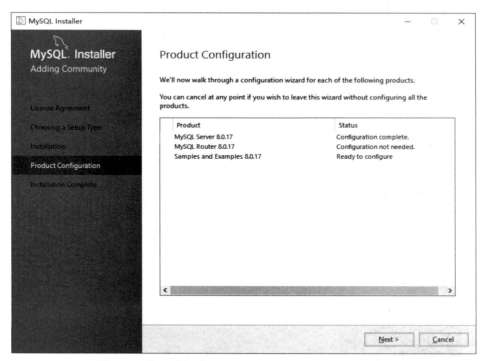

图 1-20 "MySQL Router Configuration" 对话框

图 1-21 将要进行 "Samples and Examples" 配置界面

步骤 16：单击【Next】按钮，弹出如图 1-22 所示的 "Connect To Server" 对话框，将要连接到 MySQL 服务器。

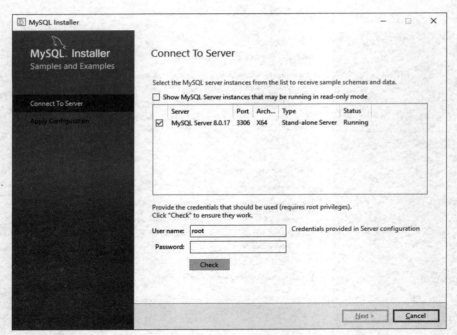

图 1-22　"Connect To Server" 对话框

步骤 17：输入密码 123456，单击【Check】按钮，如果前面配置正确，会显示 "Connection succeeded" 状态，如图 1-23 所示。

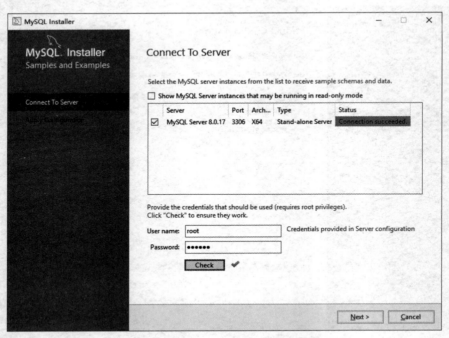

图 1-23　显示 "Connection succeeded" 状态

步骤 18：单击【Next】按钮，再次进入如图 1-24 所示的 "Apply Configuration" 界面，其中显示出将要进行 Samples and Examples 应用配置的各项内容。

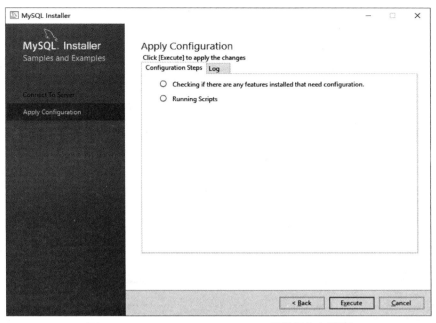

图 1-24 Samples and Examples 配置项内容界面

步骤 19：如果设置无误，则单击【Execute】按钮，开始进行应用配置。当所有项都配置完成后显示如图 1-25 所示的 Samples and Examples 配置完成界面。

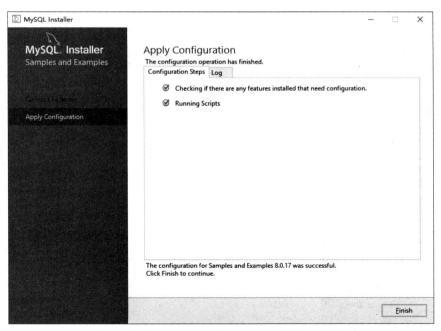

图 1-25 Samples and Examples 配置完成界面

步骤 20：单击【Finish】按钮，再次返回"Product Configuration"界面，此时"Samples and Examples 8.0.17"的"Status"显示为"Configuration complete"，表示 Samples and Examples 8.0.17 配置完成，如图 1-26 所示。

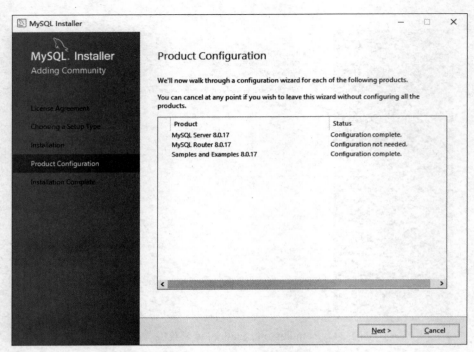

图 1-26　再次返回"Product Configuration"界面

步骤 21：单击【Next】按钮，弹出如图 1-27 所示的"Installation Complete"对话框。

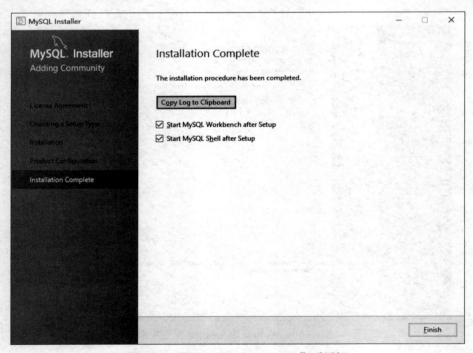

图 1-27　"Installation Complete"对话框

步骤 22：单击【Finish】按钮，完成 MySQL 8.0 的安装过程。

说明：MySQL 8.0.17 安装完成后，其图形化管理工具 MySQL Workbench 也会随之安装。

3. 配置 MySQL 8.0

步骤 1： 右击"此电脑"图标，在弹出的快捷菜单中选择【属性】命令，在打开的"控制面板\系统和安全\系统"窗口中单击左侧的【高级系统设置】项，打开"系统属性"对话框，单击【高级】选项卡，如图 1-28 所示。

图 1-28　"系统属性"对话框中的【高级】选项卡

步骤 2： 单击【环境变量】按钮，打开"环境变量"对话框，如图 1-29 所示。

图 1-29　"环境变量"对话框

步骤 3：在"环境变量"对话框中，定位到【系统变量】中的"Path"选项，单击【编辑】按钮，打开"编辑环境变量"对话框，如图 1-30 所示。

图 1-30　"编辑环境变量"对话框

步骤 4：在"编辑系统变量"对话框中，单击【新建】按钮，将 MySQL 服务器的 bin 文件夹所在路径（C:\Program Files\MySQL\MySQL Server 8.0\bin）添加到环境变量列表中。

【任务总结】在 Windows 平台下下载和安装 MySQL，整个过程比较简单，有两点需要注意：一是根据自己的系统版本和位数，选择合适的 MySQL 安装版本；二是安装过程中若遇到错误或其他障碍，认真阅读弹出的窗口，根据提示查阅相关手册或资料解决问题。

 ## 任务 1.4　验证安装与配置结果

【任务描述】试验证 MySQL 社区版的安装与配置结果，以检查安装配置是否正确。

【任务分析】安装配置完 MySQL 后，可以通过查看其安装目录、服务进程及建立的程序组来验证安装配置是否正确。

【任务实现】

（1）查看安装目录。打开 Windows 资源管理器，逐步展开 C:\Program Files\MySQL 文件夹，可以看到 MySQL Server 8.0 文件夹，其下有 bin、docs、lib、include 及 share 等文件夹。其中，bin 文件夹是 MySQL 常用命令工具及管理工具所在文件夹；docs 文件夹是 MySQL 帮助文档所在文件夹；include 和 lib 文件夹是 MySQL 所依赖的头文件及库文件所在文件夹；share 文件夹用来保存目录文件及字符集、语言等信息。另外，需要注意的是，MySQL 8.0 的数据库目录默认位置为"C:\ProgramData\MySQL\MySQL Server 8.0"，这是一个隐藏文件夹，展开该文件夹可以看到其下有个 data 文件夹，它是 MySQL 默认用来保存数据文件及日志文件的文件夹。

（2）查看 MySQL 服务进程。按【Ctrl+Alt+Delete】组合键打开如图 1-31 所示的 Windows "任务管理器"窗口，在【详细信息】选项卡中可以看到 MySQL 服务进程 "mysqld.exe" 正在运行。使用 MySQL 之前，必须确保 mysqld.exe 已经在后台运行以监听 3306 端口。

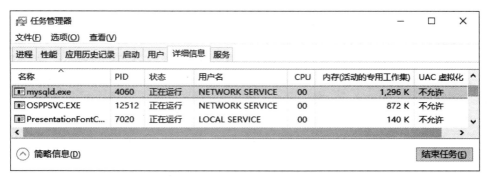

图 1-31　"任务管理器"窗口

说明：如果在 MySQL 安装配置时，已经将 MySQL 配置为 Windows 服务（见"任务 1.3 安装 MySQL 8.0"步骤 11 中的设置），则当 Windows 启动或停止时，MySQL 也会随之自动启动或停止。而该 MySQL 服务也可通过【控制面板｜系统和安全｜管理工具｜服务】命令，在打开的 Windows "服务"窗口中查看，其中名为 "MySQL80" 的服务项对应的服务程序即为 mysqld.exe。

（3）查看程序组。通过【开始】菜单中的【MySQL】命令项，可以看到安装完 MySQL 系统后的程序组及主要的管理组件，如图 1-32 所示。

图 1-32　MySQL 程序组

【任务总结】在实际应用中，每当新安装环境后，最好能养成检查安装结果的习惯，以免在后续的开发工作中出现不必要的麻烦。另外，在 MySQL 安装目录的 bin 文件夹中包含了许多命令行工具，这些工具可以用来管理 MySQL 服务器、对数据库进行访问控制、管理 MySQL 用户及进行数据库备份和恢复等。

任务 1.5　启动与停止 MySQL 服务器

【任务描述】试述在 Windows 中启动与停止 MySQL 服务器的方法。

【任务分析】作为一种客户机/服务器结构的数据库管理系统，当 MySQL 安装完成后，只有成功启动 MySQL 服务器端的服务后，用户才能通过 MySQL 客户端连接（登录）到 MySQL 服务器。可以通过 Windows 系统服务管理器、设置操作系统启动时自动启动及在 Windows 命令行窗口中通过执行 DOS 命令等 3 种方法启动与停止 MySQL 服务器。

【任务实现】

1. 通过 Windows 系统服务管理器启动与停止 MySQL 服务器

（1）单击【开始】菜单中的【控制面板】项（或通过快捷键【Win+R】打开"运行"对话框，在该对话框中输入"control"命令并按【Enter】键），打开 Windows 的控制面板。

（2）在控制面板中单击"系统和安全"链接，再单击"管理工具"链接，打开"管理工具"窗口。

（3）在"管理工具"窗口中双击【服务】图标，打开"服务"窗口，如图 1-33 所示。

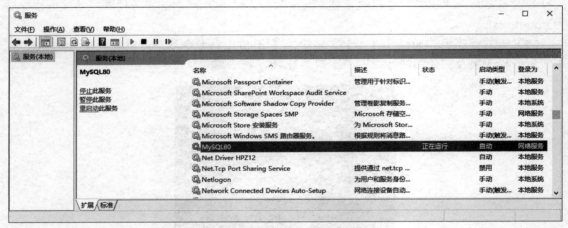

图 1-33　"服务"窗口

（4）在"服务"窗口中，找到需要启动的 MySQL 服务，即"MySQL80"，单击鼠标右键，在弹出的快捷菜单中选择完成 MySQL 各种操作的命令（启动、停止、暂停、重新启动等）。这里如要启动 MySQL 服务，则选择【启动】命令；如要停止 MySQL 服务，则选择【停止】命令。

2. 自动启动 MySQL 服务器

可在操作系统启动时自动启动服务器，此既可在安装 MySQL 时默认选择此特性，即在图 1-16 所示的对话框中，【Start the MySQL Server at System Startup】复选框为选中状态；也可以安装完毕后，在 Windows 的"服务"窗口中，将 MySQL 服务设置为自动启动，具体步骤如下。

（1）打开 Windows 的"服务"窗口，在其中找到需要设置自动启动的 MySQL 服务，即"MySQL80"，右击"MySQL80"项，从弹出的快捷菜单中选择【属性】命令，打开"MySQL80 的属性（本地计算机）"对话框，如图 1-34 所示。

图 1-34　【MySQL 80 的属性（本地计算机）】对话框的【常规】选项卡

（2）在【常规】选项卡中，在【启动类型】下拉列表框中选择"自动"选项。

3. 通过执行 DOS 命令启动和停止 MySQL 服务器

（1）通过快捷键【Win+R】打开"运行"对话框，在该对话框中输入"cmd"，按【Enter】键打开 Windows 命令行窗口，如图 1-35 所示。

图 1-35　Windows 命令行窗口

（2）如要启动 MySQL 服务，则在 Windows 命令行窗口的命令提示符后输入"net start mysql80"命令，并按【Enter】键；如要停止 MySQL 服务，则输入"net stop mysql80"命令，并按【Enter】键。

通过执行 DOS 命令启动与停止 MySQL 服务器的运行效果如图 1-36 所示。

图 1-36　通过执行 DOS 命令启动与停止 MySQL 服务

【任务总结】MySQL 可以作为服务在 Windows 操作系统中运行。服务是一种在系统后台运行的应用程序，通常提供一些核心的操作功能，如 Web 服务、事件日志或文件服务。而这里的 MySQL 服务即为 MySQL 数据库系统的核心，所有的数据库和数据表操作都是由它完成的。MySQL 服务的启动、停止等管理工作既可以在 Windows 的"服务"窗口中完成，也可以通过执行 DOS 命令完成。

 ## 任务 1.6　连接与断开 MySQL 服务器

【任务描述】试述在 Windows 中连接与断开 MySQL 服务器的方法。

【任务分析】当成功启动 MySQL 服务器后，用户就可以通过 MySQL 客户端命令行窗口、Windows 命令行窗口或图形管理工具 3 种方式连接（登录）到 MySQL 服务器了。在完成所需要的数据库操作后也可以及时断开与 MySQL 服务器的连接。

【任务实现】

1. 通过 MySQL 客户端命令行窗口连接和断开 MySQL 服务器

（1）依次选择【开始】菜单中的【MySQL│MySQL Server 8.0│MySQL 8.0 Command Line Client】命令，打开 MySQL 客户端命令行窗口，如图 1-37 所示。

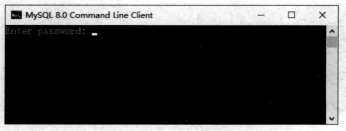

图 1-37　MySQL 客户端命令行窗口

（2）在 MySQL 客户端命令行窗口中输入密码，这里输入"123456"，按【Enter】键，就可以以 root 用户身份连接（登录）到 MySQL 服务器，并在该窗口中出现如图 1-38 所示相关信息，以及 MySQL 的命令交互提示符"mysql>"。

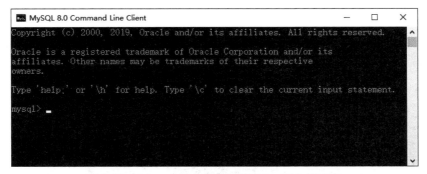

图 1-38　以 root 用户身份登录到 MySQL 服务器

如要断开与 MySQL 服务器的连接，则在"mysql>"提示符的后面输入"quit"或"exit"命令即可。

2. 通过 Windows 命令行窗口连接和断开 MySQL 服务器

（1）通过快捷键【Win+R】打开"运行"对话框，在该对话框中输入"cmd"，按【Enter】键打开 Windows 命令行窗口。

（2）在命令提示符后输入命令"mysql -u root -p"，按【Enter】键后，输入正确的密码，这里输入之前安装时设置的密码"123456"。如果密码验证正确，则会显示 MySQL 的登录欢迎信息，以及 MySQL 的命令交互提示符，如图 1-39 所示。

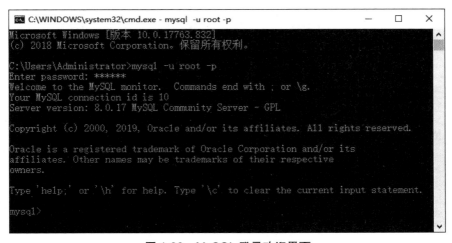

图 1-39　MySQL 登录欢迎界面

说明：在该方法中，连接 MySQL 服务器的完整命令格式为

```
mysql -h 服务器地址 -u 用户名 -p 密码 -P 端口号
```

其中，mysql 是 MySQL 的命令行工具（一个客户端软件），可以对任何主机的 MySQL 服务（即后台运行的 mysqld）发起连接。如连接的是本地 MySQL 服务器，则服务器地址（127.0.0.1 或 localhost）项可以省略不写；如果服务器监听的是默认的 3306 端口，则端口号项也可以省略不写；但如果计算机中安装了多个版本的 MySQL，则当 mysqld 监听 3306 以外的端口时必须加上端口号。另外，一般不会把密码直接加到-p 选项后面，避免

密码泄露。

成功连接（登录）MySQL 服务器后，就可以在"mysql>"提示符后输入 SQL 语句来操作 MySQL 数据库了，如查看服务器上已有的数据库的 SQL 语句，如图 1-40 所示。

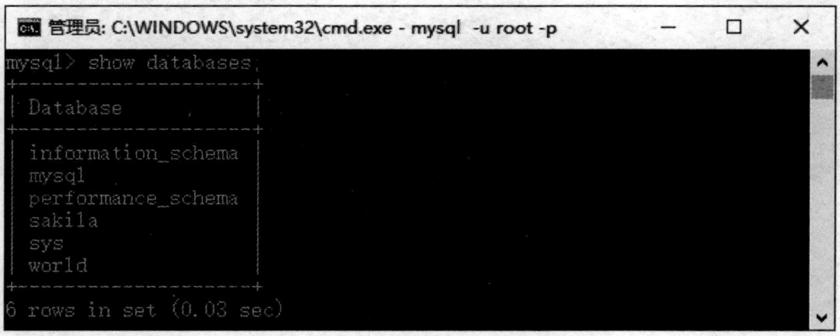

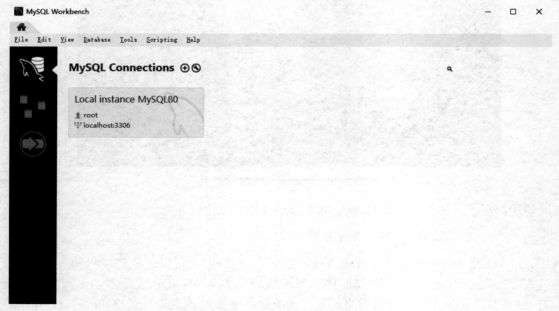

图 1-40　查看服务器上已有的数据库

如要断开与 MySQL 服务器的连接，与在 MySQL 客户端命令行窗口中一样，即在"mysql>"提示符后面输入"quit"或"exit"命令。

3. 通过图形管理工具连接和断开 MySQL 服务器

在任务 1.3 中已提及，在安装 MySQL 8.0 后，其自带的图形化管理工具 MySQL Workbench 也随之安装。利用 MySQL Workbench 连接和断开 MySQL 服务器的操作步骤如下。

（1）单击【开始】菜单中的【MySQL｜MySQL Workbench 8.0 CE】命令，打开如图 1-41 所示 MySQL Workbench 的【Home】页。

图 1-41　MySQL Workbench 的【Home】页

在图 1-41 中，MySQL Workbench 包含以下两个基本功能区域。

- 主菜单：实现 MySQL 的主要功能操作。
- MySQL Connections：实现与 MySQL 服务器的连接，并显示连接信息。

（2）如要连接 MySQL 服务器，则可单击【Local instance MySQL80】超链接，打开如图 1-42 所示的"Connect to MySQL Server"对话框，在该对话框中输入 root 用户的密码（与安装时输入密码一致），单击【OK】按钮，即可连接到 MySQL 服务器，同时打开如图 1-43 所示的 MySQL Workbench 数据库管理界面。

图 1-42 "Connect to MySQL Server"对话框

图 1-43 MySQL Workbench 数据库管理界面

如要断开与 MySQL 服务器的连接，则可单击主菜单中的【File｜Close Connection Tab】命令。

（3）如要创建到 MySQL 服务器的连接，则可单击主菜单中的【Database｜Manage Connections】命令，打开如图 1-44 所示的"Manage Server Connections"对话框。在该对话框中单击【New】按钮新建连接，输入连接名称，如 MySQL80，再输入 root 密码，输入完成后单击【Test Connection】按钮进行测试，测试成功后显示如图 1-45 所示的消息框，单击【OK】按钮返回"Manage Server Connections"对话框，单击【Close】按钮即可完成连接。

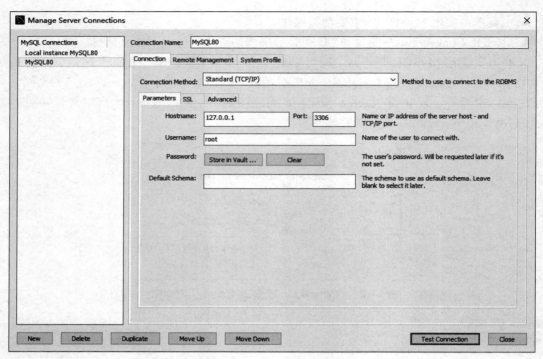

图 1-44 "Manage Server Connections" 对话框

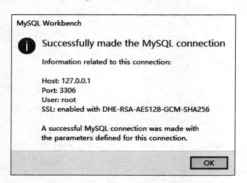

图 1-45 测试成功消息框

【任务总结】连接与断开 MySQL 服务器的操作既可以通过命令行方式实现，也可以通过 MySQL 图形化管理工具 MySQL Workbench 实现。命令行方式登录应注意两点：**一是**权限问题，需要管理员身份；**二是**命令格式必须书写正确。另外，在命令提示符窗口登录时可以通过配置 Path 环境变量以方便命令的输入。而 MySQL 图形化管理工具的使用使得对数据库的操作更加简单。

 # 任务 1.7 查看与修改 MySQL 的配置

【任务描述】查看 MySQL 的配置文件，并修改其数据库文件的存放位置为 D:\MySQLData。
【任务分析】MySQL 成功安装后，用户可以查看 MySQL 配置文件 my.ini 中的参数设置，并可通过修改该配置文件来更改 MySQL 的配置。

【任务实现】

（1）在 Windows 的文件资源管理器中，切换到 "C:\ProgramData\MySQL\MySQL Server 8.0" 文件夹中，找到 MySQL 配置文件 my.ini。

（2）右击配置文件 my.ini，从弹出的快捷菜单中选择【打开方式｜记事本】命令，使用 Windows 的 "记事本" 打开该配置文件，并查看其内容。

（3）my.ini 的内容包括两个方面：client（[client]）和 server（[mysqld]），分别用于配置 MySQL 客户端参数和服务器端参数。只要修改该文件相关参数的设置值就可以达到更改 MySQL 配置的目的，如修改数据库文件的存放位置为 D:\MySQLData，只需将 "datadir" 的设置值修改为 "D:\MySQLData" 即可。

【任务总结】 MySQL 应用程序安装文件夹为 "C:\Program Files\MySQL\MySQL Server 8.0"，而 MySQL 的数据库文件和配置文件的默认位置为 "C:\ProgramData\MySQL\MySQL Server 8.0\data"，在进行相关配置项的设置或修改时需要特别注意。

项目小结：本项目紧紧围绕建立 MySQL 环境这个主题，以安装和配置 MySQL 任务为主线，介绍了 MySQL 社区版的安装与配置、验证安装结果、启动与停止、连接与断开 MySQL 服务器及查看与修改 MySQL 配置文件的方法。同时还介绍了 MySQL 的发展历史、特点及其版本的分类等知识，从而使大家初步学会使用 MySQL 数据库管理系统。

习题一

一、选择题

1.（　　　）是用户和数据库交互的一个接口，用户对数据库的所有操作都是通过其进行的。

　　A. 数据库管理系统　　　　　　　　B. 数据库应用系统

　　C. 数据库　　　　　　　　　　　　D. 文件系统

2. 下列（　　　）是 MySQL 具有的特点。

　　A. 跨平台　　　　　B. 速度快　　　　　C. 成本低　　　　　D. 以上选项都是

3. 下列数据库产品中，（　　　）是开源数据库管理系统。

　　A. Oracle　　　　　B. SQL Server　　　　C. MySQL　　　　D. DB2

4. 如果 MySQL 服务器安装在本地计算机上，则在连接 MySQL 服务器时，主机名可以写成（　　　）。

　　A. local　　　　　B. host　　　　　C. localhost　　　　D. 以上选项都可以

5. 下面选项中，属于 MySQL 用于放置数据库及日志文件的目录是（　　　）。

　　A. bin 目录　　　　B. data 目录　　　　C. include 目录　　　D. lib 目录

二、填空题

1. 数据处理是指对数据的_____、_____、_____、_____、检索和维护等一系列活动的总和。

2. MySQL 是一个_____型的数据库管理系统，按用户群分类，其版本主要包括_____、_____、_____和_____4 种。

3. 在 Windows 操作系统下，MySQL 的安装包分为_____和_____两种，前者为.msi 安装文件，后者为.zip 压缩文件。

4. 在 MySQL 的管理工具中，_____是 MySQL 的服务进程，使用 MySQL 之前，必须确保其已经在后台运行；_____是 MySQL 的命令行工具，可以对任何主机的 MySQL 服务发起连接。

5. 在 MySQL 配置文件中，_____用于指定数据库文件的保存目录。

6. 在 MySQL 的命令行提示符"mysql>"后输入_____或_____命令可断开与 MySQL 服务器的连接。

三、判断题

1. 数据库是按一定结构组织、长期存放在存储介质上的可共享的数据集合，数据冗余度高是其特点之一。　　　　　　　　　　　　　　　　　　　　　　　　（　　）

2. 在计算机中，数据库是由数据库管理系统进行统一管理和维护的，并且它们都是基于某种数据模型的。　　　　　　　　　　　　　　　　　　　　　　　　　　（　　）

3. 在同一台计算机中不仅可以同时运行多个 MySQL 服务器，而且可以同时运行 MySQL 的多个版本。　　　　　　　　　　　　　　　　　　　　　　　　　　　　（　　）

4. 如果用户要与 MySQL 进行会话，必须先启动 MySQL 服务器。　　　　　（　　）

5. 在 Windows 系统下书写 MySQL 语句区分大小写。　　　　　　　　　　（　　）

四、简答题

1. 简述数据库和数据库管理系统的区别与联系。

2. 请列举两个常用的 MySQL 客户端管理工具。

3. 连接 MySQL 服务器时默认使用的用户名是什么？其默认的端口号又是多少？

4. 登录非本地 MySQL 服务器能不能用 localhost？如不能，则用什么来取代 localhost？

5. MySQL 中的 my.ini 文件有什么作用？如何找到该文件？

6. 通过上网查询，说明还有哪些常见的关系型数据库管理系统，它们各有什么特点？

五、项目实践（训）题

1. 试着在 Windows 10 操作系统下安装和配置 MySQL 8。

2. 安装完成后查看 MySQL 的服务状态，并试着进行启动与停止服务的操作。

3. 试用命令行和图形化管理工具两种方式进行连接与断开 MySQL 服务器的操作。

4. 试着在 Windows 10 操作系统下卸载 MySQL 8。

项目 2 MySQL 数据库和表的创建与管理

知识目标：①掌握 MySQL 数据库文件的存储方式，熟悉 MySQL 字符集及其排序规则；②掌握 MySQL 数据类型、约束的概念、种类和使用场合；③了解什么是 SQL 语言，理解其功能与特点；④掌握 SQL 的数据定义语句及其用法。

技能目标：①能用 MySQL 客户端命令工具创建和管理数据库；②会用 SQL 语句进行 MySQL 数据表的创建及管理；③会进行 MySQL 数据表和列约束的创建及管理。

素质目标：①培养学生利用数据服务社会的意识；②培养学生精益求精的工匠精神；③培养学生解决问题的独立思考能力。

[**项目描述与任务分解**]

在正确地安装和配置了 MySQL，并熟悉其工作环境后，就可以在 MySQL 上建立用户自己的数据库（如学生成绩数据库）和表以存放特定的数据，同时对创建的数据库和表进行管理。按照 MySQL 数据库和表的管理内容，本项目主要分解成以下几个任务：

任务 2.1　创建学生成绩数据库前的准备工作

任务 2.2　创建与查看学生成绩数据库

任务 2.3　修改和删除学生成绩数据库

任务 2.4　创建学生成绩数据库表前的准备工作

任务 2.5　创建与查看学生成绩数据库中的表

任务 2.6　修改和删除学生成绩数据库中的表

任务 2.7　为学生成绩数据库表建立约束

 ## 任务 2.1　创建学生成绩数据库前的准备工作

【**任务描述**】根据对学生成绩管理系统应用单位的调查，已知该校学生人数为 10000 人，共有 8 个系部、32 个专业、180 个教学班级，平均每个班级开设 20 门课程。现要求描述为此系统建立一个 MySQL 数据库之前的准备工作。

【**任务分析与知识储备**】由于数据库均由相应的操作系统文件存储在磁盘上，这些操作系统文件存放了数据库中的所有数据和对象，所以在创建数据库前必须先了解数据库的文件形式及其存储方式，确定数据库的名称，以及所用字符集及排序规则。

（一）MySQL 数据库文件的存储方式

在 MySQL 中，每个数据库都对应存放在一个与数据库同名的文件夹中，即 MySQL 的数据存储区以目录方式表示 MySQL 数据库。所以，数据库名必须符合操作系统文件夹命名规则。另外，在默认情况下，Windows 下数据库名、表名的大小写是不敏感的，而在 Linux 下数据库名、表名的大小写是敏感的。如果为了便于数据库在平台间进行移植，可以采用小写来定义数据库名和表名。

在项目 1 的任务 1.7 中已述及，数据库文件的默认存放位置为 C:\ProgramData\MySQL\MySQL Server 8.0\data，可以通过修改 MySQL 的配置文件更改数据库的默认存放位置。

（二）MySQL 的系统数据库

MySQL 安装完成之后，将会在其 data 目录下自动创建 mysql、information_schema、performance_schema、sys 4 个系统数据库，可以使用 SHOW DATABASES 命令来查看当前服务器上所有存在的数据库，其中 4 个系统数据库及其作用如表 2-1 所示。

表 2-1　MySQL 系统数据库及其作用

数据库名称	数据库作用
mysql	MySQL 的核心数据库，主要负责存储数据库的用户、权限设置、关键字等 MySQL 自己需要使用的控制和管理信息
information_schema	保存了 MySQL 服务器所有数据库的信息，如数据库名、数据库的表、表中列的数据类型、数据库的索引信息以及访问权限等
performance_schema	主要用于收集数据库服务器性能参数，可用于监控服务器在运行过程中的资源消耗、资源等待等情况
sys	包含了一系列的存储过程、自定义函数及视图，通过这些对象可以执行一些性能方面的配置，也可以方便地查看一些性能诊断报告内容

（三）MySQL 中的字符集和排序规则

字符集是符号（如 A、B）和编码（符号的值，如 A=0、B=1）的集合，**排序**是规则（如判断符号大小时使用比较编码的规则）的集合。

在实际操作中，往往需要实现以下功能。

（1）使用多种字符集存储字符串。

（2）使用多种规则比较字符串。

（3）在同一个服务器、数据库甚至是数据表中混合使用多种不同的字符集和字符串。

（4）在任何层面上设置字符集和排序规则可用。

MySQL 服务器支持多种字符集。每个字符集至少包含一种排序，其中有一个为默认排序。如想要高效地使用这些特性，必须确定支持哪些字符集和排序、如何修改默认设置及这些特征如何影响字符串的操作和函数。

在 MySQL 中，字符集和排序有 4 个层面的默认设置：服务器、数据库、表和列。服务器字符集和排序取决于启动服务器（mysqld）时使用的配置项，可以使用 character_set_server 和 collation-server 配置项指定字符集和排序。例如，在配置文件 my.ini 的[mysqld]中设置"character_set_server=utf8"，在[mysql]中设置"default-character-set=utf8"。这些设置适用于服务器、所有程序、所有数据库及所有表。如果不指定字符集，则 MySQL 8.0 默认为 utf8mb4，该字符集的默认排序规则为 utf8mb4_0900_ai_ci。

配置字符集和排序的技巧：如果不同的应用需要不同的字符设置，可根据具体需求选择设置方式。如果每个应用的字符集都不相同，则可为每个数据库单独指定字符集。如果大多数应用使用的是相同的字符集，则在服务器启动或配置时设置更方便。

由于本教材使用的案例都采用了相同的字符集，所以选择了在服务器启动或配置时的设置方法，且使用的是默认设置。如想查看可用的字符集，可使用 information_schema 数据库中的 CHARACTER_SETS 表或"SHOW CHARACTER SET;"语句；如想查看当前服务器所用字符集，则可用"SHOW VARIABLES LIKE 'character%';"语句。

【任务实现】根据任务分析，现将学生成绩管理系统中的数据库名称、所用字符集及其排序规则确定如下。

（1）数据库的名称为 studentscore。

（2）数据库的默认存储位置为 D:\MySQLData 文件夹（在项目 1 的任务 1.7 中已说明）。

（3）数据库使用默认的字符集 utf8mb4 和排序规则 utf8mb4_0900_ai_ci。

【任务总结】在使用 MySQL 开发一个新的应用系统时，首先必须做的就是创建一个或多个数据库。在创建新的数据库之前，规划它在服务器上如何实现是很重要的。这个规划可以包含许多事情，如数据库名称、存放在磁盘上的位置、所使用的字符集及排序规则等。

 # 任务 2.2　创建与查看学生成绩数据库

【任务描述】根据任务 2.1 的解决方案，现需要在 MySQL 数据库的默认存放路径下创建学生成绩管理系统数据库 studentscore，并进行查看。

【任务分析与知识储备】创建数据库是指在系统磁盘上划分一块空间用来存储相应的数据。这是进行表操作的基础，也是进行数据库管理的基础。另外创建数据库前后都有必要进行数据库的查看。

在 MySQL 中，创建与查看数据库的方法主要有以下两种：一种是在命令行管理工具中使用 SQL 语句实现，该方法既可以使用 **Windows 的命令行窗口**（cmd），也可以使用 **MySQL 的客户端命令行窗口**；另一种是在 MySQL 图形化管理工具中实现，如项目 1 任务 1.6 中介绍的 MySQL 自带的 Workbench 图形化管理工具。

在图形化管理工具中使用可视化的界面通过提示来创建与查看数据库是最简单的方法，适合初学者使用。而用 SQL 语句创建与查看数据库的效率较高，也是工作中较常使用的方法，本教材后续内容的介绍均以命令行方式进行，下面主要介绍该方法需要掌握的 SQL 知识。

（一）SQL 简介

1. SQL 的产生与发展

SQL 是结构化查询语言（Structured Query Language）的缩写，它是 1974 年提出的一种介于关系代数和关系演算之间的语言，1986 年被确定为关系型数据库管理系统国际标准语言，即 SQL86。随着其标准化的不断进行，从 1992 年发布的"SQL-92"标准，到 1999 年发布的"SQL:1999"标准，再到当前最新的"SQL:2008"标准，SQL 语言标准均得到了广泛的应用。如 Oracle、MySQL、SQL Server、Access 等流行的关系型数据库管理系统都采用了 SQL 语言标准。

2. SQL 的功能与特点

SQL 语言之所以能够为用户和业界所接受并成为国际标准，因为它是一个综合的、通用的、功能极强，同时又简洁易学的语言。其功能包括数据查询（Data Query）、数据操纵（Data Manipulation）、数据定义（Data Definition）和数据控制（Data Control）4 个方面，可同各种数据库建立联系，执行各种各样的操作，例如，创建数据库、更新数据库中的数据、从数据库中提取数据等。其主要特点如下。

（1）高度综合统一。SQL 集数据定义语言（DDL）、数据操纵语言（DML）和数据控制语言（DCL）于一体，语言风格统一，可以独立完成数据库生命周期中的全部活动。

（2）高度非过程化。用 SQL 语言进行数据操作，用户只需提出"做什么"，而不必指明"怎么做"，这不但大大减轻了用户负担，而且有利于提高数据的独立性。

（3）面向集合的操作方式。SQL 语言采用集合操作方式，不仅查找结果可以是元组的集合，而且一次插入、删除、更新操作的对象也可以是元组的集合。

（4）同一种语法结构可以提供两种使用方式，即交互使用方式和嵌入到高级语言中的使用方式。在两种不同的使用方式下，SQL 语法结构基本上是一致的。

（5）语言简洁，易学易用。SQL 语言功能极强，但由于设计巧妙，语言十分简洁，并且其语法简单，容易学习和使用。

虽然 SQL 是关系型数据库系统的标准语言，几乎可以在所有的关系型数据库上不加修改地使用，但其不支持流程控制的缺陷使人们在使用时往往感觉不是很方便。为此，很多关系型数据库系统都在标准的 SQL 基础上，做了些修改和扩充，不同的数据库系统之间有少许差别，如 MySQL 没有 TOP 命令，SQL Server 没有 LIMIT 命令等。

（二）创建数据库的 SQL 语句

在 MySQL 中，创建数据库可通过 CREATE DATABASE 或 CREATE SCHEMA 语句实现，其语法格式如下：

```
CREATE {DATABASE | SCHEMA}[IF NOT EXISTS] 数据库名 [创建选项[,...]];
```

格式说明：

（1）在本教材的语法格式中，"{ }"表示若干项的组合；竖线"|"表示在列出的若干项

中选择一项；"[ ]"表示可选项；多个选项或参数列出前面 1 个选项或多个选项，使用"…"表示可有多个选项或参数；[,…n]表示前面的项可重复 n 次①。

（2）MySQL 中的 SQL 语句是不区分大小写的，但在实际开发中，常常将 SQL 语句的关键词使用大写，而数据库名、表名和字段名使用小写，这样，写出来的代码更容易阅读和维护，是一种良好的编程习惯。为此，本教材正文中的 SQL 语句关键词统一采用大写形式（注：在命令行中输入时则不区分大小写，特此说明）。

（3）DATABASE | SCHEMA：两者中选择其一即可，CREATE DATABASE 和 CREATE SCHEMA 含义相同，均为创建数据库的意思，实际应用中常用前者。

（4）IF NOT EXISTS：可选项，在创建数据库之前，判断即将创建的数据库名是否存在。如果不存在，则创建该数据库；如果已经存在同名的数据库，则不创建任何数据库。需要说明的是，如果没有指定 IF NOT EXISTS，并且存在同名数据库，则会出现错误提示。

（5）创建选项：可选项，用来设置数据库的字符集和排序规则，其语法格式如下：

```
[DEFAULT] CHARACTER SET 字符集名
| [DEFAULT] COLLATE 排序规则名
```

其中，DEFAULT 用于指定默认值，CHARACTER SET 用于指定数据库字符集，COLLATE 用于指定字符集的排序规则。

注：本任务由于使用 MySQL 默认的字符集和排序规则，所以不需指定创建选项。

（6）在 MySQL 中，每条 SQL 语句都以";"作为结束标志。

（三）查看数据库的 SQL 语句

创建好数据库后，可以使用 SHOW DATABASES 命令查看数据库，也可以在指定路径（或数据库的默认存放位置）下查看数据库，还可以通过 SHOW CREATE DATABASE 语句查看已有数据库的相关信息。

1. SHOW DATABASES 语句

使用 SHOW DATABASES 语句可以查看数据库服务器中已存在的数据库，其语法格式如下：

```
SHOW DATABASES [LIKE '模式匹配串'];
```

其中，LIKE 子句是可选项，限制语句只输出名称与指定模式匹配串相匹配的数据库。模式匹配串可以包含 SQL 通配符"%"和"_"，前者表示任意多个字符，后者表示任意单个字符。如果未指定 LIKE 子句，则显示当前服务器上所有数据库的列表。

2. SHOW CREATE DATABASE 语句

如果要查看已有数据库的相关信息，例如，MySQL 版本 id 号、默认字符集等信息，可使用 SHOW CREATE DATABASE 语句，语法格式如下：

```
SHOW CREATE DATABASE 数据库名;
```

---

① 注：本教材中正文部分和代码中正斜体保持一致。

【任务实现】

在 Windows 命令行窗口中使用 SQL 语句创建并查看数据库的步骤如下。

（1）通过快捷键【Win+R】打开"运行"对话框，在该对话框中输入"cmd"，按【Enter】键打开 Windows 命令行窗口。

（2）在命令提示符后输入命令"mysql -uroot -p"，按【Enter】键后，输入正确的密码，这里输入"123456"。当窗口中命令提示符变为"mysql>"时，表示已经成功登录到 MySQL 服务器。

（3）在创建前查看当前所有存在的数据库，在"mysql>"后输入如下命令语句：

SHOW DATABASES;

按【Enter】键，执行结果如图 2-1 所示。

图 2-1　查看当前服务器上所有存在的数据库

（4）创建 studentscore 数据库，在"mysql>"后面输入并执行如下命令语句：

CREATE DATABASE IF NOT EXISTS studentscore;

（5）创建后再次查看当前所有存在的数据库，在"mysql>"后输入如下命令语句：

SHOW DATABASES;

按【Enter】键，执行结果如图 2-2 所示，显示 studentscore 数据库已经存在，数据库创建成功。

```
mysql> create database if not exists studentscore;
Query OK, 1 row affected (0.20 sec)

mysql> show databases;
+--------------------+
| Database           |
+--------------------+
| information_schema |
| mysql              |
| performance_schema |
| studentscore       |
| sys                |
+--------------------+
5 rows in set (0.00 sec)
```

图 2-2　创建并查看 studentscore 数据库

说明：在本教材后面基于命令行窗口的操作中不再提及打开命令行窗口及连接服务器的操作方法。

【任务总结】 在 MySQL 中创建数据库时，可以为数据库设置数据库名称、字符集及其排序规则等属性。但实际上，除数据库名称必须由用户指定外，其他属性均可采用 MySQL 的默认设置。另外，数据库创建成功后，其对应的数据库文件夹存放在 MySQL 的默认数据文件夹下。

 任务 2.3　修改与删除学生成绩数据库

【**任务描述**】针对 studentscore 数据库进行以下操作：①将数据库的字符集修改为 gb2312，排序规则修改为 gb2312_chinese_ci；②删除数据库。

【**任务分析与知识储备**】对已有数据库的修改主要是对数据库的相关参数进行修改，而删除数据库是在数据库及其中的数据失去利用价值后，为了释放被占用的磁盘空间进行的操作。需要注意的是，当删除一个数据库时会删除数据库中所有的数据，删除之后如想恢复只能从备份中恢复，所以删除数据库时应格外小心。

（一）修改数据库的 SQL 语句

数据库创建后，如果需要修改数据库的参数，可以使用 ALTER DATABASE 命令，其语法格式如下：

```
ALTER {DATABASE | SCHEMA} 数据库名 修改项[,...];
```

其中，修改项为：

```
[DEFAULT] CHARACTER SET 字符集名 | [DEFAULT] COLLATE 排序规则名
```

说明： 如果想查看数据库修改后的相关信息，如 MySQL 版本的 id 号、所用字符集等，则可使用 "SHOW CREATE DATABASE 数据库名;" 语句。而如果只想查看数据库对应的默认字符集和排序规则，则可使用如下语句：

```
SELECT @@character_set_database,@@collation_database;
```

（二）删除数据库的 SQL 语句

如果需要删除已经创建的数据库，可以使用 DROP DATABASE 语句，其语法格式如下：

```
DROP {DATABASE | SCHEMA} [IF EXISTS] 数据库名;
```

其中，IF EXISTS 子句可避免删除不存在的数据库时出现 MySQL 错误信息。

【**任务实现**】

1. 修改数据库的字符集和排序规则

修改数据库的字符集和排序规则，命令语句如下：

```
ALTER DATABASE studentscore
DEFAULT CHARACTER SET gb2312
DEFAULT COLLATE gb2312_chinese_ci;
```

修改成功后，可以使用"SHOW CREATE DATABASE studentscore;"语句查看当前数据库对应的字符集和排序规则，如图 2-3 所示。

```
mysql> SHOW CREATE DATABASE studentscore;
+-------------+-----------------------------------------------------------+
| Database    | Create Database                                           |
+-------------+-----------------------------------------------------------+
| studentscore | CREATE DATABASE `studentscore` /*!40100 DEFAULT CHARACTER SET g
b2312 */ /*!80016 DEFAULT ENCRYPTION='N' */ |
+-------------+-----------------------------------------------------------+
1 row in set (0.00 sec)
```

图 2-3　studentscore 数据库修改后的字符集

注： 实际使用时一般不需要进行该操作，还是使用默认的字符集 utf8mb4 及其排序规则 utf8mb4_0900_ai_ci。

2. 删除数据库

删除数据库命令语句如下：

```
DROP DATABASE studentscore;
```

【任务总结】创建数据库后，如有必要可以通过 ALTER DATABASE 语句修改数据库的相关参数。当数据库不再有用了，也可以通过 DROP DATABASE 语句删除该数据库。但做删除操作时要特别慎重，因为一旦删除操作完成，数据库及其存储的数据都将无法恢复。

任务 2.4　创建学生成绩数据库表前的准备工作

【任务描述】假设学生成绩数据库已经完成了表的设计。根据设计结果，已知 studentscore 数据库中共有 6 张数据表，分别是专业信息表（bmajor）、班级信息表（bclass）、学生信息表（bstudent）、课程信息表（bcourse）、学生选课成绩表（bscore）和用户信息表（users），现要求为学生成绩数据库中的表选择合适的存储引擎，并说明这些表的逻辑结构。

【任务分析与知识储备】表是数据库存储数据的主要对象，也是数据库中最重要、最基本的操作对象。关系数据库中的表实质上就是行和列的集合，行又称为"记录"，包含了实际的数据；列又称为"字段"，决定了表中数据的类型。创建一个数据库后，就可以着手在该数据库中创建数据表，即设计人员可在 MySQL 数据库管理系统的支持下，利用 SQL 语句或图形化管理工具创建并维护数据表，用于存储各种各样的用户数据。

需要注意的是，在创建表之前，应先确定需要什么存储类型的表，各表中都有哪些列，这些列的名称、数据类型、宽度是多少，有何限制等。这就是创建数据表前的准备工作，也是数据库逻辑设计和物理设计的内容，其具体的设计方法将在项目 8 中介绍。下面主要说明什么是存储引擎、如何为数据表选择合适的存储引擎、什么是表的逻辑结构及其涉及的表和列的命名规范、常用数据类型等。

（一）MySQL 存储引擎及其选择

1. MySQL 存储引擎简介

存储引擎是如何存储数据、如何为存储的数据建立索引和如何更新、查询数据等技术的实现方法。因为在关系数据库中数据是以表的形式存储的，所以存储引擎是基于表的，可认为是表的类型，其决定了表在计算机中的存储方式。

在 Oracle 和 SQL Server 等关系数据库中只有一种存储引擎，所有表的数据存储管理机制都是一样的，而 MySQL 数据库提供了多达 9 种存储引擎。同一个数据库，不同的表，存储引擎可以不同。甚至同一个数据表，在不同的场合也可以应用不同的存储引擎。可以使用"SHOW ENGINES;"语句查看 MySQL 服务实例支持的存储引擎，这里仅介绍两种常用的存储引擎。

（1）InnoDB 存储引擎。InnoDB 是具有提交、回滚和崩溃恢复能力的事务（Transaction）安全存储引擎，支持行锁定、自动增长列 auto_increment 及外键（Foreign Key）约束。相对 MySQL 来说，其写处理能力较差，且会占用较多磁盘空间以保留数据和索引。从 MySQL 5.5.5 开始，InnoDB 就成为默认存储引擎，其功能在 MySQL 8.0 中又得到了进一步增强，使得其对事务的处理更加有效。

（2）MyISAM 存储引擎。MyISAM 曾是 MySQL 的默认存储引擎，其访问速度快，具有检查和修复表的大多数工具。MyISAM 表支持全文索引，可以被压缩。但 MyISAM 不支持事务，不支持外键约束，也不支持数据缓存，对内存的利用率较低。

另外，需要说明的是，InnoDB 类型的数据表都会以独立的文件方式进行存储，即每个表都有一个.ibd 文件。MyISAM 类型的数据表对应 3 个文件：.sdi、.MYD 和.MYI，其中，sdi 为扩展名的文件存储表的结构；MYD 为扩展名的文件存储数据，是 mydata 的缩写；MYI 为扩展名的文件存储索引，是 myindex 的缩写。它们都存放在与数据库同名的文件夹中。

2. MySQL 存储引擎的选择

在实际工作中，选择合适的存储引擎是一个很复杂的问题。每种存储引擎都有各自的优势，可以根据各种存储引擎的特点进行对比，给出不同情况下选择存储引擎的建议。

从前面对 MySQL 存储引擎的介绍可知，如果表需要执行大量的增（INSERT）、删（DELETE）、改（UPDATE）操作，出于事务安全方面的考虑，InnoDB 存储引擎是更好的选择。如果需要执行大量的查询（SELECT）操作，出于性能方面的考虑，MyISAM 存储引擎是更好的选择。

（二）表的逻辑结构

表的逻辑结构主要是指表拥有哪些列及这些列所具有的特性，这些特性包括：
（1）每个列的名称、数据类型及其长度、精度、小数位数；
（2）是否允许空值（NULL）；
（3）哪些列为主键，哪些列为外键；
（4）是否要使用及何时使用约束、默认值或其他限制；

（5）需要在哪些列上建立索引及所需索引的类型。

需要注意的是，在表逻辑结构中涉及的表名、列名、约束名和索引名等对象名都必须符合 MySQL 的命名规则。同时，文件系统的大小写敏感性也会影响如何命名和引用这些对象。

（三）MySQL 的数据类型

数据类型是对数据存储方式的一种约定，它能够规定数据存储所占空间的大小。在 MySQL 中，SQL 语句中的每个局部变量、表达式和参数都有一个相关的数据类型，表中的每个列也都属于某种数据类型。在创建表的过程中，应当根据实际需要对每个列指定适当的数据类型，数据类型的选择需要根据数据值的内容、大小、精度来决定。

MySQL 的数据类型主要分为数值数据类型、字符串数据类型、日期和时间数据类型、二进制数据类型及 JSON 数据类型等。下面主要介绍前 4 种常用的数据类型。

1. 数值数据类型

数值数据类型的数据是指字面值具有数学含义，能直接参与数值运算（如求和、求平均值等）的数据，包括整数和小数，例如数量、单价、金额、比例等方面的数据。

（1）整数类型。整数类型是常用的数据类型之一，它主要用来存储整数数据。MySQL 提供了多种整数类型，不同的数据类型提供了不同的取值范围，可以存储的值范围越大，其所需要的存储空间也会越大。整数类型的取值范围、占用字节大小和默认显示宽度如表 2-2 所示。

表 2-2　MySQL 中的整数类型

数据类型	取值范围		占用字节	默认显示宽度
	有符号类型	无符号类型		
tinyint(M)	$-128\sim127$（$-2^7\sim2^7-1$）	$0\sim255$（2^8-1）	1	4
smallint(M)	$-32768\sim32767$（$-2^{15}\sim2^{15}-1$）	$0\sim65535$（$2^{16}-1$）	2	6
mediumint(M)	$-8388608\sim8388607$（$-2^{23}\sim2^{23}-1$）	$0\sim16777215$（$2^{24}-1$）	3	9
int(M)	$-2147483648\sim2147483647$（$-2^{31}\sim2^{31}-1$）	$0\sim4294967295$（$2^{32}-1$）	4	11
bigint(M)	$\pm9.22\times10^{18}$（$-2^{63}\sim2^{63}-1$）	$0\sim1.84\times10^{19}$（$0\sim2^{64}-1$）	8	20

说明：

① M 为定义的显示宽度，即最多能够显示的数字个数。若数据位数大于显示宽度，只要不超过其取值范围，则以实际位数显示。反之，则以空格填充。

② int 也可以用 integer 替换，这两个数据类型是相同的。

③ MySQL 中没有 Bool 或 Boolean 类型，但为了支持 SQL 标准，也可以定义 Bool 或 Boolean 类型，只是 Bool 或 Boolean 类型最后转换成 tinyint(1)。

（2）小数类型。MySQL 中使用浮点数和定点数来表示小数。浮点类型有两种：单精度浮点类型（float）和双精度浮点类型（double）。定点类型只有一种：decimal。小数类型的取值范围、占用字节大小如表 2-3 所示。

表 2-3　MySQL 中的小数类型

数据类型	取值范围	占用字节	描　述
float(M,N)	负数：−3.402823466E+38～−1.175494351E−38 非负数：0，1.175494351E−38～3.402823466E+38	4	单精度浮点数
double(M,N)	负数：−1.7976931348623157E+308～−2.2250738585072014E−308 非负数：0，2.2250738585072014E−308～1.7976931348623157E+308	8	双精度浮点数
decimal(M,N)	负数：−1.7976931348623157E+308～−2.2250738585072014E−308 非负数：0，2.2250738585072014E−308～1.7976931348623157E+308	M+2	定点数

说明：

① M 为最大有效位数（也称为精度），即总位数；N 为小数位数。

② decimal 的 M 取值范围为 1～65，取 0 时会被设为默认值，超出范围会报错。N 取值范围为 0～30，而且必须 N≤M，超出范围会报错。

③ float 的 M 取值范围为 0～255，只保证 6 位有效数字的准确性，即 M≤6 时，数字通常是准确的。N 取值范围为 0～30，同时必须 N≤M。

④ double 只保证 16 位有效数字的准确性，即 M≤16 时，数字通常是准确的。如果 M 和 N 都有明确定义，其超出范围后的处理同 decimal。

⑤ float 和 double 在不指定精度时，默认会按照实际的精度（由计算机硬件和操作系统决定）存储。decimal 如不指定精度则精度默认值为（10，0）。

⑥ 不论是浮点数类型还是定点数类型，如果用户指定的精度超出其精度范围，则会进行四舍五入处理。

2. 字符串数据类型

字符串数据类型是使用最多的数据类型，可以用来存储字符串或文本信息。需要注意的是，在使用字符串常量为字符串数据类型赋值时，需要在其前后加上英文单引号或双引号。

在 MySQL 中，字符串类型可以分为两类：普通字符串类型和特殊字符串类型。它们之间都有一定的区别，取值的范围不同，应用的场合也不同。

（1）普通字符串类型。普通字符串类型主要包括 char、varchar、tinytext、text、mediumtext 和 longtext，其取值范围、占用字节大小如表 2-4 所示。

表 2-4　普通字符串类型

数据类型	取值范围	占用字节	描　述
char(M)	0～255 个字符	M	固定长度字符串
varchar(M)	0～65535 个字符	可变，最大 M	可变长度字符串
tinytext	0～255 个字符	最大 2^8-1	微型文本串
text	0～65535 个字符	最大 $2^{16}-1$	文本串
mediumtext	0～16777215 个字符	最大 $2^{24}-1$	中型文本串
longtext	0～4294967295 个字符	最大 $2^{32}-1$	长文本串

说明：

① char(M)和 varchar(M)括号中 M 代表字符的个数，并不代表字节数，所以当使用中文

（如 utf8）时意味着可以插入 M 个中文，但是实际会占用 3M 个字节。如果实际数据的长度超过给定的 M 值，则超过的部分会被截断。

② varchar 与 char 最大的区别是，前者的存储空间为输入字符串的实际存储空间，而不一定是 M；而后者不管输入字符串长度是多少都会占用 M 个字符的空间。

例如，在定义学生姓名列时，将其定义为 varchar(40)，则存储在姓名列上的数据最多可以达到 40 个字符，而在数据没有达到 40 个字符时，也不会在多余的字节上填充空格。

③ char 在查询的时候会去除尾部的空格，而 varchar 和 text 则不会。

④ 可以将 text 列视为 varchar 列，但 varchar 会使用 1～3 个字节来存储长度，text 则不会。

（2）特殊字符串类型。特殊字符串类型主要包括 enum 和 set，其取值范围、占用字节大小如表 2-5 所示。

表 2-5　特殊字符串类型

数据类型	取值范围	占用字节	描　　述
enum ("value1", "value2", …)	0～65535 个 value	1 或 2	枚举类型
set ("value1", "value2", …)	0～64 个 value	1～4 或 8	集合类型

说明：

① enum 类型的列在取值时，只能在枚举列表中一次取一个或为 null，如果创建的成员值中有空格时，其尾部的空格将自动被删除。set 类型的列在取值时可以容纳一组值或为 null。

② enum 类型和 set 类型的值都是以字符串形式表示的，但在数据库中存储的是数值。

3. 日期和时间数据类型

日期和时间数据类型可以用来方便地存储日期和时间或者它们的组合信息。在 MySQL 中，日期时间类型包括 year、date、time、datetime 和 timestamp 等，其取值范围、占用字节大小如表 2-6 所示。

表 2-6　日期时间类型

数据类型	取值范围	占用字节	日期时间格式	描　　述
year	1901～2155	1	YYYY	年份
date	1000-01-01～9999-12-31	3	YYYY-MM-DD	日期
time	−838:59:59～838:59:59	3	HH:MM:SS	时间
datetime	1000-01-01 00:00:00～ 9999-12-31 23:59:59	8	YYYY-MM-DD HH:MM:SS	日期时间
timestamp	1970-01-01 00:00:01 UTC～ 2038-01-19 03:14:07 UTC	4	YYYY-MM-DD HH:MM:SS	时间戳

说明：

① 可以以 4 位字符串或者 4 位数字格式表示 year 值，如'2020'或 2020；也可以以 2 位字符串或者 2 位数字格式表示 year 值，但两者的范围稍有不同，后者范围为 1～99。例如，两位字符串的年份'00'～'69'转换为 2000～2069，'70'～'99'转换为 1970～1999；而两位数字年份 1～69 转换为 2001～2069，70～99 转换为 1970～1999。即数字 0 被转换为 0000，而不是 2000。

② 在程序中给日期和时间类型字段赋值时，可以使用字符串类型或者数字类型的数据插

入，只要符合相应类型的格式即可，并且对于包括日期和时间分隔符的字符串值，如果日和月的值或者时、分、秒的值小于 10，不需要指定两位数。例如，'1999-8-1'与'1999-08-01'是相同的；'8:3:2'与'08:03:02'也是相同的。

③ 可以使用任何常见格式指定 datetime、date 和 timestamp 值，实际上任何标点符号都可以用作日期部分或时间部分之间的分隔符。例如，

'2019/8/1'、'2019-8-1'、'2019.8.1'、'2019@8@1'和'2019%8%1'等；

'20190801'被解释为'2019-08-01'，'20190801053659'被解释为'2019-08-01 05:36:59'。

④ time 类型不仅可以用于表示一天的时间（必须小于 24 小时），还可能为某个事件过去的时间或两个事件之间的时间间隔（可以大于 24 小时，甚至为负值）。如果 time 值没有冒号，则最右边的两位表示秒，且其值表示过去的时间而不是当天的时间。例如，'1112'和 1112 被解释为'00:11:12'(11 分 12 秒)，'12'和 12 被解释为 '00:00:12'。相反，time 值中使用冒号，则被看作当天的时间。例如，'11:12'表示'11:12:00'，而不是'00:11:12'。

⑤ timestamp 值是以 UTC 格式保存的，存储时会将当前时区转换为相应的时间，检索时再转换回当前时区，即根据当前时区的不同，显示的时间值是不同的。若定义一个字段为 timestamp，这个字段里的时间数据会随其他字段修改的时候自动刷新，即该数据类型的字段可以自动存储该记录最后被修改的时间。另外，timestamp 虽然与 datetime 格式一样，但其取值范围小于 datetime 的取值范围，并且在插入带微秒的日期和时间时会将微秒忽略。

4. 二进制数据类型

二进制数据类型是在数据库中存储二进制数据（如图像、声音和视频等）的数据类型。二进制数据类型包括 binary、varbinary、bit、tinyblob、blob、mediumblob 和 longblob 类型，其取值范围、占用字节大小如表 2-7 所示。

表 2-7　二进制类型

数据类型	取值范围	占用字节	描　述
bit(M)	1~64，默认为 1	M 位	二进制位
binary(M)	0~M	M	固定长度二进制字符串
varbinary(M)	0~M	可变，最大 M	可变长度二进制字符串
tinyblob	0~255（2^8-1）字符	最大 255	小二进制对象字符串
blob	0~65535（$2^{16}-1$）字符	最大 64K	二进制对象字符串
mediumblob	0~16777215（$2^{24}-1$）字符	最大 16M	中型二进制对象字符串
longblob	0~4294967295（$2^{32}-1$）字符	最大 4G	长二进制对象字符串

说明：

① 二进制数据类型主要用于存储由'0'和'1'组成的字符串，其与字符串数据类型的区别在于，字符串数据类型的数据按字符为单位进行存储，而二进制数据类型中除了 bit 按位为单位进行存储，其他二进制数据类型的数据按字节为单位进行存储。

② bit 用来定义一个指定位数的数据，它所占用的字节数是根据它的位数决定的。另外，它有两种取值：0 和 1，且在插入数据时需要使用 b'value'的格式。

③ binary 若输入数据的长度超过了指定的 M 值，则超过的部分会被截断；否则，不足部分用"/0"填充。当保存 binary 值时，在其右边填充 0x00 值以达到指定长度。取值时不删除

尾部的字节。注意，空格和 0x00 是不同的（0x00<空格），插入'a'会变成'a\0'。对于 varbinary，插入时不填充字符，也不截断字节。

④ blob 是一个二进制对象字符串，可以容纳可变数量的数据，可以存储数据量很大的二进制数据，如图片、视频等。在大多数情况下，可以将 blob 列视为能够足够大的 varbinary 列。

（四）MySQL 数据类型的选择

MySQL 提供了大量的数据类型，为了优化存储，提高数据库性能（提高查询的效率和节省存储空间），选用数据类型时应使用最合适的类型。

1. 整数类型和小数类型

如果不需要表示小数部分，则使用整数；如果需要表示小数部分，则使用小数类型。对于整数类型，选择最小的可用类型，如果值永远不超过 127，则使用 tinyint 比 int 强。另外，只有当整数值可能超过 int 数据类型支持范围的情况下才考虑使用 bigint 类型。对于浮点数据，double 类型精度比 float 类型要高，因此，如果要求存储精度较高时，应使用 double 类型；如果存储精度较低的小数，则使用 float 类型。而浮点数相对于定点数，在长度一定的情况下，前者能表示更大的数值范围，但缺点是容易产生计算误差。所以，在精度要求非常高的场合（如货币、科学计算等）或进行数值比较时最好使用 decimal 类型。

2. 普通字符串类型和特殊字符串类型

从速度方面考虑，由于 char 的查询速度快于 varchar，varchar 查询速度又快于 text，所以对于存储固定长度的字符串，优先使用 char 类型；而对于长度不固定的字符串，从节省空间方面考虑，则优先使用 varchar 类型。另外，对于 MyISAM 存储引擎，最好使用固定长度的类型代替可变长度的类型，这样可以使整个数据表静态化，从而使数据检索更快，即用空间换时间。

enum 类型只能取单值，set 类型则可取多值。因此，在需要从多个值中选取一个时，可以使用 enum 类型，例如，性别字段适合定义为 enum 类型，只能从"男"或"女"中取一个值。而在需要取多个值的时候，适合使用 set 类型，例如，要存储一个人的兴趣爱好，最好使用 set 类型。

3. 日期类型和时间类型

MySQL 对于不同种类的日期和时间有很多种数据类型。如果只需要存储年份，则使用 year 类型即可；如果只记录时间，则使用 time 类型即可；如果同时需要存储日期和时间，则可以使用 datetime 或 timestamp 类型，但当存储的日期范围较大时最好使用 datetime 类型。

默认情况下，当插入一条记录但并没有给 timestamp 类型的字段指定具体值时，MySQL 会把 timestamp 字段设置为当前时间。因此当需要插入记录的同时插入当前时间时，使用 timestamp 类型更方便。

4. blob 类型和 text 类型

blob 类型和 text 类型均可以用来存放大容量的信息，但 blob 类型主要用来存储二进制数据，如图片、音频、视频等，而 text 类型只能存储纯文本字符串。

【**任务实现**】由于学生成绩数据库中的表需要执行大量的增、删、改及查询操作，所以表的存储引擎均为 InnoDB。另外，根据对应用环境的了解和分析，结合 MySQL 中支持的数据类型及其约束条件，确定学生成绩数据库中 6 张表的逻辑结构如表 2-8～表 2-13 所示。

表 2-8　专业信息表（bmajor）的逻辑结构

字　　段	字 段 名	类　　型	宽　　度	小 数 位	中文含义	备　　注
1	major_id	Char	2		专业代号	主键、索引
2	major_name	Varchar	40		专业名称	不能为空、唯一
3	depart_id	Char	2		院部代号	
4	depart_name	Varchar	40		院部名称	

表 2-9　班级信息表（bclass）的逻辑结构

字　　段	字 段 名	类　　型	宽　　度	小 数 位	中文含义	备　　注
1	class_id	Char	8		班级代号	主键、索引
2	class_name	Varchar	20		班级名称	不能为空、唯一
3	class_num	Int	6		班级人数	默认值（0）
4	major_id	Char	2		专业代号	外键
5	length	Char	1		学制	
6	depart_id	Char	2		院部代号	

表 2-10　学生信息表（bstudent）的逻辑结构

字　　段	字 段 名	类　　型	宽　　度	小 数 位	中文含义	备　　注
1	stud_id	Char	10		学生学号	主键、索引
2	stud_name	Varchar	50		学生姓名	不能为空
3	stud_sex	Enum			学生性别	男/女
4	birth	Date			出生日期	聚集索引
5	members	Varchar	40		政治面貌	
6	family_place	Varchar	50		学生籍贯	
7	class_id	Char	8		所在班级	外键

表 2-11　课程信息表（bcourse）的逻辑结构

字　　段	字 段 名	类　　型	宽　　度	小 数 位	中文含义	备　　注
1	course_id	Char	8		课程代号	主键、索引
2	course_name	Varchar	30		课程名称	不能为空、唯一
3	course_type	Enum			课程类型	必修/选修
4	hours	Int	6		课时数	检查约束≥0
5	credit	Int	4		学分	检查约束≥0

表 2-12　学生选课成绩表（bscore）的逻辑结构

字　　段	字 段 名	类　　型	宽　　度	小 数 位	中文含义	备　　注
1	stud_cod	Int			成绩编号	主键、自增
2	stud_id	Char	10		学生学号	外键
3	course_id	Char	8		课程代号	外键

续表

字　段	字　段　名	类　型	宽　度	小　数　位	中文含义	备　注
4	term	Tinyint			学期	检查约束≥0
5	score	Decimal		1	成绩	检查约束≥0
6	makeup	Decimal		1	补考成绩	检查约束≥0

表 2-13　用户信息表（users）的逻辑结构

字　段	字　段　名	类　型	宽　度	小　数　位	中文含义	备　注
1	users_dh	Char	10		用户账号	主键、索引
2	users_name	Varchar	40		用户姓名	不能为空
3	users_bz	Tinyint	1		用户级别	1-管理员；2-教师；3-学生
4	password	Varchar	40		用户密码	不能为空

　　说明：表中数据类型采用了首字母大写形式，主要是为了与 SQL 语句关键词及其他对象名（如表名、列名）有所区别，本教材后续代码中也统一采用这种写法。

　　【任务总结】 MySQL 数据库提供了较为丰富的存储引擎和数据类型供用户使用，使用时需要合理地加以选择，才能优化存储，提高数据库性能。

 任务 2.5　创建与查看学生成绩数据库中的表

　　【任务描述】根据任务 2.4 的实现结果，在 studentscore 数据库中创建班级信息表 bclass 和学生信息表 bstudent，并查看表。

　　【任务分析与知识储备】创建一个表即为对该表的结构进行定义，也就是对该表中的每个列的名称、数据类型和其他属性进行设置。与创建和查看数据库类似，MySQL 创建与查看数据库中的表也可以在命令行管理工具中使用 SQL 语句实现。另外，创建数据表之前必须先打开表所在的数据库。下面介绍 MySQL 中打开数据库，以及在其中创建和查看表的相关 SQL 语句。

（一）打开数据库的 SQL 语句

　　数据库创建后，该数据库不会自动成为当前数据库，需要用 USE 语句使其成为当前的数据库（即打开数据库），因为后面对数据库对象的操作（如创建数据表）都是在当前数据库中进行的。USE 语句的语法格式如下：

```
USE 数据库名;
```

（二）创建数据表的 SQL 语句

　　创建数据表的 SQL 语句为 CREATE TABLE，其基本的语法格式如下：

```
CREATE TABLE 表名
```

```
({列名 数据类型 [列约束]} [,...n][,表约束]) [表选项];
```

格式说明： [,...n]表示创建的数据表可以由一个或多个属性（列）组成。列约束和表约束为可选项，表示建表的同时还可以定义与该表有关的完整性约束条件，这些完整性约束条件被存入系统的数据字典中，当用户操作表中数据时，由 DBMS 自动检查该操作是否违背这些完整性约束条件。[表选项]主要指明表类型（存储引擎）、所用字符集等。

1. 列级完整性约束条件

列级完整性约束条件应在定义表中某列的同时进行设置，主要有以下几种。

（1）PRIMARY KEY：指定该列为主键。

（2）NULL /NOT NULL：指定的列允许为空或不允许为空，默认为 NULL。

（3）UNIQUE：指定的列取值唯一，即每条记录该列的值不能重复。

（4）DEFAULT：默认值，指定设置列的默认值。

（5）AUTO_INCREMENT：指定设置列的值自动增加。

（6）CHECK(条件表达式)：用于对列的输入值进行检验，拒绝接受不满足条件的值。

2. 表级完整性约束条件

表级完整性约束条件用于约束条件涉及表的多个属性列或外键的定义。另外，如果需要为约束取名，也可以将其定义在表级上。

（1）PRIMARY KEY：用于定义表级主键约束，语法格式如下：

```
[CONSTRAINT 约束名] PRIMARY KEY (列名1 [,列名2 ...])
```

（2）FOREIGN KEY：用于设置参照完整性规则，即指定某列为外键，语法格式如下：

```
[CONSTRAINT 约束名] FOREIGN KEY 外键 REFERENCES 被参照表(主键)
```

（3）UNIQUE：用于定义表级唯一性约束，语法格式如下：

```
[CONSTRAINT 约束名] UNIQUE(列名)
```

注： 在设置表级约束时也可使用无约束名的简洁方法，此时 MySQL 会自动为其添加一个默认的约束名，约束名便于将来删除约束。有关数据完整性约束的具体用法将在任务 2.7 中详细介绍，这里只作简单说明。

另外，每个表都有一个存储引擎，可在创建表时通过[表选项]指定，也可以使用 ALTER TABLE 语句修改，且都是通过 ENGINE 关键字设置的。

（三）查看数据表的 SQL 语句

在 MySQL 中，查看数据表的语句主要有 3 种，分别为 SHOW TABLES、DESCRIBE 和 SHOW CREATE TABLE。这些语句功能有所不同，在表管理中经常用到。

1. SHOW TABLES 语句

SHOW TABLES 语句用来显示当前数据库中已有的数据表，其语法格式如下：

```
SHOW TABLES [LIKE '模式匹配串'];
```

47

其中，LIKE 子句是可选项，其含义和用法与 SHOW DATABASES 语句相同。如果未指定 LIKE 子句，则显示当前数据库中所有数据表的列表。

2. DESCRIBE 语句

DESCRIBE 语句用来查看表结构的基本信息，包括字段名、数据类型、是否为主键、是否有默认值等，语法格式如下：

```
DESCRIBE 表名;
```

格式说明： 语句中的 DESCRIBE 也可以简写为 DESC。

3. SHOW CREATE TABLE 语句

SHOW CREATE TABLE 语句用来查看详细表结构，包括创建表时的 CREATE TABLE 语句，语法格式如下：

```
SHOW CREATE TABLE 表名[\G];
```

格式说明： 该语句中的"\G"也可以写成"\g"，其作用是将要显示的内容结构旋转 90度，变成纵向结构，即横向表格纵向输出，以使显示结果更加规整，方便阅读。这在 MySQL 的 SHOW 语句中很常见，后续使用时不再提及。

【任务实现】

下面以创建 studentscore 数据库中的 bclass、bstudent 表为例，说明利用 SQL 命令语句创建表的步骤。

（1）打开 studentscore 数据库，在"mysql>"后输入如下命令语句：

```
USE studentscore;
```

（2）创建表前查看当前数据库中包含的表，在"mysql>"后输入如下命令语句：

```
SHOW TABLES;
```

（3）根据任务 2.4 中给出的数据表逻辑结构创建 bclass 表，其命令语句如下：

```
CREATE TABLE bclass
( class_id Char(8) PRIMARY KEY,
  class_name Varchar(20) NOT NUll UNIQUE,
  class_num Int(6) DEFAULT(0),
  major_id Char(2),
  length Char(1),
  depart_id Char(2)
);
```

（4）根据任务 2.4 中给出的数据表逻辑结构创建 bstudent 表，其命令语句如下：

```
CREATE TABLE bstudent
 ( stud_id Char(10) PRIMARY KEY,
   stud_name Varchar(50) NOT NULL,
   stud_sex Enum('男','女'),
   birth Date DEFAULT '1900-01-01',
   members Varchar(40),
```

```
family_place Varchar(50),
class_id Char(8),
CONSTRAINT Fk_classid
FOREIGN KEY(class_id) REFERENCES bclass(class_id));
```

注：上面代码中，通过外键约束，在 bstudent 表的班级代号列 class_id 上建立了与班级信息表 bclass 班级代号 class_id 的关联关系。

（5）创建表后查看当前数据库中包含的表，在"mysql>"后输入如下命令语句：

```
SHOW TABLES;
```

执行结果如图 2-4 所示。

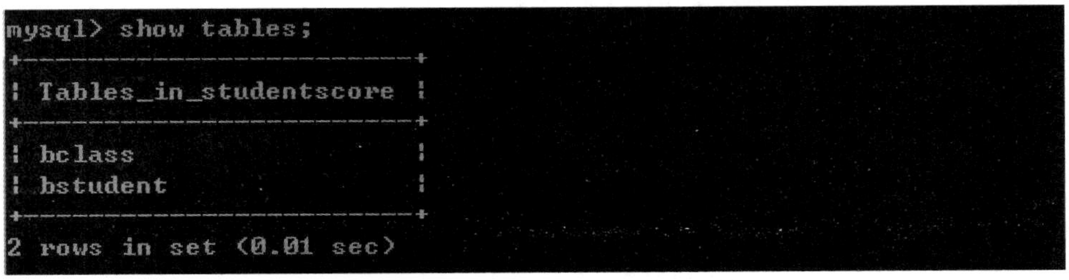

图 2-4　查看 studentscore 数据库中已包含的表

（6）用 DESCRIBE 语句查看 bstudent 表结构的基本信息：

```
DESC bstudent;
```

执行结果如图 2-5 所示。

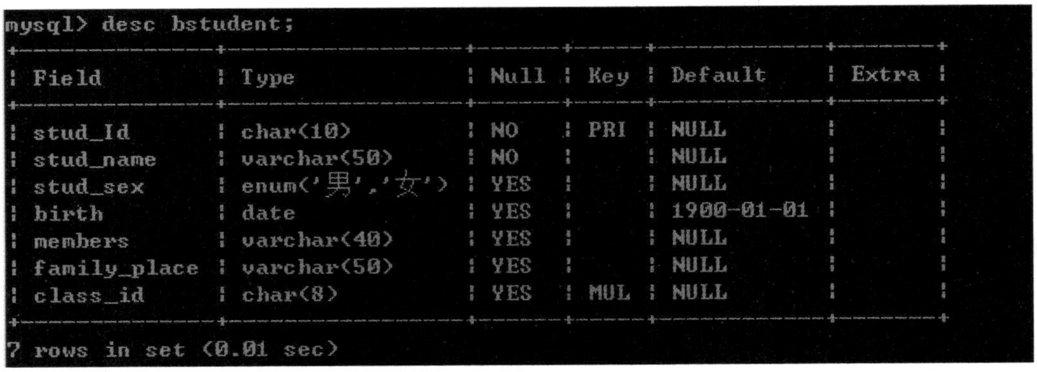

图 2-5　查看 bstudent 表结构的基本信息

（7）用 SHOW CREATE TABLE 语句查看 bstudent 表结构的详细信息：

```
SHOW CREATE TABLE bstudent;
```

说明：上面步骤（1）为打开数据库的操作，用于指明在哪个数据库中创建表，该步骤在操作数据库中的其他对象时也是必需的，后续的例子讲解中会省略该语句，读者实际操作时要注意加上该句。另外，如果再次执行步骤（3）或（4）中的 SQL 语句，MySQL 会提示出错。如图 2-6 所示，重复执行步骤（3）显示的"Table 'bclass' already exists"错误信息。

```
mysql> CREATE TABLE bclass
    -> ( class_id Char(8) PRIMARY KEY,
    -> class_name Varchar(20) NOT NUll UNIQUE,
    -> class_num Int(6) DEFAULT(0),
    -> major_id Char(2),
    -> length Char(1),
    -> dapart_id Char(2)
    -> );
ERROR 1050 (42S01): Table 'bclass' already exists
mysql>
```

图 2-6　重复创建同名的表的错误提示

【任务总结】表是一种重要的数据库对象，是数据存储的主要场所。用 CREATE TABLE 创建数据表时，应注意字段名及其数据类型等参数的设置。数据表创建后，也应及时利用查看数据表的方法检查其正确性。

任务 2.6　修改和删除学生成绩数据库中的表

【任务描述】针对 studentscore 数据库中的表进行以下操作：①将 bstudent 表名修改为 student；②在 bclass 表的 class_num（班级人数）列后面增加一个 enroll_date（入学日期）列，其数据类型为日期型；③将 bclass 表中学生人数列的数据类型改为 Smallint；④将②中增加的 enroll_date 列删除；⑤删除 bstudent 表。

【任务分析与知识储备】在完成表的创建后，难免要对其结构进行修改。常用的修改表的操作有：修改表名、修改表结构（如修改列名或数据类型、增加或删除列、修改列的排列位置、更改表的存储引擎和删除表的完整性约束条件等）。而当数据表不再有使用价值时也可以将其删除。其中，修改表结构的操作最好是在表中还没有数据的情况下进行。

（一）修改表

修改表可以通过 SQL 语句 ALTER TABLE 来实现。

1. 修改表名

在数据库中，可以通过**表名**来区分不同的表，因为表名在数据库中是唯一的，不能重复。修改表名的语法形式如下：

```
ALTER TABLE 旧表名 RENAME [TO] 新表名;
```

其中，旧表名**表示**要修改的表名，新表名表示修改后的新表名，要操作的表必须在数据库中已经存在。

2. 增加列

对于创建好了的表，可以增加新的列，列由列名和数据类型定义，其语法格式如下：

```
ALTER TABLE 表名
```

```
ADD {列名 数据类型} [FIRST | AFTER 已有列名] [ , ...n ]
```

格式说明： 如果语句中无可选项[FIRST | AFTER 已有列名]，则表示将在表中的最后一个位置增加列；如果语句中包含 FIRST 关键字，则表示在表中的第一个位置增加列；如果语句中包含 AFTER 关键字，则表示在该关键字指定的列之后增加列。

3. 修改列

由于列是由字段名和数据类型来进行定义的，所以要实现修改列，除了可以修改列名，还可以修改列所能存储的数据类型。又由于一个表中会拥有许多列，因此还可以修改列的顺序。

（1）修改列的数据类型。修改列的数据类型语法格式如下：

```
ALTER TABLE 表名
MODIFY [COLUMN] 列名 新数据类型;
```

格式说明： 列名为所要修改类型的列名，新数据类型为修改后的数据类型。

（2）修改列名称。修改列名称的语法格式如下：

```
ALTER TABLE 表名
CHANGE 旧列名 新列名 旧数据类型;
```

格式说明： 旧列名为所要修改的列名，新列名为修改后的列名。另外，修改列名的同时也可以修改其数据类型，此时语法格式为：

```
ALTER TABLE 表名
CHANGE 旧列名 新列名 新数据类型;
```

（3）修改列的顺序。修改列顺序的语法格式如下：

```
ALTER TABLE 表名
MODIFY [COLUMN] 列名 1 数据类型 FIRST | AFTER 列名 2;
```

格式说明： 列名 1 为所要调整顺序的列名，FIRST 表示将列调整到表的第一个位置，AFTER 列名 2 表示将列调整到列名 2 之后。

4. 删除列

在修改表时，既可以进行列的增加操作，也可以进行列的删除操作。所谓删除列是指删除已经在表中定义好的某个列，其语法格式如下：

```
ALTER TABLE 表名
DROP 列名;
```

格式说明： 表名为所要删除列所在的表的名称，列名为所要删除的列名。

（二）删除表

删除表是指删除数据库中已经存在的表。删除表时会删除表中的所有数据，因此在删除表时要非常小心，确认是不需要的表后再进行删除。

删除表需要用到 DROP TABLE 语句，其语法格式如下：

```
DROP TABLE [IF EXISTS] 表名 1[,[表名 2],…];
```

格式说明： 参数 "IF EXISTS" 用于删除前判断要删除的表是否存在，加上该参数后，即使删除的表不存在，SQL 语句也可以顺利执行，不会发出警告。另外，在 MySQL 中，使用 DROP TABLE 语句可以一次删除一个或多个没有被其他表关联的数据表。

警告： 通过 DROP TABLE 语句删除表，不仅会将表中的数据删除，还将删除表定义本身。如果只想删除表中的数据而保留表的定义，可以使用 DELETE 语句（将在项目 3 中介绍）。

【任务实现】

1. 修改表名

```
ALTER TABLE bstudent RENAME TO student;
```

执行结果如图 2-7 所示。

图 2-7　修改表名

2. 增加列

```
ALTER TABLE bclass ADD enroll_date Date AFTER class_num;
```

执行成功后，通过 "DESC bclass;" 语句查看增加字段后的表结构，如图 2-8 所示。

图 2-8　增加 enroll_date 字段后的表结构

3. 修改数据类型

```
ALTER TABLE bclass MODIFY class_num Smallint;
```

执行成功后，通过"DESC bclass;"语句查看修改字段数据类型后的表结构，如图 2-9 所示。

```
mysql> alter table bclass modify class_num smallint;
Query OK, 0 rows affected (1.73 sec)
Records: 0  Duplicates: 0  Warnings: 0

mysql> desc bclass;
+-------------+-------------+------+-----+---------+-------+
| Field       | Type        | Null | Key | Default | Extra |
+-------------+-------------+------+-----+---------+-------+
| class_id    | char(8)     | NO   | PRI | NULL    |       |
| class_name  | varchar(20) | NO   | UNI | NULL    |       |
| class_num   | smallint(6) | YES  |     | NULL    |       |
| enroll_date | date        | YES  |     | NULL    |       |
| major_id    | char(2)     | YES  |     | NULL    |       |
| length      | char(1)     | YES  |     | NULL    |       |
| dapart_id   | char(2)     | YES  |     | NULL    |       |
+-------------+-------------+------+-----+---------+-------+
7 rows in set (0.01 sec)

mysql>
```

图 2-9　修改 class_num 列的数据类型为 Smallint

4. 删除列

```
ALTER TABLE bclass DROP enroll_date;
```

执行成功后，通过"DESC bclass;"语句查看删除字段后的表结构，如图 2-10 所示。

```
mysql> alter table bclass drop enroll_date;
Query OK, 0 rows affected (1.50 sec)
Records: 0  Duplicates: 0  Warnings: 0

mysql> desc bclass;
+------------+-------------+------+-----+---------+-------+
| Field      | Type        | Null | Key | Default | Extra |
+------------+-------------+------+-----+---------+-------+
| class_id   | char(8)     | NO   | PRI | NULL    |       |
| class_name | varchar(20) | NO   | UNI | NULL    |       |
| class_num  | smallint(6) | YES  |     | NULL    |       |
| major_id   | char(2)     | YES  |     | NULL    |       |
| length     | char(1)     | YES  |     | NULL    |       |
| dapart_id  | char(2)     | YES  |     | NULL    |       |
+------------+-------------+------+-----+---------+-------+
6 rows in set (0.01 sec)

mysql>
```

图 2-10　删除 enroll_date 字段后的表结构

5. 删除表

```
DROP TABLE bstudent;
```

执行成功后，通过"DESC bstudent;"语句查看表结构，出现如图 2-11 所示的错误提示。

```
mysql> drop table bstudent;
Query OK, 0 rows affected (0.39 sec)

mysql> desc bstudent;
ERROR 1146 (42S02): Table 'studentscore.bstudent' doesn't exist
mysql>
```

图 2-11　删除 bstudent 表

提示：如果一个表被其他表通过 FOREIGN KEY 约束引用，则必须先删除定义 FOREIGN KEY 约束的表，或删除其 FOREIGN KEY 约束。只有没有其他表引用时，这个表才能被删除，否则删除操作就会失败。如 bstudent 表通过外键约束引用了 bclass 表，如果不先删除 bstudent 表而直接删除 bclass 表，则会出现错误提示，删除操作将被取消，如图 2-12 所示。

```
mysql> drop table bclass;
ERROR 3730 (HY000): Cannot drop table 'bclass' referenced by a foreign key const
raint 'Fk_classid' on table 'bstudent'.
mysql>
```

图 2-12　删除有外键引用的 bclass 表时的错误提示

【任务总结】创建表后可以使用 ALTER TABLE 语句来修改表结构，可以修改的内容包括添加新列、修改列长度、修改列数据类型、添加约束、删除约束和删除列；也可以通过 DROP TABLE 语句来删除表。

 任务 2.7　为学生成绩数据库表建立约束

【任务描述】根据表 2-8～表 2-13 所示学生成绩数据库表逻辑结构说明中的备注列，分别为学生成绩数据库中的 6 张表建立相应的约束。

【任务分析与知识储备】数据库的完整性是指数据库中数据应始终保持正确的状态，防止不符合语义的错误数据输入，以及无效操作所造成的错误结果。为了维护数据库的完整性，防止错误信息的输入和输出，关系模型提供了 3 类完整性约束规则：实体完整性、参照完整性和用户定义的完整性（详见项目 8）。与之相应地，DBMS 必须提供一种机制来检查数据库中的数据是否满足完整性约束条件。在 MySQL 中，这种机制是通过约束来实现的，MySQL 的约束是指对数据表中数据的一种约束行为，能够帮助数据库管理员更好地管理数据库，并且能够确保数据库表中数据的正确性和一致性。其约束条件从约束存在的位置上可分为列级约束和表级约束（任务 2.5 已介绍），从约束发生的时机上可分为静态级约束和动态级约束。静态级约束主要包括主键约束、外键约束、唯一约束、非空约束、默认值约束和检查约束。而动态级约束主要通过触发器（详见项目 5）来实现。

下面通过**若干子任务**讨论上述 3 类完整性如何在**列**和**表**上通过**静态约束**来实现的机制，并介绍这些约束的创建和管理方法。需要说明的是，静态约束的定义既可以在创建表时设置（其语法格式详见任务 2.5），也可以在修改表时设置（其语法格式详见本任务）。

任务 2.7.1　建立主键（PRIMARY KEY）约束

【任务描述】①创建课程信息表 bcourse，并设置课程代号（简称课程号）为主键。②修改课程信息表 bcourse，设置课程代号为主键。

　　【任务分析】主键约束是指利用表中的一列或多列的组合来唯一地标识表中的每行数据。在受到主键约束的列上不允许有相同的数据值，也不能取空值，通过它可以强制表的实体完整性。需要注意的是，当主键由多个列组成时，某一列上的数据可以有重复值，但这几个列的组合值必须是唯一的。如在学生选课成绩表中，将学生学号和课程号的组合作为主键，在表中的数据里可以出现学生学号的重复值、课程号的重复值，但它们的组合值不允许出现重复值。通过**修改表**建立主键约束的语法格式如下：

```
ALTER TABLE 表名
ADD [CONSTRAINT [约束名]] PRIMARY KEY ( 列名1 [,列名2 ...] );
```

如果要删除主键约束，则可用如下语法格式：

```
ALTER TABLE 表名 DROP PRIMARY KEY;
```

　　另外，在某些情况下，如果希望在向表中加入新行时能由系统自动生成一个唯一标识表中每行数据的序列值，则可以通过为主键添加 AUTO_INCREMENT 关键字来实现，该列初值默认为 1，当一条新记录添加到表中时，这个列就被自动赋给一个新值，默认情况下是加 1 递增的。如在学生选课成绩表中，为了编程的方便，需要有一列存放成绩编号，最简单的方法就是把它作为自增列，这样每次向表中插入一条选课成绩记录时，MySQL 都会自动生成唯一的值作为选课成绩记录的编号，避免了人工添加序号时可能产生的序号冲突问题。

　　使用自增列时，要注意如下 3 点：①每张表只允许一个自增列；②该列的数据类型只能为整数类型，通常取 Int；③该列不允许为 NULL 值，也不能有默认值。一般情况下，不允许人为插入该列数值，也不允许修改该列的值。

　　【任务实现】

1. 创建表时设置主键约束

```
CREATE TABLE bcourse
(course_id Char(8) PRIMARY KEY,
 course_name Varchar(40) NOT NULL,
 course_type Enum('必修','选修'),
 hours Int(6),
 credit Int(4)
);
```

若要为主键约束命名，则可以通过以下方式实现：

```
CREATE TABLE bcourse
(course_id Char(8) NOT NULL,
 course_name Varchar(30) NOT NULL,
 course_type Enum('必修','选修'),
 hours Int(6),
 credit Int(4),
 CONSTRAINT Pk_bcourse PRIMARY KEY (course_id));
```

执行成功后，通过"DESC bcourse;"语句查看表结构，结果如图 2-13 所示。

图 2-13　bcourse 表结构及其主键约束

2. 修改表时添加主键约束

```
ALTER TABLE bcourse
ADD CONSTRAINT Pk_bcourse PRIMARY KEY (course_id);
```

说明：任务中定义的主键约束名为 Pk_bcourse，这是约束名的常规命名方法。[任务实现]部分中"修改表时添加主键约束"方法常常用于对已有表添加约束的场合。

任务 2.7.2　建立外键（FOREIGN KEY）约束

【任务描述】①创建学生选课成绩表 bscore，并在其课程号列上创建外键约束与课程信息表中的课程代号相关联；②修改学生选课成绩表 bscore，在其学号列上设置与学生信息表中学号的外键约束。

【任务分析】通过将一个表中主键或唯一键的列添加到另一个表中，可以创建两个表之间的关联关系，而这个列就成为第二个表的外键。可以称前者为主表（或父表、被参照表），后者为从表（或子表、参照表）。通过外键约束，可以强制参照完整性，以维护两个表中数据的一致性和正确性。如在任务 2.5 中创建学生信息表（bstudent）时，将其班级代号与班级信息表（bclass）中的班级代号通过外键进行了关联，使得作为外键列的 class_id 值，要么是空值，要么是它所引用的表中已存在的值，从而可防止 bstudent 表中出现不存在的班级。

本任务中学生选课成绩表（bscore）的课程代号也与课程信息表（bcourse）中的课程代号相关，通过在该列上创建外键，可以防止 bscore 表中出现不存在的课程。另外，通过外键，还可以利用 MySQL 中的级联更新和级联删除功能，指定在 bcourse 表中的课程记录被修改或删除时，bscore 表中对应的课程记录是一起被修改或删除，还是**拒绝**被修改或删除。

通过**修改表**建立外键约束的语法格式如下：

```
ALTER TABLE 表名
ADD [CONSTRAINT [约束名]] FOREIGN KEY (列名 1 [,列名 2 ... ])
REFERENCES 被参照表名 (被参照列名 1 [,被参照列名 2 ...])
[ON DELETE CASCADE | ON UPDATE CASCADE];
```

其中，**ON DELETE CASCADE** 表示可以实现级联删除；**ON UPDATE CASCADE** 表示可以实现级联更新。如默认，则不能实现级联删除或级联更新。

提示：外键约束不仅可以与另一个表中的主键约束建立联系，也可以与另一个表中的唯一性约束建立联系，并且被参照表中的被参照列与外键表中的外键列数据类型和长度必须严格匹配。如果要删除外键约束，则可用如下语法格式。

```
ALTER TABLE 表名 DROP FOREIGN KEY 约束名;
```

【任务实现】

1. 创建表时设置外键约束

```
CREATE TABLE bscore
(stud_cod Int PRIMARY KEY AUTO_INCREMENT,
 stud_id Char(10) NOT NULL,
 course_id Char(8) NOT NULL,
 term Tinyint,
 score Decimal(5,1),
 makeup Decimal(5,1),
 CONSTRAINT Fk_bscore_bcourse
 FOREIGN KEY (course_id) REFERENCES bcourse (course_id));
```

2. 修改表时添加外键约束

```
ALTER TABLE bscore
ADD CONSTRAINT Fk_bscore_bstudent
FOREIGN KEY (stud_id) REFERENCES bstudent (stud_id);
```

执行成功后，通过 "DESC bscore;" 语句查看表结构，结果如图 2-14 所示。

```
mysql> desc bscore;
+-----------+--------------+------+-----+---------+----------------+
| Field     | Type         | Null | Key | Default | Extra          |
+-----------+--------------+------+-----+---------+----------------+
| stud_cod  | int(11)      | NO   | PRI | NULL    | auto_increment |
| stud_id   | char(10)     | NO   | MUL | NULL    |                |
| course_id | char(8)      | NO   | MUL | NULL    |                |
| term      | tinyint(4)   | YES  |     | NULL    |                |
| score     | decimal(5,1) | YES  |     | NULL    |                |
| makeup    | decimal(5,1) | YES  |     | NULL    |                |
+-----------+--------------+------+-----+---------+----------------+
6 rows in set (0.01 sec)

mysql>
```

图 2-14　bscore 表结构及其外键约束

【任务说明】任务实现中，Fk_bscore_bcourse 为在 course_id 列上定义的外键约束名，Fk_bscore_bstudent 为在 stud_id 列上定义的外键约束名。如要实现与 bscore 表关联的主键表的级联更新或级联删除功能，则可在设置外键时加上 ON UPDATE CASCADE 或 ON DELETE CASCADE 选项。

任务 2.7.3　建立唯一性（UNIQUE）约束

【任务描述】①创建专业信息表 bmajor，并在专业名称列上创建唯一性约束；②修改专业信息表 bmajor，在专业名称列上设置唯一性约束。

【任务分析】使用唯一性约束可以确保在非主键列中不输入重复的值。尽管唯一性约束和主键约束都强制唯一性，且设置了唯一性约束的列也可以被外键约束所引用，但它们之间有3 个明显的不同之处。

（1）主键列不允许出现空值，而唯一性约束允许该列上存在空值。

（2）在一个表中只能定义一个主键约束，但可以定义多个唯一性约束，定义时必须使用NULL 或 NOT NULL 声明。

（3）一般在创建主键约束时，系统会自动产生聚集索引，而创建唯一性约束时，系统自动产生非聚集索引。

实际应用中，往往要求在某些非主键列上不允许输入重复的值，如学生成绩数据库中的班级名称列、专业名称列等。

通过**修改表**建立唯一性约束的语法格式如下：

```
ALTER TABLE 表名
ADD [CONSTRAINT [约束名]] UNIQUE (列名 1 [,列名 2 ...]);
```

如果要删除唯一性约束，则可用如下语法格式：

```
ALTER TABLE 表名 DROP INDEX 约束名;
```

【任务实现】

1. 创建表时设置唯一性约束

```
CREATE TABLE bmajor
(major_id Char(2) PRIMARY KEY,
 major_name Varchar(40) NOT NULL UNIQUE,
 depart_id Char(2),
 depart_name VarChar(40));
```

执行成功后，通过"DESC bmajor;"语句查看表结构，结果如图 2-15 所示。

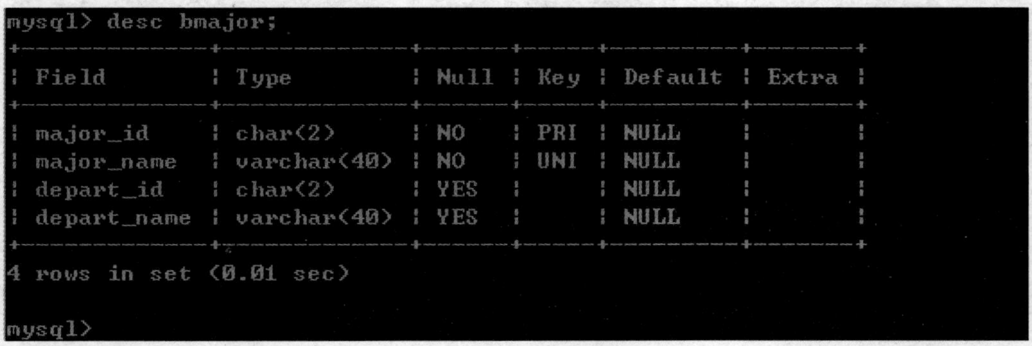

```
mysql> desc bmajor;

+-------------+-------------+------+-----+---------+-------+
| Field       | Type        | Null | Key | Default | Extra |
+-------------+-------------+------+-----+---------+-------+
| major_id    | char(2)     | NO   | PRI | NULL    |       |
| major_name  | varchar(40) | NO   | UNI | NULL    |       |
| depart_id   | char(2)     | YES  |     | NULL    |       |
| depart_name | varchar(40) | YES  |     | NULL    |       |
+-------------+-------------+------+-----+---------+-------+
4 rows in set (0.01 sec)

mysql>
```

图 2-15 bmajor 表结构及其唯一性约束

2. 修改表时添加唯一性约束

```
ALTER TABLE bmajor
ADD CONSTRAINT Uk_bmajor UNIQUE (major_name);
```

任务 2.7.4　建立非空（NOT NULL）约束

【任务描述】①创建用户信息表 users，并在用户姓名列上创建非空约束；②修改用户信息表 users，在用户密码列上设置非空约束。

【任务分析】一个列中出现 NULL 值（空值）意味着用户还没有为该列输入值。NULL 值既不等价于数值型数据中的 0，也不等价于字符型数据中的空串，只是表明列值是未知的。如学生信息表中，某一学生的出生日期为空值并不表示该学生没有出生日期，而是表示他的出生日期目前还不知道。

在创建数据表时，默认情况下，如果在数据表中不指定非空约束，那么数据表中所有字段都可以为空。如果必须在表中的某一列中输入数据，那么在创建表结构时应当设置该列不允许取空值，即 NOT NULL。如在学生信息表中，学生姓名列就应该设置为不允许为空，因为学生姓名是学生基本情况中最重要的一个信息。同样，这里用户信息表中的用户姓名及用户密码也不应为空。

通过修改表建立非空约束的语法格式如下：

```
ALTER TABLE 表名
MODIFY 列名 数据类型 NOT NULL;
```

如果要删除非空约束，则只需将上面语法格式中的 NOT NULL 改为 NULL 即可。

【任务实现】

1. 创建表时设置非空约束

```
CREATE TABLE users
(users_dh Char(10) PRIMARY KEY,
 users_name Varchar(40) NOT NULL,
 users_bz Tinyint(1),
 password VarChar(40)
);
```

2. 修改表时添加非空约束

```
ALTER TABLE users
MODIFY password VarChar(40) NOT NULL;
```

执行成功后，通过"DESC users;"语句查看表结构，结果如图 2-16 所示。

```
mysql> desc users;
+------------+-------------+------+-----+---------+-------+
| Field      | Type        | Null | Key | Default | Extra |
+------------+-------------+------+-----+---------+-------+
| users_dh   | char(10)    | NO   | PRI | NULL    |       |
| users_name | varchar(40) | NO   |     | NULL    |       |
| users_bz   | tinyint(1)  | YES  |     | NULL    |       |
| password   | varchar(40) | NO   |     | NULL    |       |
+------------+-------------+------+-----+---------+-------+
4 rows in set (0.00 sec)

mysql>
```

图 2-16　users 表结构及其非空约束

任务 2.7.5　建立检查（CHECK）约束

【任务描述】修改学生选课成绩表 bscore，在成绩 score 列上创建检查约束，要求 score 的取值范围在 0～100。

【任务分析】检查约束通过限制输入到列中的值来强制域的完整性，用于检查输入数据的取值是否有效，只有符合检查约束的数据才能输入。本任务要限制 bscore 表中的成绩列在 0～100，就可以在该列上设置一个检查约束，让其满足逻辑表达式（score>=0 AND score<=100）的数据才能被数据库接收。

检查约束可以在列上定义，也可以在表上定义。一个列级检查约束只能与限制的字段有关；一个表级检查约束只能与限制的表中字段有关。在一个数据表中可以创建多个检查约束，也可在一列上定义多个检查约束（只要它们不相互冲突即可），此时所有的约束按照创建的顺序依次进行数据有效性的检查；如要在多个字段上定义检查约束，则必须将检查约束定义为表级约束。另外，**需要说明的是**，在 MySQL 中只可以使用检查约束，但不会强制遵循检查约束，官方推荐使用枚举类型（enum）或触发器来替代检查约束的使用。

通过修改表建立检查约束的语法格式如下：

```
ALTER TABLE 表名
ADD [CONSTRAINT [约束名]] CHECK (条件表达式);
```

如果要删除检查约束，则可用如下语法格式：

```
ALTER TABLE 表名 DROP CHECK 约束名;
```

【任务实现】在客户端命令窗口中输入并执行如下语句：

```
ALTER TABLE bscore
ADD CONSTRAINT Ck_score CHECK (score>=0 AND score<=100);
```

执行结果如图 2-17 所示。

```
mysql> ALTER TABLE bscore
    -> ADD CONSTRAINT Ck_score CHECK (score>=0 AND score<=100);
Query OK, 0 rows affected (1.80 sec)
Records: 0  Duplicates: 0  Warnings: 0

mysql>
```

图 2-17　修改表时创建检查约束

【任务拓展】用同样的方法在 bcourse 表的课时数 hours 列上创建检查约束，规定其值必须大于等于 0。

```
ALTER TABLE bcourse
ADD CONSTRAINT Ck_hours CHECK (hours>=0);
```

任务 2.7.6　建立默认（DEFAULT）约束

【任务描述】为学生信息表 bstudent 的出生日期列建立一个默认约束，以实现在输入操作中没有提供输入值时，系统自动将该列的值设为 1900 年 1 月 1 日。

【任务分析】有时候可能会有这种情况：当向表中装载新行（插入数据）时，可能不知道某一列的值，或该值尚不存在。如果该列允许空值，就可以将该行赋予空值；如果不希望有空值的列，更好的解决办法是为该列定义默认约束。默认约束指定在输入操作中没有提供输入值时，系统将自动提供给某列的值。

默认值约束通常用在已经设置了非空约束的字段，这样能够防止数据表在输入数据时出现错误，同时还能减轻添加数据的负担。默认约束定义的默认值仅在执行 Insert 操作插入数据时生效，一列至多有一个默认值，其中包括 Null 值。

通过修改表建立默认约束的语法格式如下：

ALTER TABLE 表名 ALTER 列名 SET DEFAULT 默认值;

如果要删除默认约束，则可用如下语法格式：

ALTER TABLE 表名 ALTER 列名 DROP DEFAULT;

【任务实现】在客户端命令窗口中输入并执行如下语句：

ALTER TABLE bstudent ALTER birth SET DEFAULT '1900-01-01';

执行结果如图 2-18 所示。

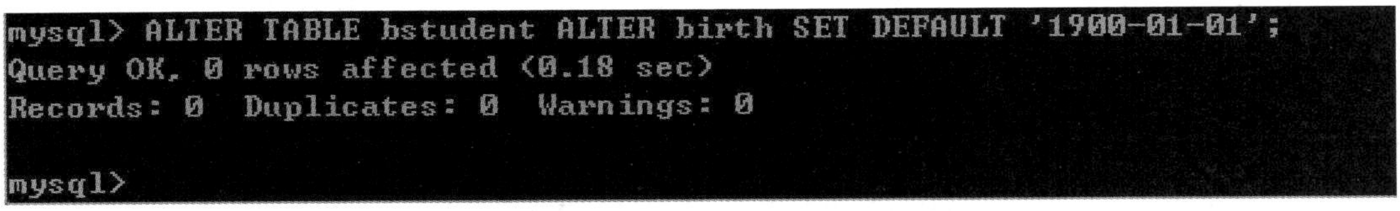

图 2-18　修改表时建立默认约束

【任务拓展】用同样的方法在 bcourse 表的学分 credit 列上建立默认约束，默认值为 0。

ALTER TABLE bcourse ALTER credit SET DEFAULT 0;

【任务总结】在评价数据库的设计时，数据完整性的设计是关系数据库设计好坏的一项重要指标，而约束是 MySQL 提供的一种自动保证数据完整性的方法。本任务通过 6 个子任务详细介绍了 MySQL 中约束的概念及其管理方法。约束既可以在创建表时定义，也可以在修改表时添加。

另外，一旦在各数据表中建立了相关的约束条件，则其记录的输入就会受到约束的限制。如 bscore 表中已规定了成绩在 0～100，输入数据时就会检查约束条件是否满足，一旦出错，会提示出错信息。又如 bstudent 表中已定义了出生日期列的默认值为 1900-1-1，在输入数据时就不必填写，其值由创建的默认约束设定。

项目小结：本项目紧紧围绕创建和管理 MySQL 数据库与表这个命题，以学生成绩数据库的创建和管理任务为主线，介绍了用户数据库的创建、查看、修改和删除等操作，以及数据库表的创建和管理、数据完整性的实现等操作。同时介绍了 MySQL 字符集、存储引擎、MySQL 的数据类型、约束的概念和作用。

习题二

一、选择题

1. 下列关于数据库服务器、数据库和表的关系的说法，正确的是（　　　）。

　A. 一个数据库服务器只能管理一个数据库，一个数据库只能包含一个表

　B. 一个数据库服务器可以管理多个数据库，一个数据库可以包含多个表

　C. 一个数据库服务器只能管理一个数据库，一个数据库可以包含多个表

　D. 一个数据库服务器可以管理多个数据库，一个数据库只能包含一个表

2. 下列（　　　）语句可以创建数据表，（　　　）语句可以删除数据表。

　A. DROP DATABASE　　　　　　　　　B. CREATE TABLE

　C. ALTER TABLE　　　　　　　　　　　D. DROP TABLE

3. 如果数据表中的某列值是从 0～127 的整型数据，最好使用（　　　）数据类型。

　A. Int　　　　　　　B. Tinyint　　　　　　C. Bigint　　　　　　D. Smallint

4. 下面（　　　）类型用来定义固定长度字符串数据，（　　　）类型用来定义可变长度字符串数据。

　A. Varchar　　　　　B. Enum　　　　　　C. Char　　　　　　D. Text

5. 如果要求存储精度较高或进行数值比较时，最好使用（　　　）数据类型。

　A. Int　　　　　　　B. Float　　　　　　C. Double　　　　　　D. Decimal

6. 下列选项中，使用（　　　）数据类型保存 3.1415 可以不丢失精度。

　A. Decimal(5,3)　　　B. Decimal(6,3)　　　C. Decimal(5,4)　　　D. Decimal(6,4)

7. 如要以二维表方式查看数据表结构的简单信息，可用（　　　）语句。

　A. SHOW TABLE　　　　　　　　　　　B. SHOW CREATE TABLE

　C. SHOW TABLES　　　　　　　　　　　D. DESCRIBE

8. 以下语句中错误的是（　　　）。

　A. ALTER TABLE tablename ADD column_name Int;

　B. ALTER TABLE tablename MODIFY column_name Char(10);

　C. ALTER TABLE tablename CHANGE column_name1 column_name2 Int;

　D. ALTER TABLE tablename DELETE column_name;

9. 下列 SQL 语句中，能够实现实体完整性控制的关键字是（　　　）。

　A. FOREIGN KEY　　　　　　　　　　　B. PRIMARY KEY

　C. REFERENCES　　　　　　　　　　　D. FOREIGN KEY 和 REFERENCES

10. 下列关于外键约束的说法，错误的是（　　　）。

　A. 只有 InnoDB 存储引擎的数据表才支持外键约束

　B. 默认情况下，修改主表记录的同时修改从表记录

　C. 从表外键字段插入的值必须选取主表中相关联字段已经存在的数据

　D. 默认情况下，从表含有关联记录则拒绝删除主表记录

二、填空题

1. SQL 语言的全称是_____，它是目前使用最为广泛的关系数据库查询语言，其功能包括_____、_____、_____和_____4 个方面。

2. 在 MySQL 中，查看当前服务器上已经存在的数据库列表的 SQL 语句是_____。

3. 如果不知道要删除的数据库存不存在，需要在命令中加入_____关键词。

4. 关系数据库中的表是由行和列组成的，行又称为_____，其包含了实际的数据；列又称为_____，其决定了表中数据的类型。

5. MySQL 8.0 中默认的存储引擎是_____。

6. 关系模型提供了 3 类完整性约束，分别是实体完整性、参照完整性和用户定义的完整性。MySQL 中提供了_____约束和_____约束来维护实体完整性；提供了_____和_____约束来维护参照完整性；提供了_____约束和_____约束来维护用户定义完整性。

7. 如果在数据表中插入新记录时，希望系统自动生成字段的值，可能通过_____关键字来实现。

8. 数据表中字段的唯一约束是通过_____关键字定义的。

三、判断题

1. 在 MySQL 8.0 中，其默认的字符集已改为 utf8mb4，该字符集的默认排序为 utf8mb4_0900_ai_ci，这种排序规则是指编码不区分大小写。 （　　）

2. 在执行 CREATE DATABASE 语句时，如果已经存在同名数据库，则即使没有指定 IF NOT EXISTS，也不会出现错误。 （　　）

3. 在 MySQL 中，针对具体的要求，可以对每个数据表使用不同的存储引擎。 （　　）

4. 如果表需要执行大量的增、删、改操作，可以将该表设置为 MyISAM 存储引擎。（　　）

5. Enum 类型和 Set 类型的值都是以字符串形式出现的，但在数据库中存储的是数值。 （　　）

6. 当需要在插入记录的同时插入当前时间时，使用 TimeStamp 类型更方便。 （　　）

7. 使用 CREATE TABLE 语句只能在当前数据库中创建表。 （　　）

8. 在 ALTER TABLE…MODIFY 语句中添加 FIRST 关键词，可将字段调整为数据表的第 1 个字段。 （　　）

9. 当主键由多个列组成时，某一列上的数据可以有重复，但是这几个列的组合值必须是唯一的。 （　　）

10. 外键约束主要用来维护两个表之间的一致性关系。在外键表（子表）中创建外键约束时，一定要保证主键表（父表）中被引用的列为主键或是唯一性约束，且其数据类型和长度也必须与外键表（子表）中的外键列相同。 （　　）

四、简答题

1. 试述 SQL 语言的特点。

2. 在创建数据库时应考虑哪些问题？在创建表之前又应考虑什么问题？

3. 主键约束和唯一约束的相同点和区别有哪些？

4. 假设在 MySQL 中已创建一个名为 test 的数据库，能不能再用"CREATE DATABASE

test;"语句创建该数据库了？为什么？如何避免同名数据库的创建？

5. 简述 Char、Varchar 和 Text 数据类型的区别。

五、项目实践（训）题

1. 使用 SQL 语句创建人事管理数据库，数据库名为 people。

2. 创建部门信息表 bdept，数据表的各字段属性值如表 2-14 所示。

表 2-14　bdept 表的各字段属性

列　　名	数据类型	长　度	小　数　位	属　性	描　述
deptid	Char	4		主键	部门号
deptname	Varchar	20		不允许空	部门名
deptnum	Int			检查约束≥0	部门人数
depttel	Char	8			部门电话
deptmanager	Varchar	40			部门经理

3. 创建职工信息表 bemployee，数据表的各字段属性值如表 2-15 所示。

表 2-15　bemployee 表的各字段属性

列　　名	数据类型	长　度	小　数　位	属　性	描　述
employeeid	Char	10		主键	职工编号
name	Varchar	40		不允许空	姓名
sex	Char	2		（男，女）	性别
birthday	Datetime				出生日期
birthplace	Varchar	20		默认值（汉族）	民族
political	Char	4			政治面貌
culture	Char	8			文化程度
marital	Char	4			婚姻状况
zhicheng	Varchar	20		不允许空	职称
deptid	Char	4		外键	部门号

4. 创建请假信息表 bleave，数据表的各字段属性值如表 2-16 所示。

表 2-16　bleave 表的各字段属性

列　　名	数据类型	长　度	小　数　位	属　性	描　述
leaveid	Char	6		主键	假条编号
employeeid	Char	10		外键	职工编号
startdate	Datetime				起始日期
enddate	Datetime				中止日期
days	Numeric	5	1		请假天数

列 名	数据类型	长 度	小 数 位	属 性	描 述
reason	Varchar	50			请假原由
signer	Varchar	40			请假批准人

5. 创建工资信息表 bsalary，数据表的各字段属性值如表 2-17 所示。

表 2-17 bsalary 表的各字段属性

列 名	数据类型	长 度	小 数 位	属 性	描 述
salaryid	Char	8		主键	工资编号
employeeid	Char	10		外键	职工编号
bsalary	Numeric	7	1		基本工资
psalary	Numeric	7	1		岗位工资
subsidy	Numeric	7	1		各种补助
total_Salary	Numeric	7	1		应发工资
deduct	Numeric	7	1		各种扣除
final_Salary	Numeric	7	1		实发工资

6. 将 bdept 表中 deptname 字段的数据类型修改为 Varchar（50）。

7. 在 bemployee 表的 birthplace 列后面增加 identity（身份证号）字段，数据类型为 Char（18），并为其添加唯一性约束。

8. 使用 SHOW CREATE TABLE 语句，查看 bemployee 表的详细定义信息。

项目3 查询与维护学生成绩数据库中的表

知识目标：①了解什么是数据的增、删、改和查询；②掌握 INSERT、UPDATE 和 DELETE 语句格式及其用法；③掌握常用的函数、表达式；④掌握 SELECT 语句的完整语法结构。

技能目标：①会进行数据的添加、修改和删除；②会针对实际应用进行各种基本的数据查询，会对查询结果进行排序、计算及分组；③能进行各种复杂的数据查询，如连接查询、嵌套查询和合并查询。

素质目标：①培养学生利用数据服务社会的意识；②培养学生精益求精的工匠精神；③训练学生善于进行逻辑思维的职业素养；④培养学生举一反三解决问题的能力。

[项目描述与任务分解]

在完成数据库及表的创建并进行了数据完整性约束设计后，接下来需要向表中添加数据。在将来的使用中还需要进行数据查询、统计并输出、对现有的数据进行修改，以及删除无用的数据等操作。在学生成绩管理系统中，经常需要根据指定条件查询学生的信息，如查询全校、某院部、某班级学生的基本信息及其成绩信息，某个院部、班级、学生的课程信息等。另外，每年都有新生入学，也需要及时向学生信息表中添加记录；而在校学生的基本信息及成绩信息发生变化时也需要及时修改；另外，对已毕业学生的信息还需要进行删除（或导出），以节省存储空间提高数据库系统的运行效率。在 MySQL 中，上述操作都可以通过 SQL 语句或图形化管理工具实现。为此根据 SQL 在数据操纵、数据查询中的应用内容，本项目主要分解成以下几个任务：

任务 3.1 在学生成绩数据库表中插入数据

任务 3.2 在学生成绩数据库表中修改数据

任务 3.3 在学生成绩数据库表中删除数据

任务 3.4 在学生成绩数据库中实现无条件查询

任务 3.5 在学生成绩数据库中实现条件查询

任务 3.6 对查询结果的排序、汇总和分组

任务 3.7 在学生成绩数据库中实现连接查询

任务 3.8 在学生成绩数据库中实现嵌套查询

任务 3.9 在学生成绩数据库中实现合并（联合）查询

任务 3.1　在学生成绩数据库表中插入数据

【任务描述】根据教材附录的附表 1-1～附表 1-5 提供的学生成绩数据库各数据表的数据实例，对学生成绩数据库中的表进行相应的数据插入操作。

【任务分析与知识储备】插入数据是向表中添加新的记录。在 SQL 语句中，常用的插入数据的方法是使用 INSERT 语句。INSERT 语句向表中插入新数据的方式有**两种**：一种是使用 VALUES 关键字直接赋值插入记录，此时既可以一次插入单条记录，也可以一次插入多条记录；另一种是使用 SELECT 子句，从其他表或视图中提取数据插入新的数据表中。另外，在表中添加数据时，插入不同数据类型的数据，其格式不同；如果在创建表或修改表时设置了相应的完整性约束条件，则还需要受到这些约束条件的限制。因此，应严格遵守它们各自的数据格式和约束条件的要求。下面通过 **2 个子任务**讨论上述 **2 种**数据添加方式的使用。

任务 3.1.1　直接赋值插入数据

【任务描述】①为 bmajor 表添加一条记录（'31','计算机应用','30','信息学院'）。②为 bclass 表添加两条记录（'30311231','计应 1231',45,'31','3','30'）和（'30311232','计应 1232',NULL,'31', '3','30'）。③为 bstudent 表添加两条记录（'3031123101','张山','男','1994-08-28','30311231'）和（'3031123102','武云峰','男','1993-05-02','30311231'）。

【任务分析】任务①为在新行的所有列中添加数据，且为一次插入 1 条完整记录；任务②也为在新行的所有列中添加数据，但为一次插入多条完整记录，其中一条记录的班级人数列为 NULL 值；而任务③为在新行的部分列中添加数据，且为一次插入多条记录。这些任务均可通过使用 INSERT 语句直接赋值插入记录的方式实现，其语法格式如下：

```
INSERT [INTO] 表名 [(列名1[,列名2] [,…n])]
VALUES(常量1[,常量2] [,…n]) [,(常量1[,常量2] [,…n]) [,…m]];
```

格式说明：①如果是在新行的所有列中添加数据，则可以省略 INSERT 语句中的列名列表，只要 VALUES 关键字后面输入项的顺序和数据类型与表中列的顺序和数据类型相对应即可；②如果是在新行的部分列中添加数据，则必须同时给出要使用的列名列表和赋给这些列的数据值列表。此时，列名列表中的列顺序可以不同于表中的列顺序，但值列表与列名列表中包含的项数、顺序都要保持一致。③当一次向表中插入多条记录时，每条记录之间用逗号隔开。

【任务实现】

1. 在新行的所有列中添加数据

```
INSERT INTO bmajor VALUES('31','计算机应用','30','信息学院');
```

执行结果如图 3-1 所示。

```
mysql> INSERT INTO bmajor VALUES('31','计算机应用','30','信息学院');
Query OK, 1 row affected (0.14 sec)

mysql>
```

图 3-1　在新行的所有列中添加数据结果

2. 在新行的所有列中添加数据且一次插入多条记录

```
INSERT INTO bclass
VALUES('30311231','计应1231',45,'31','3','30'),('30311232','计应1232',NULL,
'31','3','30');
```

执行成功后，通过 SELECT 语句查看插入结果，如图 3-2 所示。

```
mysql> SELECT * FROM bclass;
+----------+------------+-----------+----------+--------+-----------+
| class_id | class_name | class_num | major_id | length | dapart_id |
+----------+------------+-----------+----------+--------+-----------+
| 30311231 | 计应1231   |        45 | 31       | 3      | 30        |
| 30311232 | 计应1232   |      NULL | 31       | 3      | 30        |
+----------+------------+-----------+----------+--------+-----------+
2 rows in set (0.00 sec)
```

图 3-2　在新行的所有列中添加数据且一次插入多条记录结果

3. 在新行的部分列中添加数据且一次插入多条记录

```
INSERT INTO bstudent(stud_id, stud_name, stud_sex, birth, class_id)
VALUES('3031123101','张山','男','1994-08-28','30311231'),('3031123102','武
云峰','男','1993-05-02','30311231');
```

执行成功后，通过 SELECT 语句查看插入结果，如图 3-3 所示。

```
mysql> SELECT * FROM bstudent;
+------------+-----------+----------+------------+---------+--------------+----------+
| stud_id    | stud_name | stud_sex | birth      | members | family_place | class_id |
+------------+-----------+----------+------------+---------+--------------+----------+
| 3031123101 | 张山      | 男       | 1994-08-28 | NULL    | NULL         | 30311231 |
| 3031123102 | 武云峰    | 男       | 1993-05-02 | NULL    | NULL         | 30311231 |
+------------+-----------+----------+------------+---------+--------------+----------+
2 rows in set (0.00 sec)
```

图 3-3　在新行的部分列中添加数据且一次插入多条记录结果

说明：需要注意的是，以上述方法向表中插入数据时，数据值的格式要符合相应列数据类型的要求，同时也不能违反数据完整性约束条件。对于可以为空值的列，其值可以使用"NULL"来表示，但如果该列已设置了非空约束，则不能插入 NULL 值。

任务 3.1.2　插入其他表中的查询结果

【任务描述】创建一个新表 studscore(stud_id, course_id, score)，然后基于 bstudent 表中已有的数据向该表插入"30311231"班的学生学号。

【任务分析】该任务要求将从另一个表中查询的结果插入到指定表中。此时，可将 INSERT 语句和 SELECT 语句组合起来，实现快速地从一个或多个表中向一个表中插入多条记录的功

能。其语法格式如下：

```
INSERT INTO 表名1(列名列表1)
SELECT 列名列表2 FROM 表名2 [WHERE 条件表达式];
```

格式说明：①表名1表示待插入数据的表；②列名列表1表示待插入表中要插入数据的字段，如果有多个字段，则用英文逗号分隔；③表名2表示插入数据的数据来源表；④列名列表2表示来源表的查询列，其列名列表须与列名列表1中的列数、顺序及数据类型相匹配，且要满足完整性约束条件的要求；⑤条件表达式表示查询数据要满足的查询条件。

需要说明的是，**查询的基本知识**将在本项目的任务3.4中详细介绍，这里只作简单应用。

【任务实现】

1. 首先创建新表 studscore

```
CREATE TABLE studscore
(stud_id Varchar(10) PRIMARY KEY,
    course_id Char(8),
    score numeric(5,1));
```

2. 然后插入数据

```
INSERT INTO studscore (stud_id)
SELECT stud_id FROM bstudent WHERE class_id = '30311231';
```

执行结果如图3-4所示。

```
mysql> INSERT INTO studscore (stud_id)
    -> SELECT stud_id FROM bstudent WHERE class_id = '30311231';
Query OK, 2 rows affected (0.12 sec)
Records: 2  Duplicates: 0  Warnings: 0

mysql>
```

图3-4 插入另一张表的查询结果

【任务总结】向表中插入数据，总体来说常用的有如下4种情形：在新行的所有列中添加数据；在新行的部分列中添加数据；一次插入一条或多条记录；通过查询结果插入数据。当插入的记录很多时，一次插入多条记录的方式速度会比较快。

任务 3.2　在学生成绩数据库表中修改数据

【任务描述】根据教材附录的附表1-1～附表1-5提供的学生成绩数据库各数据表的数据实例，对学生成绩数据库中的表进行相应的数据修改操作。

【任务分析与知识储备】当数据插入到表中后，会经常需要修改。使用SQL语句的UPDATE命令可以对表中的一行、多行或所有行的数据进行修改。其语法格式如下：

```
UPDATE 表名
SET 列名=表达式[,列名=表达式][,…n]
[WHERE 条件表达式];
```

格式说明：①SET 子句用于指定要修改的列和用于取代列中原有值的数据，可以同时修改所在数据行的多个列值，中间用逗号隔开；②WHERE 子句用于指定修改表中满足条件的记录，如果省略 WHERE 子句，则表示修改表中的所有行。

与数据的插入操作相同，数据的修改也有 **2 种**方式：一种是直接赋值进行修改；另一种是使用 SELECT 子句将要取代列中原有值的数据先查询出来，再修改原有列，但要求修改前后的数据类型和数据个数相同。下面通过 **2 个子任务**讨论上述 **2 种**数据修改方式的使用。

任务 3.2.1　直接赋值修改数据

【任务描述】①将 major_id 为"31"的专业名称改为"计算机应用技术"。②将 major_id 为"31"的专业学制修改为 4，同时将班级人数修改为 50 人。③将 bcourse 表中的所有课程的学分都增加 1。

【任务分析】直接赋值修改是应用较多的一种修改方式，可实现同时修改所在数据行的多个列值；也可根据条件实现一次修改单条记录、多条记录甚至全部记录。本任务中的①为修改符合条件的单条记录；②为修改符合条件的多条记录，且同时修改 2 个列值；③为修改表中的全部记录。

【任务实现】

1. 修改符合条件的单条记录

```
UPDATE bmajor SET major_name = '计算机应用技术' WHERE major_id = '31';
```

执行结果如图 3-5 所示。

图 3-5　修改单条记录结果

2. 修改符合条件的多条记录

```
UPDATE bclass SET length = '4',class_num = 50 WHERE major_id = '31';
```

执行成功后，通过 SELECT 语句查看修改结果，如图 3-6 所示。

图 3-6　修改多条记录结果

3. 修改全部记录

```
UPDATE bcourse SET credit = credit+1;
```

执行结果如图 3-7 所示。

```
mysql> UPDATE bcourse SET credit = credit+1;
Query OK, 4 rows affected (0.10 sec)
Rows matched: 4  Changed: 4  Warnings: 0

mysql>
```

图 3-7　修改全部记录结果

任务 3.2.2　通过查询结果修改数据

【**任务描述**】汇总每个班级的人数存入班级表的班级人数列（class_num）中。

【**任务分析**】本任务应先在 bstudent 表中计算每个班级的学生人数，然后将其作为子查询的结果插入到 bclass 表的 class_num 列中，以修改 class_num 列中的值。需要注意的是，这里 SELECT 子查询的结果集必须是单值，所以在汇总每个班级的人数时不能一次性得到所有班级的人数值，而必须用相关子查询的原理（详见任务 3.8），即子查询的查询条件依赖于外层父表 bclass 的 class_id 属性值，这样，查询时就可以通过反复求值，以保证每次返回的是一个单值。

【**任务实现**】在客户端命令窗口中输入并执行如下 SQL 语句：

```
UPDATE bclass
SET class_num = (SELECT Count(stud_id) FROM bstudent
                WHERE bstudent.class_id = bclass.class_id);
```

执行成功后，通过 SELECT 语句查看修改结果，如图 3-8 所示。

```
mysql> UPDATE bclass
    -> SET class_num = (SELECT Count(stud_id) FROM bstudent
    -> WHERE bstudent.class_id = bclass.class_id);
Query OK, 8 rows affected (0.18 sec)
Rows matched: 8  Changed: 8  Warnings: 0

mysql> SELECT * FROM bclass;
```

class_id	class_name	class_num	major_id	length	dapart_id
10111241	机电1241	3	11	4	10
10111242	机电1242	2	11	4	10
10121231	数控1231	2	12	3	10
10131331	计控1331	1	13	3	10
20211331	电商1331	0	21	3	20
30311231	计应1231	3	31	4	30
30311232	计应1232	0	31	3	30
30321331	网络1331	4	32	3	30

```
8 rows in set (0.00 sec)
```

图 3-8　通过查询结果修改数据结果

【任务总结】修改表中已有的数据，总体来说常用的有如下 4 种情形：修改单条记录；修改多条记录；修改全部记录；通过子查询修改数据。其中前 3 种情形均可以一次修改多列，而第 4 种情形一般一次修改一列。

 任务 3.3　在学生成绩数据库表中删除数据

【任务描述】对学生成绩数据库中的表进行相应的数据删除操作。

【任务分析与知识储备】随着数据库的使用和修改，表中可能存在着一些无用的数据，如果不及时将它们删除，不仅会占用空间，还会影响修改和查询的速度。使用 SQL 语句中的 DELETE 命令可实现表中数据的删除，其语法格式如下：

```
DELETE FROM 表名 [WHERE 条件表达式];
```

格式说明： WHERE 子句指定删除表中满足条件的记录，如果省略 WHERE 子句，则删除表中全部记录，但表的定义仍在字典中。即 DELETE 语句删除的是表中的数据，而不是关于表的定义。

与数据的插入和修改相同，数据的删除也有 **2 种**方式：一种是直接删除；另一种是通过子查询删除基于其他表中的数据。下面通过 **2 个子任务**讨论上述 **2 种**数据删除方式的使用。

任务 3.3.1　直接删除数据

【任务描述】①删除课程信息表中课程代号为 20001 的课程信息。②将学生信息表中班级号（即所在班级列）为"10111242"的学生全部删除。③删除 users 表中的所有记录。

【任务分析】与直接修改类似，直接删除也可以根据条件实现一次删除单条记录、多条记录甚至全部记录。本任务中①为删除符合条件的单条记录；②为删除符合条件的多条记录；③为删除表中的全部记录。

【任务实现】

1. 删除符合条件的单条记录

```
DELETE FROM bcourse WHERE course_id='20001';
```

执行结果如图 3-9 所示。

```
mysql> DELETE FROM bcourse WHERE course_id='20001';
Query OK, 1 row affected (0.10 sec)
```

图 3-9　删除单条记录结果

2. 删除符合条件的多条记录

```
DELETE FROM bstudent WHERE class_id='10111242';
```

执行结果如图 3-10 所示。

图 3-10　删除多条记录结果

3. 删除表中的全部记录

```
DELETE FROM users;
```

执行结果如图 3-11 所示。

图 3-11　删除全部记录结果

说明：需要注意的是，在进行数据删除时，如果该表是另一个表的父表，则不能删除与子表有外键关系的数据。如任务②中删除班级号为"10121231"班级的学生信息，则会出现如图 3-12 所示的错误提示信息。

图 3-12　删除与子表有外键关系的记录时的错误提示信息

任务 3.3.2　通过查询结果删除数据

【任务描述】班级号为"30311231"的学生已毕业，要求将 bscore 中相应的成绩信息全部删除。

【任务分析】由于 bscore 表中没有班级号，只有学生学号，所以需要先在 bstudent 表中查询出"30311231"班级的学生学号，然后再在 bscore 表中删除相应学生的成绩记录。

【任务实现】在客户端命令窗口中输入并执行如下 SQL 语句：

```
DELETE FROM bscore
WHERE stud_id IN
    (SELECT stud_id FROM bstudent WHERE class_id = '30311231');
```

执行结果如图 3-13 所示。

图 3-13　通过查询结果删除数据结果

【任务总结】本任务依次介绍了删除单条记录、删除多条记录、删除全部记录及通过查询结果删除数据的 4 种情形。在删除数据时不但要注意外键约束的限制，还要明确数据被删除后将不能恢复，因此，在执行删除之前一定要对数据做好备份。

任务 3.4　在学生成绩数据库中实现无条件查询

【任务描述】根据教材附录的附表 1-1～附表 1-5 提供的学生成绩数据库各数据表的数据实例，对学生成绩数据库中的 bmajor、bclass、bstudent、bcourse 和 bscore 等 5 张表进行**单表无条件查询**。

【任务分析与知识储备】**查询**就是对已经存在于数据库中的数据按特定的组合、条件或次序进行检索。查询设计是数据库应用程序开发的重要组成部分，因为在设计数据库并用数据进行填充后，需要通过查询来使用数据，其他许多功能的实现也离不开查询语句，如前面介绍的数据增删改操作，以及后续项目将要介绍的视图功能。所以，查询功能是 SQL 中最重要、最核心的部分，其实现的基本方式是使用 SELECT 语句，得到的结果集也是二维表的形式。

无条件查询主要包括查询部分列、查询全部列、查询经过计算的列、显示结果集中的部分行 4 种情况。下面通过 **4 个子任务**讨论上述 **4 种**情况查询语句的使用方法。

任务 3.4.1　查询部分列

【任务描述】①查询 bclass 表中所有班级的班级代号、班级名称、班级人数及学制；②查询所有选修了课程的学生学号。

【任务分析】任务①所要查询的表 bclass 中共有 6 列，现只要查询出其中的 4 列数据；任务②需要查询出选修了课程的学生学号，即查询 bscore 表中的学生学号列，它们都是查询表中的部分列。使用 SELECT 语句查询表中部分列，需要在 SELECT 的后面指定要查询的列名，各列名之间以逗号分隔，其语法格式如下：

```
SELECT 列名[,列名... ] FROM 表名;
```

格式说明：①输入 "，" 时，要用英文输入法输入，否则会出现错误信息；②SELECT 后的列名顺序可以与表中的顺序不一致，即用户在查询时可以根据需要改变列的显示顺序。

【任务实现】

（1）在客户端命令窗口中输入并执行如下查询语句：

```
SELECT class_id, class_name, class_num, length FROM bclass;
```

（2）在客户端命令窗口中输入并执行如下查询语句：

```
SELECT stud_id FROM bscore;
```

执行结果如图 3-14 所示。

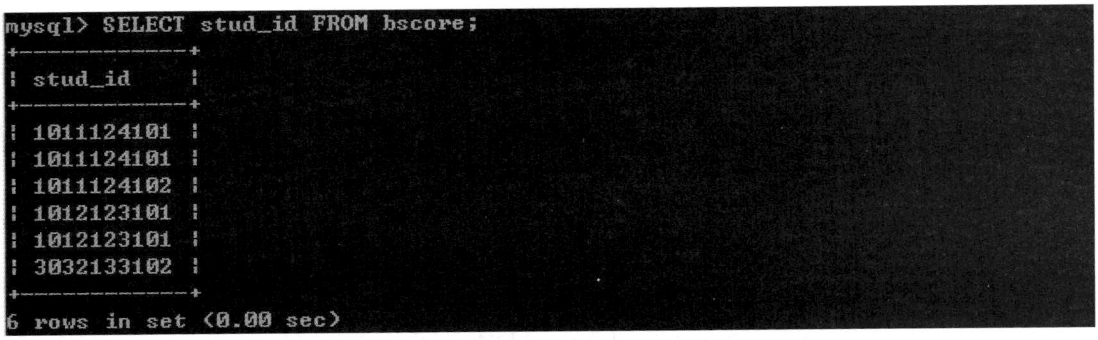

```
mysql> SELECT stud_id FROM bscore;
+------------+
| stud_id    |
+------------+
| 1011124101 |
| 1011124101 |
| 1011124102 |
| 1012123101 |
| 1012123101 |
| 3032133102 |
+------------+
6 rows in set (0.00 sec)
```

图 3-14　查询所有选修了课程的学生学号信息

说明：该查询结果里包含了许多重复的行，实际上，对于一个选修了课程的学生，其学号在查询结果中只需出现一次，此时应该去掉结果表中的重复行，这可通过在目标列前面加上 DISTINCT 关键字来实现。

在客户端命令窗口中重新输入并执行如下查询语句：

```
SELECT DISTINCT stud_id FROM bscore;
```

执行结果如图 3-15 所示。

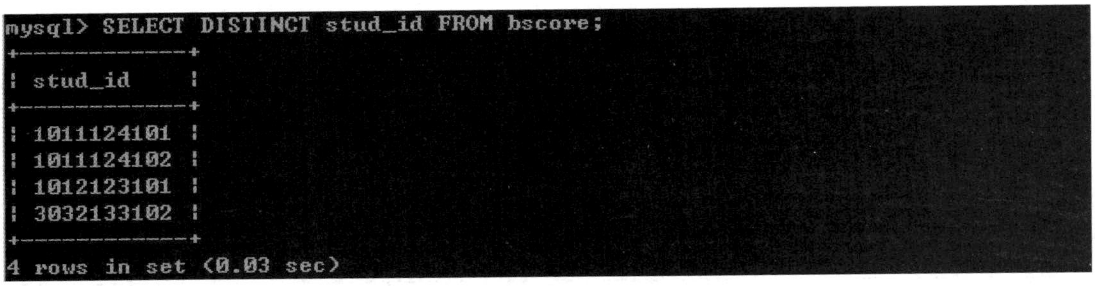

```
mysql> SELECT DISTINCT stud_id FROM bscore;
+------------+
| stud_id    |
+------------+
| 1011124101 |
| 1011124102 |
| 1012123101 |
| 3032133102 |
+------------+
4 rows in set (0.03 sec)
```

图 3-15　使用 DISTINCT 后的查询结果

任务 3.4.2　查询全部列

【任务描述】查询 bstudent 表中所有学生的详细信息。

【任务分析】该任务即查询 bstudent 表中所有行所有列的信息，而要查询表中全部列既可以像查询部分列那样通过指定列名实现，也可以使用星号（*）实现，其语法格式如下：

```
SELECT * FROM 表名;
```

【任务实现】在客户端命令窗口中输入并执行如下查询语句：

```
SELECT * FROM bstudent;
```

【任务说明】该 SELECT 语句实际上是无条件地把 bstudent 表的全部信息都查询出来，所以也称为全表查询，这是最简单的一种查询。但一般情况下不建议使用，因为查询表中全部列会降低查询和所使用的应用程序的效率。

任务 3.4.3　查询经过计算的列

【任务描述】①查询 bstudent 表中所有学生的姓名及其年龄；②将 bscore 表中的学生成绩增加 10%后输出。

【任务分析】在查询语句的 SELECT 子句中不仅可以是表中的属性列，也可以是由**运算符**连接的列名、常量和函数组成的表达式，即可以将查询出来的属性列经过一定的计算后列出结果。其用于计算的运算符主要有算术运算符，包括加（+）、减（−）、乘（*）、除（/和 div，后者只返回商）和取余（%或 mod）。另外，在本任务①中，由于 bstudent 表中没有年龄这个列，只有出生日期列，所以还需要根据学生的出生日期计算出相应的年龄，这就涉及 MySQL 中的日期和时间函数，表 3-1 列出了 MySQL 中常用的日期和时间函数。

表 3-1　MySQL 中常用的日期和时间函数

函数格式	功　能
CURDATE()	获取当前系统的日期
CURTIME()	获取当前系统的时间
NOW()	返回当前系统日期和时间
DAY(日期表达式)	获取指定日期的天的整数
MONTH(日期表达式)	获取指定日期的月份的整数
YEAR(日期表达式)	获取指定日期的年份的整数
DATE_ADD(日期或时间,时间间隔)	返回一个日期或时间值加上一个时间间隔的时间值
DATEDIFF(指定日期 1,指定日期 2)	返回指定日期 2 与指定日期 1 之间的天数
DATE_FORMAT(日期表达式,格式串)	返回按格式串格式化指定日期的日期值

说明：用户使用时只需要在 SQL 语句中引用这些日期和时间函数，并提供调用函数所需要的参数即可。服务器根据提供的参数执行这些函数，并返回执行结果。需要注意的是，对于无参函数，其括号不能省略。

【任务实现】

（1）在客户端命令窗口中输入并执行如下查询语句：

```
SELECT stud_name, Year(curdate())-Year(birth) FROM bstudent;
```

或

```
SELECT stud_name, Year(now())-Year(birth) FROM bstudent;
```

（2）在客户端命令窗口中输入并执行如下 SQL 语句：

```
SELECT stud_id,cource_id, score*1.1 FROM bscore;
```

【任务说明】上述步骤（1）中查询结果的第二列是一个计算表达式（用当前日期年份减去学生的出生日期年份），其输出的**列名**是由系统自动给出的，如图 3-16 所示。

```
mysql> SELECT stud_name, Year(curdate())-Year(birth) FROM bstudent;

| stud_name | Year(curdate())-Year(birth) |

| 王加玲    |                          26 |
| 周云天    |                          28 |
| 东方明亮  |                          27 |
| 杨洪艳    |                          26 |
| 王静静    |                          27 |
```

图 3-16　查询全体学生的姓名及其年龄信息

此时用户可以通过指定列的别名来改变查询结果的列标题，以增强结果集的可读性。修改列标题的方法有两种：方法一是采用"原列名 AS 列别名"的格式；方法二是采用"原列名 列别名"的格式。这样，上述步骤（1）查询结果的第二列通过方法一可将列标题修改为"年龄"：

```
SELECT stud_name, Year(curdate())-Year(birth) AS '年龄' FROM bstudent
```

同样，步骤（2）查询结果第三列的列标题也可以通过上述方法修改为"成绩"：

```
SELECT stud_id,cource_id, score*1.1 AS 成绩 FROM bscore;
```

任务 3.4.4　显示结果集中的部分行

【任务描述】查询 bstudent 表中的前 10 个学生的学号及姓名。

【任务分析】在查询数据库时，如果只需要显示结果集中的部分行，则可以在 SELECT 语句中使用 LIMIT 关键字，以指定结果集的输出记录范围。其语法格式如下：

```
LIMIT [位置偏移量,]行数
```

其中，位置偏移量是指要从哪一行开始显示，默认值为 0，表示第一条记录；行数为要返回的记录数。

【任务实现】在客户端命令窗口中输入并执行如下查询语句：

```
SELECT stud_id, stud_name FROM bstudent LIMIT 10;
```

上面的语句等价于：

```
SELECT stud_id, stud_name FROM bstudent LIMIT 0,10;
```

【任务说明】LIMIT 子句除了上述应用外，还经常与 ORDER BY 子句一起使用，即先对查询结果进行排序，然后根据 LIMIT 的参数显示其中的部分行。有关对结果集进行排序的详细内容将在任务 3.6 中介绍。

任务 3.5　在学生成绩数据库中实现条件查询

【任务描述】根据教材附录的附表 1-1～附表 1-5 提供的学生成绩数据库各数据表的数据实例，对学生成绩数据库中的 bmajor、bclass、bstudent、bcourse 和 bscore 等 5 张表进行**单表**

条件查询。

【**任务分析与知识储备**】数据库中往往存储着大量的数据，而在实际应用中并不总是要使用表中的全部数据，更多的是要从表中筛选出满足指定条件的数据，这时可以通过 WHERE 子句实现，类似前面数据修改和删除中条件表达式的使用。其语法格式如下：

```
SELECT 选择列表 FROM 表名 WHERE 条件表达式；
```

其中，"条件表达式"部分常用的运算符如表 3-2 所示。

表 3-2　条件表达式中常用的运算符

运　算　符	作　　用
=、>、<、>=、<=、<>、!=、!<、!>	比较运算符
BETWEEN…AND、NOT BETWEEN…AND	值是否在范围之内
IN、NOT IN	值是否在列表（集合）中
LIKE、NOT LIKE	字符串匹配运算符
IS NULL、IS NOT NULL	值是否为 NULL
AND 或&&、OR 或||、NOT 或!	逻辑运算符

说明：由表 3-2 中运算符构成的条件表达式的值为一个逻辑值（true 或 false，也可表示为 1 或 0），下面对表中的部分运算符的计算结果进行简单介绍。

（1）BETWEEN…AND 运算符：若操作数位于某个范围内，则为 true，否则为 false。

（2）IN 运算符：若操作数存在于表达式的列表中，则为 true，否则为 false。

（3）LIKE 运算符：若操作数与一种模式相匹配，则为 true，否则为 false。

根据运算符的种类可将条件查询分为比较、确定范围、确定集合、字符匹配、涉及空值及复合条件 6 种情况。下面通过 **6 个子任务**讨论上述 **6 种**条件查询的使用。

任务 3.5.1　使用比较运算符的条件查询

【**任务描述**】①查询机电 1241（班级代号为 10111241）全体学生的名单；②检索年龄大于 20 岁的学生的学号、姓名和年龄。

【**任务分析**】任务①的查询条件为班级代号等于"10111241"；任务②为年龄大于"20"，它们均可通过在查询条件表达式中应用比较运算符实现。其语法格式如下：

```
WHERE 表达式 1 比较运算符 表达式 2
```

其中，表达式 1 可以是列名，也可以是由列名、常量和函数组成的表达式；表达式 2 常常是一个常量。

【**任务实现**】

（1）在客户端命令窗口中输入并执行如下查询语句：

```
SELECT stud_name FROM bstudent
WHERE class_id = '10111241';
```

（2）在客户端命令窗口中输入并执行如下查询语句：

```
SELECT stud_id, stud_name, Year(now())-Year(birth) FROM bstudent
WHERE Year(getdate())-Year(birth)>20;
```

【任务说明】 Char、Varchar、Text、Date、Datetime、Enum 和 Set 等数据类型的值要用单引号或双引号括起来。

任务 3.5.2　使用范围运算符的条件查询

【任务描述】 ①从 bscore 表中检索出成绩在 80～90 分之间的学生的学号、课程号和成绩；②从 bscore 表中检索出成绩不在 80～90 分之间的学生的学号、课程号和成绩。

【任务分析】 若要查找属性值在指定范围内的记录，可在查询条件表达式中使用 BETWEEN…AND 运算符提供一个连续值的查找范围。其语法格式如下：

```
WHERE 表达式 [NOT] BETWEEN 初始值 AND 终止值
```

其中，表达式可以是列名，也可以是由列名、常量和函数组成的表达式；NOT 为可选项，表示不在指定范围内；初始值表示范围的下限，终止值表示范围的上限。注意：这里初始值不能大于终止值。

【任务实现】

（1）在客户端命令窗口中输入并执行如下查询语句：

```
SELECT stud_id, course_id,score FROM bscore
WHERE score BETWEEN 80 AND 90;
```

查询结果如图 3-17 所示。

```
mysql> SELECT stud_id, course_id,score FROM bscore
    -> WHERE score BETWEEN 80 AND 90;
+------------+-----------+-------+
| stud_id    | course_id | score |
+------------+-----------+-------+
| 3031123102 | 30001     |  83.5 |
| 3031123103 | 30002     |  81.0 |
| 1011124101 | 10002     |  80.0 |
+------------+-----------+-------+
3 rows in set (0.00 sec)
```

图 3-17　查询成绩在 80 至 90 分之间的学生的学号和课程号

说明： 从查询结果可以看出，BETWEEN…AND 的取值范围包括初始值和终止值。

（2）在客户端命令窗口中输入并执行如下查询语句：

```
SELECT stud_id, course_id,score FROM bscore
WHERE score NOT BETWEEN 80 AND 90;
```

任务 3.5.3　使用集合运算符的条件查询

【任务描述】 ①从 bstudent 表中检索出籍贯为“北京”、“天津”或“上海”的学生学号、姓名和性别；②从 bstudent 表中检索出籍贯不是"北京"、"天津"或"上海"的学生学号、姓名和性别。

【任务分析】若要查找属性值在指定集合内的记录，可在查询条件表达式中使用 IN 运算符指定一个离散的集合范围。其语法格式如下：

```
WHERE 表达式 [NOT] IN 值列表
```

其中，表达式可以是列名，也可以是由列名、常量和函数组成的表达式；NOT 为可选项，表示不在指定集合范围内；值列表是用圆括号括起来的一组集合元素。

【任务实现】

（1）在客户端命令窗口中输入并执行如下查询语句：

```
SELECT stud_id, stud_name, stud_sex FROM bstudent
WHERE family_place IN('北京','天津','上海');
```

（2）在客户端命令窗口中输入并执行如下查询语句：

```
SELECT stud_id, stud_name, stud_sex FROM bstudent
WHERE family_place NOT IN('北京','天津','上海');
```

任务 3.5.4 使用模式匹配运算符的条件查询

【任务描述】①从 bstudent 表中查出所有姓"王"的学生的学号、姓名和性别；②从 bscore 表中查出班级代号为"10111241"班级学生的成绩信息；③从 bcourse 表中查询课程代号第一位不是"1"的课程的课程代号、课程名称和相应的课时数。

【任务分析】本任务属于模式匹配的查询，常称为"模糊查询"，可通过在查询条件表达式中使用 LIKE 运算符及相应的通配符实现。其语法格式如下：

```
WHERE 列名 [NOT] LIKE '匹配串' [ESCAPE '转义字符']
```

该语句的含义是查找指定的属性列值与匹配串相匹配的记录。其中，匹配串可以是一个完整的字符串，也可以含有通配符。常用的通配符有以下 2 个。

● %（百分号）代表任意多个字符。

● _（下横线）代表单个字符。

ESCAPE 子句的作用是当要查询的字符串本身含有通配符时，可以使用该选项对通配符进行转义。如要查询以"D_"开头的字符串，可使用如下条件表达式：LIKE 'D/_%' ESCAPE'/'。ESCAPE'/'表示"/"为转义字符，这样匹配串中紧跟在"/"后面的字符"_"不再具有通配符的含义，转义为普通的"_"字符。

【任务实现】

（1）在客户端命令窗口中输入并执行如下查询语句：

```
SELECT stud_id, stud_name, stud_sex FROM bstudent
WHERE stud_name LIKE '王%';
```

（2）在客户端命令窗口中输入并执行如下查询语句：

```
SELECT stud_id, course_id, term, score FROM bscore
```

```
WHERE stud_id LIKE '10111241%';
```

查询结果如图 3-18 所示。

```
mysql> SELECT stud_id, course_id, term, score FROM bscore
    -> WHERE stud_id LIKE '10111241%';
+------------+-----------+------+-------+
| stud_id    | course_id | term | score |
+------------+-----------+------+-------+
| 1011124101 | 10001     |    1 |  74.5 |
| 1011124101 | 10002     |    2 |  80.0 |
| 1011124102 | 10001     |    1 |  46.5 |
+------------+-----------+------+-------+
3 rows in set (0.03 sec)
```

图 3-18　查询班级代号为“10111241”班级学生的成绩信息

（3）在客户端命令窗口中输入并执行如下查询语句：

```
SELECT course_id, course_name, hours FROM bcourse
WHERE course_id NOT LIKE '1%';
```

查询结果如图 3-19 所示。

```
mysql> SELECT course_id, course_name, hours FROM bcourse
    -> WHERE course_id NOT LIKE '1%';
+-----------+--------------+-------+
| course_id | course_name  | hours |
+-----------+--------------+-------+
| 20001     | 商务基础     |    32 |
| 30001     | 计算机基础   |    60 |
| 30002     | 网络技术基础 |    80 |
| 30003     | 常用工具软件 |    48 |
+-----------+--------------+-------+
4 rows in set (0.00 sec)
```

图 3-19　查询课程代号第一位不是“1”的课程的课程名称和相应的课时数

【任务说明】步骤（1）中的%不能替换为_，因为不能确定姓后的名字包含的字数；步骤（2）中的%可以替换为两个_，因为学号是由前 8 位班号加上后两位序号组成的。另外，本任务除了可以使用 LIKE 运算符及相应的通配符实现外，还可以使用 REGEXP 运算符构成的正则表达式实现，现对此做一简要介绍。

REGEXP 是正则表达式的缩写，用来执行更复杂的字符串比较运算。其语法格式如下：

```
列名 [ NOT ] REGEXP 匹配表达式
```

其中，匹配表达式中可以使用比 LIKE 运算符更多的具有特殊含义的字符匹配符号，常用的字符匹配符号如表 3-3 所示。

表 3-3　REGEXP 运算符常用的字符匹配符号

符　号	含　义	符　号	含　义
^	匹配字符串的开始部分	{n}	匹配括号前的内容出现 *n* 次的序列
$	匹配字符串的结束部分	()	匹配括号里的内容
.	匹配任意单个字符	[abc]	匹配方括号中出现的字符串 abc

符　号	含　义	符　号	含　义
*	匹配星号之前的 0 个或多个字符序列	[a-z]	匹配方括号中 a~z 之间的任何 1 个字符
+	匹配加号之前的 1 个或多个字符序列	[^a-z]	匹配方括号中不在 a~z 之间的 1 个字符
?	匹配问号之前 0 个或多个字符	|	匹配符号左边或右边出现的字符串

例如，步骤（3）可使用 REGEXP 运算符改写成下面的查询语句：

```
SELECT course_id, course_name, hours FROM bcourse
WHERE course_id NOT REGEXP '^1';
```

任务 3.5.5　涉及空值的条件查询

【任务描述】①查询缺少成绩的学生的学号和相应的课程代号；②查询所有有成绩记录的学生学号和课程代号。

【任务分析】若要查找缺少属性值的记录，可在查询条件表达式中使用 NULL 表示空值；同样，若要查找存在属性值的记录，则要用 NOT NULL。其语法格式如下：

```
WHERE 列名 IS [NOT] NULL
```

【任务实现】

（1）在客户端命令窗口中输入并执行如下查询语句：

```
SELECT stud_id, course_id FROM bscore
WHERE score IS NULL;
```

（2）在客户端命令窗口中输入并执行如下查询语句：

```
SELECT stud_id, course_id FROM bscore
WHERE score IS NOT NULL;
```

任务 3.5.6　复合条件查询

【任务描述】查询年龄大于 20 岁的男学生的学号、姓名和年龄。

【任务分析】本任务的查询条件有两个：一个是年龄大于 20 岁；另一个是性别为男。对于必须满足多个查询条件的查询，可通过逻辑运算符将 WHERE 子句中的多个条件连接起来，其语法格式如下：

```
WHERE NOT 逻辑表达式|逻辑表达式 1 逻辑运算符 逻辑表达式 2
```

其中，逻辑表达式可以是前面单个条件表达式中用到的任意运算符组成的表达式；逻辑运算符常用的有 3 种：AND（逻辑与）、OR（逻辑或）和 NOT（逻辑非），其优先级依次为 NOT、AND、OR。

【任务实现】在客户端命令窗口中输入并执行如下查询语句：

```
SELECT stud_id, stud_name, Year(now())-Year(birth) AS age
FROM bstudent
```

```
WHERE Year(now())-Year(birth)>20 AND stud_sex= '男';
```

查询结果如图 3-20 所示。

```
mysql> SELECT stud_id, stud_name, Year(now())-Year(birth) AS age
    -> FROM bstudent
    -> WHERE Year(now())-Year(birth)>20 AND stud_sex= '男';
+------------+------------+------+
| stud_id    | stud_name  | age  |
+------------+------------+------+
| 1011124102 | 周云天      |   28 |
| 3031123101 | 张山        |   26 |
| 3031123102 | 武云峰      |   27 |
| 3032133101 | 刘飞        |   27 |
| 3032133102 | 褚葛林生    |   28 |
+------------+------------+------+
5 rows in set (0.05 sec)
```

图 3-20　查询年龄大于 20 岁的男学生的学号、姓名和年龄

【任务总结】条件查询是实际应用最多的查询之一，其查询条件表达式的构成千变万化，但所使用的运算符基本为本任务中所涉及的运算符，在学习时要注意总结并灵活应用。

任务 3.6　对查询结果的排序、汇总和分组

1. 生成汇总数据

【任务描述】①查询学生总人数；②统计有学生选修的课程门数；③计算课程代号为"10002"的最高分、最低分和平均分，分别使用别名"最高分"、"最低分"和"平均分"标识。

【任务分析与知识储备】在实际应用（如本任务）中，常常需要对数据库中的数据进行统计，用以制作各种报表，此时可用聚合函数（又称为统计函数，主要用于对数据表中的某列进行统计计算并返回一个单值）生成汇总数据。常用的聚合函数主要有 COUNT()、SUM()、AVG()、MAX()等。下面列出了 MySQL 中常用的聚合函数，如表 3-4 所示。

表 3-4　MySQL 中常用的聚合函数

函数格式	功　　能
COUNT(列表达式)	计数函数，返回查询的记录数或指定列中值的个数
SUM(列表达式)	求和函数，返回查询中一列的所有数值之和
AVG(列表达式)	求平均值函数，返回查询中一列的所有数值的平均值
MAX(列表达式)	最大值函数，返回查询中一列的最大值
MIN(列表达式)	最小值函数，返回查询中一列的最小值

由上可见，任务①需要在 bstudent 表中统计学生信息的记录数，此可用 COUNT()函数；任务②需要在 bscore 表中按课程代号统计课程信息的记录数据，此也可用 COUNT()函数；而任务③可通过 MAX()、MIN() 和 AVG()对"10002"课程的成绩列进行统计。

【任务实现】

（1）在客户端命令窗口中输入并执行如下查询语句：

```
SELECT COUNT(*) FROM bstudent;
```

或：

```
SELECT COUNT(stud_id) FROM bstudent;
```

说明：COUNT(*)返回表中行的总数而不消除重复行，COUNT(stud_id)也不消除重复行但并不将该列为 NULL 值的行计算在内，这里由于 stud_id 是 bstudent 表的主键，而 bstudent 表中也没有重复行，所以用 COUNT(*)和用 COUNT(stud_id)查询的结果是一样的。

（2）在客户端命令窗口中输入并执行如下查询语句：

```
SELECT COUNT(DISTINCT course_id) FROM bscore;
```

说明：由于学生每选修一门课程，在 bscore 表中就会有一条相应的记录，而一门课程往往有多个学生选修，所以为避免重复计算课程数，该查询需在 COUNT 函数中用 DISTINCT 关键字，以便在计算时取消指定列中的重复值。

（3）在客户端命令窗口中输入并执行如下查询语句：

```
SELECT MAX(score) 最高分, MIN(score) 最低分, AVG(score) 平均分
FROM bscore
WHERE course_id = '10002';
```

查询结果如图 3-21 所示。

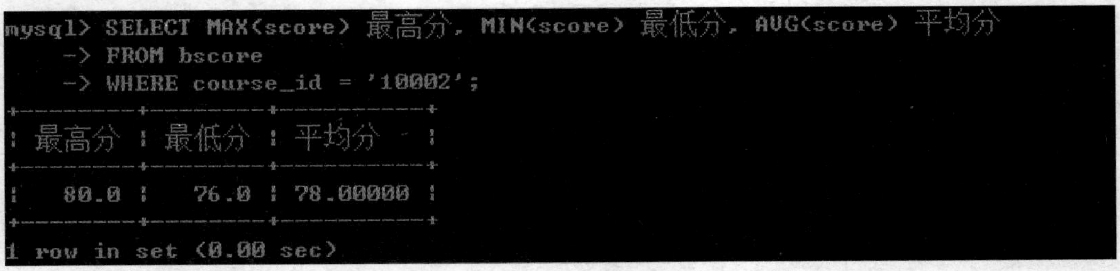

图 3-21　计算课程代号为"10002"的最高分、最低分和平均分

2. 对查询结果分组

【任务描述】①在 bscore 表中统计所有课程成绩的最高分、最低分和平均分。②从 bscore 表中返回每一个学生的学号及其成绩总分；③从 bscore 表中返回第 3 学期成绩总分超过 200 分的学生学号和成绩总分。

【任务分析与知识储备】对查询结果分组就是将查询结果表的各行按一列或多列取值相等的原则进行分组，其目的是细化聚合函数的作用对象。如果未对查询结果分组，聚合函数将作用于整个查询结果，即整个查询结果只有一个函数值；否则，聚合函数将作用于每一个组，即每一组都有一个函数值，此可用 GROUP BY 子句实现。其语法格式如下：

```
GROUP BY 列名列表 [HAVING 条件表达式]
```

格式说明：①GROUP BY 子句将查询结果集中的各行按列名列表进行分组，在这些列上，

对应值都相同的记录分在同一组。②若无 HAVING 子句，则各组分别输出；若有 HAVING 子句，只有符合 HAVING 条件的组才输出。

这里，任务①需要在 bscore 表中按课程代号分组，以统计每门课程的最高分、最低分和平均分。任务②需要在 bscore 表中按学生学号分组，以统计每个学生的成绩总分。而任务③在任务②的基础上还要求按成绩总分大于 200 分的条件对分组进行筛选，最终只输出满足指定条件的组，此时可使用 HAVING 短语指定筛选条件。

【任务实现】

（1）在客户端命令窗口中输入并执行如下查询语句：

```
SELECT course_id,MAX(score),MIN(score),AVG(score)
FROM bscore
GROUP BY course_id;
```

说明： 该查询先对 bscore 表按 course_id 的取值进行分组，所有具有相同 course_id 值的记录为一组；然后对每一组分别作用聚合函数 MAX()、MIN()和 AVG()，以求得该课程的成绩最高分、最低分和平均分。查询结果如图 3-22 所示。

```
mysql> SELECT course_id,MAX(score),MIN(score),AVG(score)
    -> FROM bscore
    -> GROUP BY course_id;
+-----------+------------+------------+-----------+
| course_id | MAX(score) | MIN(score) | AVG(score) |
+-----------+------------+------------+-----------+
| 10001     |       74.5 |       46.5 |  60.50000 |
| 10002     |       80.0 |       76.0 |  78.00000 |
| 10003     |       71.0 |       71.0 |  71.00000 |
| 30001     |       90.5 |       69.5 |  81.16667 |
| 30002     |       92.0 |       78.0 |  83.66667 |
| 30003     |       91.5 |       91.5 |  91.50000 |
+-----------+------------+------------+-----------+
6 rows in set (0.00 sec)
```

图 3-22 查询所有课程成绩的最高分、最低分和平均分

（2）在客户端命令窗口中输入并执行如下查询语句：

```
SELECT stud_id, SUM(score) FROM bscore
GROUP BY stud_id;
```

说明： 类似步骤（1），该查询对 bscore 表先按 stud_id 取值相等进行分组，然后对每一组作用聚合函数 SUM 以求得该学生的成绩总分。另外，需要注意的是，如果用了 GROUP BY 子句，则 SELECT 子句中的列只能包含分组字段和聚合函数。

（3）在客户端命令窗口中输入并执行如下查询语句：

```
SELECT stud_id 学号, SUM(score) 总分 FROM bscore
WHERE term = 3
GROUP BY stud_id HAVING SUM(score)>200;
```

说明： 该查询首先通过 WHERE 子句从 bscore 表中找出学期为 3 的选课学生；然后再通过 GROUP BY 子句按 stud_id 分组，并应用 SUM()函数求出第 3 学期每个学生的总分；最后通过 HAVING 子句选出总分大于 200 分的学生。查询结果如图 3-23 所示。

```
mysql> SELECT stud_id 学号, SUM(score) 总分 FROM bscore
    -> WHERE term = 3
    -> GROUP BY stud_id HAVING SUM(score)>200;
+------------+-------+
| 学号       | 总分  |
+------------+-------+
| 3031123102 | 265.0 |
+------------+-------+
1 row in set (0.00 sec)
```

图 3-23　查询第 3 学期成绩总分超过 200 分的学生学号和成绩总分

需要注意的是，HAVING 子句的作用虽然与 WHERE 子句相似，都是用来筛选数据的，但是 HAVING 子句只能针对 GROUP BY 子句，即作用于每个组，从中选出满足条件的组；而 WHERE 子句作用于整个表，从中选择满足条件的记录。

3. 对查询结果排序

【任务描述】查询“30311231”班选修了课程的学生学号、课程代号及其成绩，查询结果按学号的升序和分数的降序排列。

【任务分析与知识储备】如果没有指定查询结果的显示顺序，DBMS 将按其最方便的顺序（通常是记录在表中的先后顺序）输出查询结果。但用户也可以用 ORDER BY 子句指定按照一个或多个属性列的升序或降序重新排列查询结果。其语法格式如下：

```
ORDER BY 列名1 [ASC | DESC][,列名2 [ASC | DESC]][,...];
```

格式说明：①查询结果可以按一列或多列的值进行排序。如按结果集中的多列排序，则首先按列名 1 的值排序，然后列名 1 值相同者，再按列名 2 的值排序，依此类推；②如果没有指定 ASC（升序）或 DESC（降序），则默认为 ASC。

【任务实现】在客户端命令窗口中输入并执行如下查询语句：

```
SELECT stud_id, course_id, score FROM bscore
WHERE stud_id LIKE '30311231%' ORDER BY stud_id, score DESC;
```

查询结果如图 3-24 所示。

```
mysql> SELECT stud_id, course_id, score FROM bscore
    -> WHERE stud_id LIKE '30311231%' ORDER BY stud_id, score DESC;
+------------+-----------+-------+
| stud_id    | course_id | score |
+------------+-----------+-------+
| 3031123101 | 30002     |  78.0 |
| 3031123101 | 30001     |  69.5 |
| 3031123102 | 30003     |  90.0 |
| 3031123102 | 20001     |  90.0 |
| 3031123102 | 10003     |  85.0 |
| 3031123102 | 30001     |  83.5 |
| 3031123103 | 30003     |  91.5 |
| 3031123103 | 30001     |  90.5 |
| 3031123103 | 30002     |  81.0 |
+------------+-----------+-------+
9 rows in set (0.00 sec)
```

图 3-24　查询结果按学生学号的升序和分数的降序排列

【任务总结】对查询结果的处理在实际应用中很常见，如对查询结果的某列生成汇总数据，使用 GROUP BY 子句对查询结果进行分类汇总，使用 ORDER BY 子句对查询结果进行排序等。另外，在查询统计时，其结果列的列名往往是函数名，此时可以用列的别名来取代该函数名。

任务 3.7　在学生成绩数据库中实现连接查询

【任务描述】根据教材附录的附表 1-1～附表 1-5 提供的学生成绩数据库各数据表的数据实例，对学生成绩数据库中的 bmajor、bclass、bstudent、bcourse 和 bscore 等 5 张表进行**多表连接查询**。

【任务分析与知识储备】前面的查询都是针对一个表进行的。一个关系数据库中的多个表之间一般都存在着某种内在的联系（如外键约束），它们共同提供有用的信息，所以在实际的查询中，用户往往需要从多个表中查询相关数据。若一个查询同时涉及两个以上的表并通过连接条件实现，则称为**连接查询**。连接的意义为在水平方向上合并两个数据集合，其运算过程是：在表 1 中找到第一条记录，再逐行扫描表 2 的所有记录。若有满足连接条件的，就组合表 1 和表 2 的字段为一个新记录，以此类推，在表 1 中扫描完所有的记录后，就组合成连接查询的结果集。

连接查询根据连接对象及连接方式的不同分为内连接查询、外连接查询、自连接查询和交叉连接查询，由于交叉连接查询是一种非限制连接查询，其产生的结果集一般没有什么实际意义，所以本任务不做介绍。下面通过 **3 个子任务**分别介绍**内连接查询**、**外连接查询**和**自连接查询**的使用。

任务 3.7.1　内连接查询

【任务描述】①查询所有学生的信息，包括学生的学号、姓名、班级代号和班级名称。②查询所有学生的信息，包括学生的学号、姓名、班级名称和专业名称。③查询考试成绩有不及格的学生信息，包括学生的学号、姓名、课程代号和成绩。

【任务分析】内连接查询是最常用的组合两表的方法。内连接将两个表的相关列进行比较，并将两个表中满足连接条件的行组合成新的行。其语法格式有如下两种。

格式 1：

```
SELECT 选择列表
FROM 表 1 [INNER] JOIN 表 2
ON 连接条件表达式 [AND 条件表达式];
```

格式 2：

```
SELECT 选择列表
FROM 表 1,表 2
WHERE 连接条件表达式 [AND 条件表达式];
```

格式说明：①表 1 和表 2 为要从其中组合行的表名，格式 1 的连接条件在 FROM 子句中通过[INNER] JOIN…ON 运算符指定，INNER 为可选项；格式 2 的连接条件在 WHERE 子句中指定。②连接条件表达式用于指定两个表的连接条件，由两个表中的列名和关系运算符组成，关系运算符可以是=、<、>、<=、>= 、<>等。使用“=”关系运算符的称为**等值连接**，使用其他关系运算符的称为**非等值连接**。等值连接中消除了重复列的又称为**自然连接**，这是应用最多的一种连接方式。需要注意的是，在 JOIN 运算中，可以连接任何两个相同类型的数值列，而列名称不必相同；但如果两个表中包含名称相同的列，用 SELECT 子句选取这些列时需冠以表名，否则会出现“列名不明确”的错误提示信息。同样，连接条件表达式中的列名也需冠以表名，格式为：表名.列名。③条件表达式为连接条件之外的限制条件，其与连接条件表达式的关系为逻辑与关系。

这里，任务①由于学生的基本信息存放在 bstudent 表中，但该表中没有班级名称字段，需与 bclass 表进行连接后才能查到要求的所有信息，而这两个表可以通过班级代号 class_id 进行连接。又由于 class_id 列在两个表中都存在，所以在选择列表及连接条件表达式中的 class_id 前都必须加上表名作为前缀；任务②由于专业名称在 bstudent、bclass 表中均没有，需与 bmajor 表进行连接后才能查到，所以这是一个三表进行连接的例子，先将 bstudent 表与 bclass 表通过班级代号 class_id 连接，再与 bmajor 表通过专业代号 major_id 进行连接；任务③由于学生的成绩信息存放在 bscore 表中，但该表中没有学生姓名字段，需与 bstudent 表通过学生学号 stud_id 进行连接后才能查到要求的所有列信息。另外，在此任务中要查询的不是 bscore 表中所有学生的成绩信息，而是要从中提取出成绩不及格的学生的成绩信息，这就要在连接条件之外再加上另一条件：score<60。

【任务实现】

（1）在客户端命令窗口中输入并执行如下查询语句：

```
SELECT stud_id, stud_name, bstudent.class_id, class_name
FROM bstudent JOIN bclass
ON bstudent.class_id = bclass.class_id;
```

查询结果如图 3-25 所示。

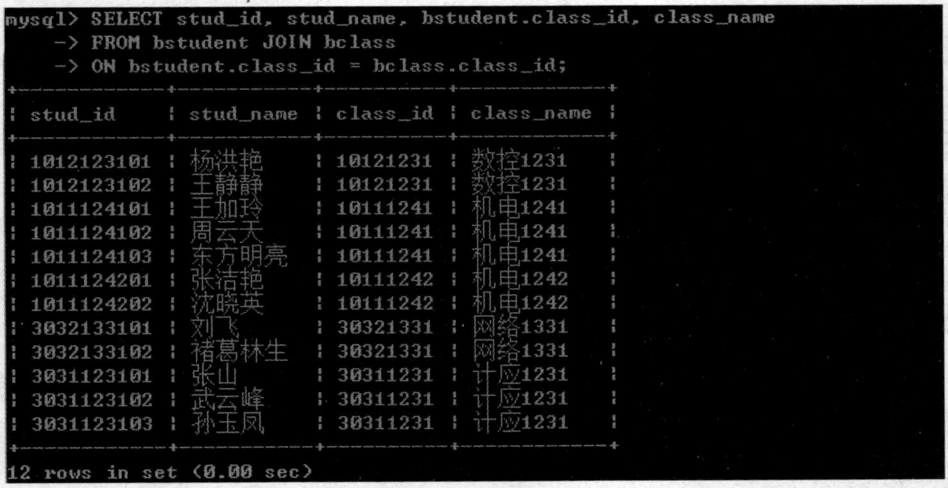

```
mysql> SELECT stud_id, stud_name, bstudent.class_id, class_name
    -> FROM bstudent JOIN bclass
    -> ON bstudent.class_id = bclass.class_id;
+------------+-----------+----------+------------+
| stud_id    | stud_name | class_id | class_name |
+------------+-----------+----------+------------+
| 1012123101 | 杨洪艳    | 10121231 | 数控1231   |
| 1012123102 | 王静静    | 10121231 | 数控1231   |
| 1011124101 | 王加玲    | 10111241 | 机电1241   |
| 1011124102 | 周云天    | 10111241 | 机电1241   |
| 1011124103 | 东方明亮  | 10111241 | 机电1241   |
| 1011124201 | 张洁艳    | 10111242 | 机电1242   |
| 1011124202 | 沈晓英    | 10111242 | 机电1242   |
| 3032133101 | 刘飞      | 30321331 | 网络1331   |
| 3032133102 | 褚葛林生  | 30321331 | 网络1331   |
| 3031123101 | 张山      | 30311231 | 计应1231   |
| 3031123102 | 武云峰    | 30311231 | 计应1231   |
| 3031123103 | 孙玉凤    | 30311231 | 计应1231   |
+------------+-----------+----------+------------+
12 rows in set (0.00 sec)
```

图 3-25　查询所有学生的学号、姓名、班级代号和班级名称

（2）在客户端命令窗口中输入并执行如下查询语句：

```
SELECT stud_id, stud_name, class_name, major_name
FROM bstudent JOIN bclass
```

```
ON bstudent.class_id = bclass.class_id
JOIN bmajor
ON bclass.major_id = bmajor.major_id;
```

或：

```
SELECT stud_id, stud_name, class_name, major_name
FROM bstudent, bclass, bmajor
WHERE bstudent.class_id=bclass.class_id AND bclass.major_id=bmajor.major_id;
```

（3）在客户端命令窗口中输入并执行如下查询语句：

```
SELECT bstudent.stud_id, stud_name, course_id, score
FROM bstudent JOIN bscore
ON bstudent.stud_id=bscore.stud_id AND score<60;
```

查询结果如图 3-26 所示。

```
mysql> SELECT bstudent.stud_id, stud_name, course_id, score
    -> FROM bstudent JOIN bscore
    -> ON bstudent.stud_id=bscore.stud_id AND score<60;
+------------+-----------+-----------+-------+
| stud_id    | stud_name | course_id | score |
+------------+-----------+-----------+-------+
| 1011124102 | 周云天    | 10001     |  46.5 |
+------------+-----------+-----------+-------+
1 row in set (0.00 sec)
```

图 3-26　查询成绩不及格的学生的学号、姓名、课程代号和成绩

说明：从本任务的实现方法中可以看出，表的连接条件常使用“主键=外键”的形式，如步骤（1）中的 class_id 是 bclass 表的主键、bstudent 表的外键，而步骤（2）中的 major_id 又是 bmajor 表的主键和 bclass 表的外键。

任务 3.7.2　外连接查询

【任务描述】①查询每个学生的选课情况（包含学生学号、姓名、课程代号及相应的成绩）。如果学生没有选课，则其课程代号和成绩列用空值填充；②查询班级代号为“10111241”班级的每个学生的选课情况（包含学生学号、姓名、课程代号及相应的成绩），如果学生没有选课，则课程代号和成绩列用空值填充。

【任务分析】在内连接中，只有在两个表中同时匹配的行才能在结果中选出；而在外连接查询中，参与连接的表有主、从之分，以主表的每行数据去匹配从表的数据行。如果主表的行在从表中没有与连接条件相匹配的行，则主表的行不会被丢弃，而是返回到查询结果中，并在从表的相应列中填上 NULL 值。

外连接又可分为左外连接（LEFT OUTER JOIN）、右外连接（RIGHT OUTER JOIN）和全外连接（FULL OUTER JOIN）3 种。左外连接将连接条件中左边的表作为主表，其返回的行不加限制；右外连接将连接条件中右边的表作为主表，其返回的行不加限制；全外连接是对两个表都不加限制，所有两个表中的行都出现在结果集中。由于全外连接应用很少，所以在此不做介绍。

（1）左外连接查询的语法格式如下：

```
SELECT 选择列表
FROM 表 1 LEFT [OUTER] JOIN 表 2 ON 连接条件表达式
[WHERE 条件表达式];
```

（2）右外连接查询的语法格式如下：

```
SELECT 选择列表
FROM 表 1 RIGHT [OUTER] JOIN 表 2 ON 连接条件表达式
[WHERE 条件表达式];
```

格式说明：①表 1、表 2 和连接条件表达式的含义和使用方法与内连接一样；②OUTER 可以缺省，左外连接只需要在 JOIN 前加上 LEFT，右外连接只需要在 JOIN 前加上 RIGHT；③条件表达式为连接条件之外的限制条件，如果有，则其必须用 WHERE 子句单独列出。

这里，任务①中，若学生没有选课，则在 bscore 表中将没有该学生的成绩记录，所以不能直接在 bscore 表中查找，实现时，必须以 bstudent 为主表，用它的每行数据通过连接条件（stud_id 相等）去匹配 bscore 表的数据行，如在 bscore 表中没有与连接条件相匹配的行，则在 bscore 表的相应列中填上 NULL 值。所不同的是，任务②中要查询的不是 bstudent 表中所有学生的选课情况，而是要从中提取出“10111241”班级学生的选课情况，这就要在连接条件之外再加上另一条件：class_id = '10111241'。

【任务实现】

（1）在客户端命令窗口中输入并执行如下查询语句：

```
SELECT bstudent.stud_id, stud_name, course_id, score
FROM bstudent LEFT JOIN bscore ON bstudent.stud_id=bscore.stud_id;
```

查询结果如图 3-27 所示。

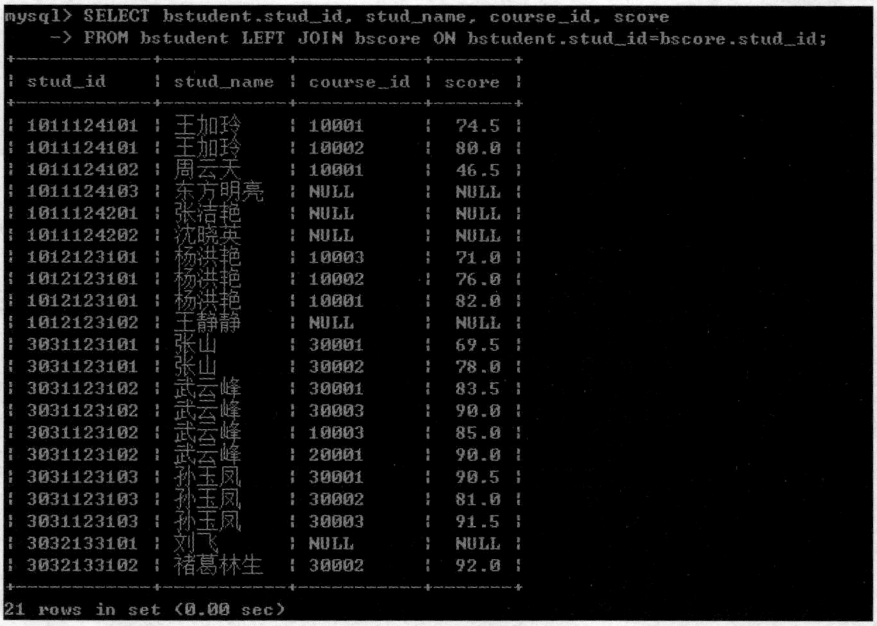

```
mysql> SELECT bstudent.stud_id, stud_name, course_id, score
    -> FROM bstudent LEFT JOIN bscore ON bstudent.stud_id=bscore.stud_id;
+------------+-----------+-----------+-------+
| stud_id    | stud_name | course_id | score |
+------------+-----------+-----------+-------+
| 1011124101 | 王加玲    | 10001     |  74.5 |
| 1011124101 | 王加玲    | 10002     |  80.0 |
| 1011124102 | 周云天    | 10001     |  46.5 |
| 1011124103 | 东方明亮  | NULL      |  NULL |
| 1011124201 | 张洁艳    | NULL      |  NULL |
| 1011124202 | 沈晓英    | NULL      |  NULL |
| 1012123101 | 杨洪艳    | 10003     |  71.0 |
| 1012123101 | 杨洪艳    | 10002     |  76.0 |
| 1012123101 | 杨洪艳    | 10001     |  82.0 |
| 1012123102 | 王静静    | NULL      |  NULL |
| 3031123101 | 张山      | 30001     |  69.5 |
| 3031123101 | 张山      | 30002     |  78.0 |
| 3031123102 | 武云峰    | 30001     |  83.5 |
| 3031123102 | 武云峰    | 30003     |  90.0 |
| 3031123102 | 武云峰    | 10003     |  85.0 |
| 3031123102 | 武云峰    | 20001     |  90.0 |
| 3031123103 | 孙玉凤    | 30001     |  90.5 |
| 3031123103 | 孙玉凤    | 30002     |  81.0 |
| 3031123103 | 孙玉凤    | 30003     |  91.5 |
| 3032133101 | 刘飞      | NULL      |  NULL |
| 3032133102 | 褚葛林生  | 30002     |  92.0 |
+------------+-----------+-----------+-------+
21 rows in set (0.00 sec)
```

图 3-27　查询每个学生的学号、姓名、课程代号及相应的成绩

（2）在客户端命令窗口中输入并执行如下查询语句：

```
SELECT bstudent.stud_id, stud_name, course_id, score
FROM bstudent LEFT JOIN bscore ON bstudent.stud_id=bscore.stud_id
WHERE class_id = '10111241';
```

说明： 由任务实现可知，外连接查询常常根据连接字段在哪个表中是主键来确定该表为主表，在哪个表中是外键来确定该表为从表。另外，一个外连接查询既可以用左外连接实现，也可以用右外连接实现，即本任务也可用右外连接实现，只是此时应将连接条件中右边的表作为主表，即 bstudent 应放在 RIGHT JOIN 的右边。

任务 3.7.3　自身连接查询

【任务描述】 查询班级信息表中学制相同的班级代号及其学制。

【任务分析】 连接操作不仅可以在不同的两个表之间进行，也可以是一个表与其自己进行连接。这种连接称为表的自身连接。在自身连接查询中，必须为表指定两个别名，使之在逻辑上成为两张表，其语法格式如下：

```
FROM 表名 别名1,表名 别名2
```

由此，要实现本任务，可以将班级信息表 bclass 与其自己进行连接，连接条件为学制 length 相等，这就要为表指定两个别名 C1 和 C2，使之在逻辑上成为两张表。同时，为了避免交叉连接而出现无意义的行，还必须加上另一条件：C1.class_id < C2.class_id。

【任务实现】 在客户端命令窗口中输入并执行如下查询语句：

```
SELECT C1.class_id, C2.class_id, C1.length
FROM bclass C1 JOIN bclass C2 ON C1.length = C2.length
WHERE C1.class_id < C2.class_id;
```

查询结果如图 3-28 所示。

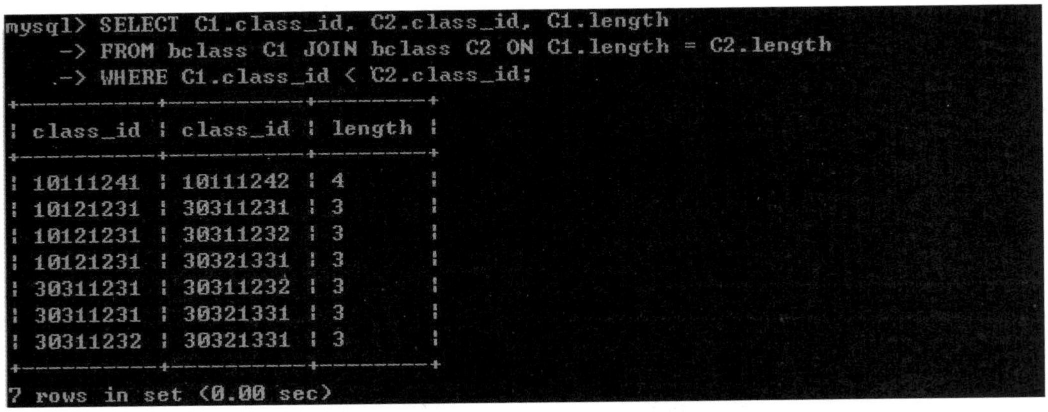

图 3-28　查询班级信息表中学制相同的班级代号及其学制

说明： 在进行自连接查询时，一旦使用别名代替表名，则连接时必须使用表的别名，不能再用表的原名，否则会报错。另外，在 MySQL 中，表的别名也可以用于非自连接查询中，其用法与自连接查询一样。

【任务总结】连接查询是实现多表查询的常用方法，其关键是要判断出查询涉及哪些表及其相应连接条件的确定。

 # 任务 3.8　在学生成绩数据库中实现嵌套查询

【任务描述】根据教材附录的附表 1-1～附表 1-5 提供的学生成绩数据库各数据表的数据实例，对学生成绩数据库中的 bmajor、bclass、bstudent、bcourse 和 bscore 等 5 张表进行**多表嵌套查询**。

【任务分析与知识储备】前面介绍的查询都是**单层查询**，即查询中只有一个 SELECT-FROM-WHERE 查询块。而在实际应用中经常用到**多层查询**，即将一个查询块嵌套在另一个查询块的 WHERE 子句或 HAVING 短语的条件中的查询，这种查询称为**嵌套查询**或**子查询**。外层的 SELECT 语句被称为外部查询或父查询，内层的 SELECT 语句被称为内部查询或子查询。子查询又分为**嵌套子查询**和**相关子查询**。下面通过 **4 个子任务**分别介绍**嵌套子查询**和**相关子查询**在学生成绩数据库中的应用。

任务 3.8.1　嵌套子查询——使用比较运算符的嵌套子查询

【任务描述】①查询与班级名称为"计应 1231"的班级在同一个学院的班级信息（包括班级代号和班级名称）；②查询课时数高于所有课程平均课时数的课程信息（包括课程代号、课程名称和课时数）。

【任务分析】嵌套子查询的求解方法为：由里向外，即每个子查询在其上一级查询处理之前求解，且子查询的结果不显示出来，而是作为其外部查询的查询条件。任务①应先确定"计应 1231"所在学院的院部代号，这可在 bclass 表中查到，然后再将其作为父查询的条件查出院部代号**等于**该院部代号的所有班级信息；任务②应先从 bcourse 表中查询出所有课程的平均课时数，再将其作为父查询的条件查出**大于**该平均课时数的课程信息。这里，无论是院部代号还是平均课时数，其子查询的结果集均为单行单列，所以可以用比较运算符将父查询与子查询进行连接，任务①可用"="，任务②可用">"。

【任务实现】

（1）在客户端命令窗口中输入并执行如下查询语句：

```
SELECT class_id, class_name FROM bclass
WHERE depart_id=(SELECT depart_id FROM bclass
                 WHERE class_name='计应1231');
```

（2）在客户端命令窗口中输入并执行如下查询语句：

```
SELECT course_id, course_name, hours FROM bcourse
WHERE hours>(SELECT AVG(hours) FROM bcourse);
```

查询结果如图 3-29 所示。

```
mysql> SELECT course_id, course_name, hours FROM bcourse
    -> WHERE hours>(SELECT AVG(hours) FROM bcourse);
+-----------+-----------------+-------+
| course_id | course_name     | hours |
+-----------+-----------------+-------+
| 10001     | 电子技术        |    80 |
| 10002     | 机械制图        |    64 |
| 10003     | 数控机床        |    72 |
| 30002     | 网络技术基础    |    80 |
+-----------+-----------------+-------+
4 rows in set (0.01 sec)
```

图 3-29 查询课时数高于所有课程平均课时数的课程信息

说明：当子查询返回的是单值时，可以通过=、<、>、<=、>=、!=或<>等比较运算符将父查询与子查询进行连接。如步骤（2），MySQL 首先获得 "SELECT AVG(hours) FROM bcourse" 子查询的结果集，该结果集为单行单列，然后将其作为父查询的条件执行父查询，从而得到最终的结果。

任务 3.8.2 嵌套子查询——使用 ANY、SOME 和 ALL 谓词的嵌套子查询

【任务描述】①查询比 "计算机应用" 专业（专业代号为 31）某个班级学生人数多的班级信息；②查询比 "计算机应用" 专业（专业代号为 31）所有班级学生人数多的班级信息。

【任务分析】任务 3.8.1 使用了比较运算符的子查询，其子查询只能返回单值。而本任务①需要先在 bclass 表中查询出 "计算机应用" 专业各班级的学生人数，再将其作为父查询的条件查出学生人数大于其中某个数的班级信息；任务②与任务①的子查询相同，所不同的是，在父查询中需要查出学生人数大于子查询返回的所有人数的班级信息。像这种子查询返回多个值（单列多行）的情况，使用比较运算符连接父查询与子查询时应加上 ANY、SOME 或 ALL 谓词。其中，ANY 和 SOME 是存在量词，只注重子查询是否有返回的值满足搜索条件，且两者含义相同，可以替换使用；而 ALL 要求子查询的所有查询结果列都要满足搜索条件。

- ALL 运算符：全运算，当一系列运算均为真时，其结果为真。
- ANY 或 SOME 运算符：当一系列运算中任何一个为真时，其结果为真。

【任务实现】
（1）在客户端命令窗口中输入并执行如下查询语句：

```
SELECT class_id, class_name, class_num FROM bclass
WHERE class_num>ANY(SELECT class_num FROM bclass
                    WHERE major_id='31');
```

说明：该查询也可用 SOME 实现，语句格式同上，只需将 ANY 用 SOME 替换即可。
（2）在客户端命令窗口中输入并执行如下查询语句：

```
SELECT class_id, class_name, class_num FROM bclass
WHERE class_num>ALL(SELECT class_num FROM bclass
                    WHERE major_id='31');
```

需要注意的是，上述带 ANY、SOME 和 ALL 谓词的子查询不能在 ANY、SOME 和 ALL 谓词前加 NOT 关键字，但可以用 "<>" 号表示否定。

任务 3.8.3　嵌套子查询——使用 IN 谓词的嵌套子查询

【任务描述】①查询考试成绩不及格的学生的学号、姓名和班级代号；②查询与"张山"在同一个班级学习的学生学号与姓名。

【任务分析】任务 3.8.2 在处理子查询返回**单列多行**的情况时，需要使用比较运算符及 ANY、SOME 或 ALL 谓词连接父查询与子查询。在实际应用中，子查询返回**单列多行**的情况有时还可以使用 IN 或 NOT IN 运算符来连接父查询与子查询，以判断某个属性列的值是否在子查询返回的结果中。如本任务①应先在 bscore 表中查出考试成绩不及格的学生学号作为子查询的结果，再在 bstudent 表中查找学生学号在此子查询结果集中的学生信息，由于考试成绩不及格的学生可能有多名，所以可用 IN 运算符来连接子查询与父查询；任务②中，由于"张山"这个名字在学生信息表中可能会有重名的现象，也就是说，子查询"张山"所在班级的结果有可能不唯一，所以该查询也可用 IN 运算符来连接子查询与父查询。

【任务实现】

（1）在客户端命令窗口中输入并执行如下查询语句：

```
SELECT stud_id, stud_name, class_id FROM bstudent
WHERE stud_id IN (SELECT DISTINCT stud_id FROM bscore
                 WHERE score<60);
```

说明：该查询也可用前面学过的内连接查询来求解：

```
SELECT bstudent.stud_id, stud_name, class_id
FROM bstudent JOIN bscore
ON bstudent.stud_id = bscore.stud_id AND score<60;
```

可见，实现同一个查询可有多种方法。但不同的方法其执行效率有所不同，如嵌套查询的执行效率就比连接查询的笛卡儿积效率高。

（2）在客户端命令窗口中输入并执行如下查询语句：

```
SELECT stud_id, stud_name FROM bstudent
WHERE class_id IN (SELECT class_id FROM bstudent
                  WHERE stud_name = '张山');
```

【任务拓展】上面均为二层嵌套的子查询，现再举一个综合应用上述运算符的三层嵌套子查询的例子：统计"计算机应用"专业的学生人数。

【任务分析】

（1）确定"计算机应用"专业的专业代号：

```
SELECT major_Id FROM bmajor
WHERE major_name = '计算机应用';
```

结果为：major_id

31

（2）查找专业代号为"31"的班级代号：

```
SELECT class_id FROM bclass
WHERE major_id = '31';
```

结果为： class_id

　　　　30311131

　　　　30311231

　　　　…

（3）统计上述班级的学生人数：

```
SELECT COUNT(stud_id) AS 人数 FROM bstudent
WHERE class_id IN …
```

将上面的三步合并，得到如下三层嵌套查询的代码。

【任务实现】在客户端命令窗口中输入并执行如下查询语句：

```
SELECT COUNT(stud_id) AS 人数
FROM bstudent
WHERE class_id IN (SELECT class_id FROM bclass
                   WHERE major_id = (SELECT major_id FROM bmajor
                                     WHERE major_name= '计算机应用'));
```

说明：本任务也可用连接查询实现：

```
SELECT COUNT(stud_id) AS 人数
FROM bstudent, bclass, bmajor
WHERE bstudent.class_id = bclass.class_id
   AND bclass.major_id = bmajor.major_id
   AND major_name = '计算机应用';
```

任务 3.8.4　相关子查询

【任务描述】①查询是否有选修了"30001"号课程的学生，如果有，则显示其学号与姓名。②在 bscore 表中查询每个学生考试成绩大于该学生平均成绩的记录。

【任务分析】任务①是否显示 bstudent 表中学生的学号与姓名取决于其在 bscore 表中是否选修了"30001"号课程，这里子查询的作用相当于进行存在测试，父查询的 WHERE 子句测试子查询返回的行是否存在。任务②需要每求出一个学生的平均成绩就要在 bscore 表中进行查询。上述两种查询情况都需要用到**相关子查询**。相关子查询与嵌套子查询有一个明显的区别，即相关子查询的查询条件依赖于外部父查询的某个属性值，所以求解相关子查询不能像求解嵌套子查询那样，一次性将子查询的解求出来再求解外部父查询，而必须反复对子查询求值。

相关子查询可以通过逻辑运算符 EXISTS 或 NOT EXISTS，检查子查询所返回的结果集是否有行存在。使用 EXISTS 时，如果在子查询的结果集内包含有一行或多行，则返回 true；如果该结果集内不包含任何行，则返回 false。如任务①可将查询 bscore 表中是否有选修了"30001"号课程的学生作为子查询，并通过 EXISTS 来测试该子查询是否有返回的行。

　　而要实现任务②，必须在外部父查询和子查询中多次使用 bscore 表，并为外部父查询和子查询中的 bscore 表分别指定别名 C1 和 C2，使之在逻辑上成为两张表。在查询时，可先取外部父查询中的第一个记录，根据它的学生学号值在子查询中计算出该学生的平均成绩。若子查询结果非空，则取此子查询结果作为外部父查询的条件执行外部父查询；然后再检查外部父查询的下一个记录，重复上述过程，直至外部表全部检查完毕为止。这里，连接子查询和父查询的是比较运算符"＞"，子查询的查询条件为：C1.stud_id = C2.stud_id。

【任务实现】

（1）在客户端命令窗口中输入并执行如下查询语句：

```
SELECT stud_id, stud_name FROM bstudent
WHERE EXISTS (SELECT * FROM bscore
                WHERE stud_id=bstudent.stud_id AND course_id='30001');
```

　　说明：当使用 EXISTS 对子查询进行存在测试时，由于子查询不返回任何实际数据，只返回 true 或 false，所以其列名常用"*"表示。另外，当在 EXISTS 前面加上 NOT 时，将对存在性测试结果取反。

　　本任务也可用 IN 谓词实现：

```
SELECT stud_id, stud_name FROM bstudent
WHERE stud_id IN (SELECT stud_id FROM bscore
                WHERE course_id='30001');
```

　　或用连接查询实现：

```
SELECT bstudent.stud_id, stud_name
FROM bstudent JOIN bscore
ON bstudent.stud_id=bscore.stud_id AND course_id='30001';
```

（2）在客户端命令窗口中输入并执行如下查询语句：

```
SELECT stud_id, course_id, score FROM bscore C1
WHERE score > (SELECT AVG(score) FROM bscore C2
                WHERE C1.stud_id=C2.stud_id);
```

　　说明：由于相关子查询需要反复求解子查询，所以当数据量大时，查询非常费时，最好不要常用。

　　【任务总结】嵌套查询也是实现多表查询的常用方法，与连接查询类似，也需要先判断出查询涉及哪些表，然后决定对这些表的查询谁先执行（作为子查询），谁后执行（作为父查询），或者是否需要在父查询和子查询之间交替执行。

任务 3.9　在学生成绩数据库中实现合并（联合）查询

　　【任务描述】根据教材附录的附表 1-1～附表 1-5 提供的学生成绩数据库各数据表的数据实例，基于 bstudent 和 bscore 2 张表进行**合并查询**。

　　【任务分析与知识储备】合并查询（也称联合查询）是将两个或更多查询的结果集组合为

单个结果集，该结果集包含合并查询中的所有查询的全部行。这与连接查询是不同的，其主要区别有以下两点：①在合并查询中，合并的是两个查询结果集；而在连接查询中，连接的是两个表。②在合并查询中，行的最大数量是两个查询结果集行的"和"；而在连接查询中，行的最大数量是两个表行的"乘积"。

合并查询的命令格式为：

```
SELECT 语句 1
UNION [ALL]
SELECT 语句 2
```

格式说明：①SELECT 语句 1 和 SELECT 语句 2 为要合并的两个结果集的查询语句，其结果集中的列数和列的顺序必须相同，列的数据类型要么相同，要么存在可能的隐性数据转换或提供了显式转换；②UNION 的结果集列名与第一个 SELECT 语句中的结果集的列名相同，其他 SELECT 语句的结果集列名被忽略；③ALL 为可选项，如果使用它，那么结果集中将包含所有行，并且不删除重复行；否则 UNION 运算符将从结果集中删除重复行；④只可以在最后一条 SELECT 语句中使用 ORDER BY 子句,这样影响到最终合并结果的排序和计数汇总，而 GROUP BY 和 HAVING 子句可以在单独一个 SELECT 查询中使用，它们不影响最终结果；⑤如果要将合并后的结果集保存到一个新数据表中，那么 INTO 语句必须加入到第一条 SELECT 中。

下面通过 **2 个子任务**介绍**合并查询**在学生成绩数据库中的应用。

任务 3.9.1 利用 UNION 合并两个查询结果集

【任务描述】合并 bstudent 表中年龄大于 20 或性别为"男"的学生信息，包括学生的学号、姓名和性别。

【任务分析】此任务中首先要得到两个结果集，一个是年龄大于 20 的学生的学号、姓名和性别，另一个是性别为"男"的学生的学号、姓名和性别；再将这两个结果集进行合并。

【任务实现】在客户端命令窗口中输入并执行如下查询语句：

```
SELECT stud_id, stud_name, stud_sex FROM bstudent
WHERE YEAR(curdate())-YEAR(birth)>20
UNION
SELECT stud_id, stud_name, stud_sex FROM bstudent
WHERE stud_sex= '男'
```

说明：这里，年龄大于 20 并且性别为"男"的学生信息没有重复出现。如果要保留所有的重复记录，则可以使用 UNION ALL，但使用此运算符获得的最终结果集是无序的。如果要进行有序排列，则可在最后一条 SELECT 语句中使用 ORDER BY 子句，如下列代码所示：

```
SELECT stud_id, stud_name, stud_sex FROM bstudent
WHERE YEAR(curdate())-YEAR(birth)>20
UNION ALL
SELECT stud_id, stud_name, stud_sex FROM bstudent
WHERE stud_sex= '男'
ORDER BY stud_id
```

任务 3.9.2 　 将 UNION 合并结果保存到一个新表中

【任务描述】 在学生成绩数据库中查询平均成绩大于 75 分或总分高于 200 分学生的学号和姓名，并将查询结果按学号的升序插入到新表 tstudent 中。

【任务分析】 此任务中首先要得到两个结果集，一个是平均成绩大于 75 分学生的学号和姓名，另一个是总分高于 200 分学生的学号和姓名的结果集；然后将这两个结果集合并。但由于存放学生成绩信息的 bscore 表中没有学生的姓名字段，需用到 bstudent 表才能查到要求的所有信息，所以要得到每个结果集，还需用到涉及多个表的连接查询或嵌套查询。

【任务实现】 在客户端命令窗口中输入并执行如下查询语句：

```
SELECT stud_id AS 学号,stud_name AS 姓名
INTO tstudent
FROM bstudent
WHERE stud_id IN (SELECT stud_id FROM bscore
                  GROUP BY stud_id HAVING AVG(score)>75)
UNION
SELECT stud_id,stud_name
FROM bstudent
WHERE stud_id IN (SELECT stud_id FROM bscore
                  GROUP BY stud_id HAVING SUM(score)>200)
```

需要说明的是，合并查询不仅可用于实现两个查询结果集的合并，还常常用于将两个结构相同的表进行合并。

项目小结：本项目紧紧围绕 SQL 的数据操纵和数据查询两大功能，以学生成绩数据库为操作对象，介绍了数据添加、数据修改、数据删除和数据查询语句的使用方法。同时还介绍了 SQL 语言中的函数和表达式，以及查询语句的分类和使用场合。

习题三

一、选择题

1. 下列语法不能实现新增数据的是（　　　）。

  A. INSERT 表名 VALUE(值列表);   B. INSERT INTO 表名 VALUE(值列表);

  C. INSERT INTO 表名(值列表);   D. INSERT INTO 表名 VALUES(值列表);

2. 若用如下的 SQL 语句创建了一个 emp 表"CREATE TABLE emp(eno Char(10) PRIMARY KEY,ename Char(8) NOT NULL,hiredate Datetime,dno Char(4));"，现向 emp 表插入如下记录时，（　　　）记录可以被插入。

  A. (NULL,'张三','2016-2-4','1003')   B. ('20160225','张三',NULL,NULL)

  C. ('20160225',NULL,'2016-2-4',' ')   D. ('20160225','张三',2016-2-4,1003)

3. "DELETE FROM emp;" 语句的作用是（　　　）。

  A. 删除当前数据库中整个 emp 表，包括表结构

B. 删除当前数据库中 emp 表内的所有行

C. 由于没有 WHERE 子句，因此不删除任何数据

D. 删除当前数据库中 emp 表内的当前行

4. 下列（　　）关键字在 SELECT 语句中表示所有列。

　　A. *　　　　　　　B. ALL　　　　　　C. DESC　　　　　D. DISTINCT

5. 在 SELECT 语句中，如果想要返回的结果集中不包含相同的行，应用关键字（　　）。

　　A. TOP　　　　　　B. AS　　　　　　C. DISTINCT　　　　D. JOIN

6. 假设 emp 表中共有 9 条记录，而存在 ename 与 hiredate 值完全相同的记录有 3 条，则使用 "SELECT DISTINCT ename,hiredate FROM emp;" 语句查询出的记录条数是（　　）。

　　A. 6 条　　　　　　B. 7 条　　　　　　C. 8 条　　　　　D. 9 条

7. 与 "WHERE score BETWEEN 60 AND 100" 语句等价的子句是（　　）。

　　A. WHERE score>60 AND score<100　　B. WHERE score>=60 AND score<100

　　C. WHERE score>60 AND score<=100　　D. WHERE score>=60 AND score<=100

8. 模式查找 LIKE '_A%'，下面（　　）结果是可能的。

　　A. Aili　　　　　　B. Bai　　　　　　C. Bba　　　　　D. CcA

9. "SELECT * FROM emp LIMIT 5,10" 描述正确的是（　　）。

　　A. 获取第 6 条到第 10 条记录　　　　B. 获取第 5 条到第 10 条记录

　　C. 获取第 6 条到第 15 条记录　　　　D. 获取第 5 条到第 15 条记录

10. 下列（　　）函数用于返回当前系统日期和时间；（　　）函数用于返回指定日期年份的整数。

　　A. DAY　　　　　　B. NOW　　　　　C. YEAR　　　　　D. CURDATE

11. 下列聚合函数中正确的是（　　）。

　　A. SUM(*)　　　　　B. MAX(*)　　　　C. COUNT(*)　　　D. AVG(*)

12. 在 SELECT 语句中，下列（　　）子句用于对分组统计进一步设置条件。

　　A. HAVING 子句　　　　　　　　　B. GROUP BY 子句

　　C. ORDER BY 子句　　　　　　　　D. WHERE 子句

二、填空题

1. 在 SQL 语言中，表示"职称为副教授同时性别为男"的表达式为_____。

2. 在 WHERE 子句中，字符串匹配的运算符是_____或_____。

3. SQL 查询语句可以使用_____关键字，指定查询结果从哪一条记录开始显示、一共显示多少条记录。

4. 使用_____子句对查询结果进行排序时，升序用_____关键字表示，降序使用_____关键字表示。

5. 内连接是组合两个数据表的常用方法。内连接使用_____运算符进行多个表之间数据的比较，并返回这些表中与连接条件相匹配的数据行。

6. 进行连接查询时，如果返回包括左表中的所有记录和右表中符合连接条件的记录，则该连接查询是_____。

7. 连接操作不仅可以在两个表之间进行，也可以是一个表与其自己进行连接，这种连接称为表的_____连接。

8. 联合查询是_____的查询方式。

三、判断题

1. 向表中添加数据时，插入不同数据类型的数据，其格式不同。 （　　）
2. 修改数据时，若未带 WHERE 条件，则表中对应字段都会被改为统一的值。（　　）
3. "LIMIT 3" 中的 3 表示偏移量，用于设置从哪条记录开始。 （　　）
4. 查询中使用 GROUP BY 子句时，在 SELECT 子句的字段列表中，除了聚合函数外，其他出现的字段一定要在 GROUP BY 子句中有定义。 （　　）
5. 在 MySQL 查询中，不仅可为查询的某个列取别名，也可以为查询的某个表取别名。如果查询结果列是一个经过计算的列，常常需要为其取个别名。 （　　）
6. 默认情况下，联合查询会去除完全重复的记录。 （　　）

四、简答题

1. 使用 INSERT 语句向表中插入数据有哪两种方式？简述插入数据时的注意事项。
2. 使用 SELECT 语句时，在选择列表中更改列标题有哪 2 种格式？
3. 试述 SELECT 语句中 WHERE 与 HAVING 的相同点与不同点。
4. 连接查询与嵌套查询均可实现多表查询，两者之间有何区别？
5. 通过资料检索，说明常见的编写高质量的 SQL 语句的原则。

五、项目实践（训）题

人事管理数据库 people 中有如下 4 个表，数据表的各字段属性值与项目 2 习题相同。

（1）bdept(deptid, deptname, deptnum, depttel, deptmanager)

（2）bemployee(employeeid, name, sex, birthday, birthplace, identity, political, culture, marital, zhicheng, deptid)

（3）bleave(leave_id, employeeid, start_date, end_date, days, reason, signer)

（4）bsalary(salary_id,employeeid,b_salary,p_salary, subsidy,total_salary,deduct,final_salary)

1. 试用 SQL 语句实现下列数据增删改操作

（1）往 bdept 表中插入一条记录（'3012', '机修部', 12, '67501052', '李一'）。

（2）为 bleave 表添加一条记录（'100802', '300102', 2012-06-12, 2, '生病'）。

（3）在表 bemployee、bsalary 中检索实发工资高于 2500 元的职工工号、姓名和性别，并把检索结果送到另一个已存在的表 employee(employee_id, employee_name, sex)中。

（4）从 bemployee 表中删除部门号为 "2014" 的所有职工记录。

（5）将 deptid 等于 "3013" 的部门名称改为 "公用部"。

（6）汇总每个部门的人数存入部门表的部门人数列（deptnum）中。

2. 试用 SQL 语句实现下列数据查询操作

（1）查询指定列，编写一条 SELECT 语句，检索 bemployee 表中全体职工的工号（employeeId）、姓名（name）、性别（sex）和职称（zhicheng）列。

（2）在 bemployee 表中查询出所有的职称名称（使用 DISTINCT 关键字）。

（3）查询生产部（部门代号为 3011）所有职工的详细信息。

（4）查询年龄在 30～45 岁之间的职工的姓名、性别和年龄（使用别名 "年龄"）。

（5）从 bemployee 表中检索出机关（代号为 3012）、生产部（代号为 3011）和销售部（代号为 2014）的所有职工的职工号、姓名和文化程度。

（6）检索出所有姓"刘"的职工的工号、姓名和性别。

（7）查询部门人数为空值的部门号和部门名。

（8）从 bleave 表中查询所有请假职工的工号和总请假天数（别名为 Days），并将查询结果按总请假天数的降序排列。

（9）查询请过假的职工人数。

（10）计算所有职工实发工资的平均值，使用别名"平均工资"标识。

（11）从 bleave 表中检索出请假总天数低于 3 天的职工的工号和请假总天数。

（12）查询出所有请过假的职工的工号、姓名、起始日期、中止日期和请假天数。

（13）查询应发工资低于 2000 元的职工的职工号、姓名、基本工资和岗位工资。

（14）查询出部门号为"2012"部门的每个职工的请假情况（包含职工号、姓名、假条编号及相应的请假天数），如果职工没有请假，则假条编号和请假天数列用空值填充。

（15）查询出请过两次或两次以上假的职工的工号、姓名和部门号。

（16）计算部门号为"2012"部门职工的平均年龄。

（17）查询与工号为"201201"的职工在同一个部门的职工工号与姓名。

项目 4 优化查询学生成绩
数据库中的表

知识目标：①了解什么是索引，理解其功能与特点；②掌握索引的分类及其应用场合；③掌握视图的概念，了解视图与查询及基本表的区别。

技能目标：①能根据实际应用设计合适的索引，并能用 SQL 进行索引的创建与管理；②能根据实际应用设计合适的视图，并能创建、管理和使用视图。

素质目标：①形成勤奋好问、好学上进的学习态度；②培养学生对数据查询优化的意识；③培养学生精益求精的工匠精神；④培养学生解决问题的独立思考能力。

[项目描述与任务分解]

在数据库中，有的表可能需要容纳成千上万甚至上百万的数据，如学生成绩管理系统中的学生选课成绩表 bscore，其中存储了学校所有学生（甚至包括历届学生）所有课程的成绩信息，数据记录非常多。当要查询某个学生的成绩数据时，如果遍历表中的所有记录，查询时间就比较长。另外，在查询中，经常需要跨越多个数据表进行连接、投影等复杂操作，或由于业务逻辑及安全性需求，要让不同的用户以不同的方式看待数据库中不同或者相同的数据。所以，为了解决上述应用问题，提高学生成绩管理系统的安全性、完整性和查询速度，在系统开发过程中应充分利用索引、视图等技术来提高系统的性能（通过为表创建或添加一些合适的索引，可以提高数据检索速度，改善数据库性能）。根据 MySQL 索引和视图在学生成绩数据库管理中的应用内容，本项目主要分解成以下几个任务：

任务 4.1　认识索引对优化查询性能的作用

任务 4.2　为学生成绩数据库表创建索引

任务 4.3　管理学生成绩数据库表索引

任务 4.4　为学生成绩数据库系统创建视图

任务 4.5　管理学生成绩数据库系统中的视图

任务 4.6　在学生成绩数据库系统中使用视图

 任务 4.1　认识索引对优化查询性能的作用

【任务描述】首先构建一个大数据量的 userinfo 表，然后在不建立索引的情况下和建立索引的情况下进行数据查询，体会索引对查询性能的影响。

【任务分析与知识储备】关系数据库中，无索引的表是一个无顺序的行（记录）集，如果要查找某个特定的行，需要从头开始依次查看表中的每一行，直至找到与所需值匹配的行。

这是一个**全表扫描**，当表中有大量数据行时，其效率很低。为此，在 MySQL 中引入索引，以便高效地访问表中的数据记录。需要说明的是，前面已介绍过的主键和唯一键都隐含了索引的概念。

（一）索引的基本概念

索引（Index）是根据数据库表中一列或多列的值按照一定顺序与记录行之间建立的对应关系表。它是一种特殊的数据库结构，其包含从表中一列或多列生成的键，以及映射到指定数据行的存储位置指针。这与书籍中的目录类似，书中的目录是一个标题列表，其中注明了包含各个词的页码；而数据库中索引的键值类似于目录中的标题，指针相当于页码。在一本书中，利用目录可以快速查找所需信息，无须阅读整本书。在数据库中，利用索引可以快速找到数据表中的特定记录，无须进行全表扫描，从而优化查询响应的速度。

索引是一种重要的数据库对象，其依赖于表建立，提供了对表中数据的逻辑排序。设计高效、合理的索引能够提高数据的查询效率。因为在列上创建了索引之后，查找数据时可以直接根据该列上的索引找到对应行的位置，从而快速地找到数据。另外，使用索引还可以确保列的唯一性，从而保证数据的完整性。

例如，如果用户创建了 bstudent 表中学生学号列的索引，MySQL 将在索引中排序学生学号列，对于索引中的每一项，MySQL 在内部为其保存一个指向表中实际记录所在位置的"指针"。当要查找学生学号为"3031123105"的学生信息时，MySQL 就在学生学号列的索引中找到"3031123105"的值，然后直接转到数据表中相应的行，准确地返回该行的数据。在这个过程中，MySQL 只需处理一行就可以返回结果。如果没有学生学号列的索引，MySQL 则要扫描数据表中的所有记录。显然，需要 MySQL 处理的记录数量越少，它完成任务的速度就越快。

（二）索引的优缺点

1. 索引的优点

在 MySQL 中，数据库在执行查询语句时，默认的是根据查询条件进行全表扫描，遇到匹配条件的就加入查询结果集中。如果查询条件较多，或者涉及多个表连接，并且表数据量特别大时，在没有索引的情况下，MySQL 需要执行的扫描行数会很大，速度也会很慢。而利用索引则会带来以下好处。

（1）提高数据查询的速度。索引能够以一列或多列的值为排序依据，实现快速查找数据行。

（2）优化查询。数据库系统的查询优化器是依赖于索引起作用的，索引能够加速连接、分组和排序等操作。

（3）确保数据的唯一性。通过给列创建唯一索引，可以保证表中的数据不重复。

2. 索引的缺点

需要注意的是，虽然索引很有用，但也不是越多越好。因为索引会带来以下缺点。

（1）创建索引和维护索引要耗费时间，这种时间随着数据量的增加而增加。

（2）索引需要占用物理空间。除了数据表所需的存储空间，索引也会占用一定的物理空间，如果要建立聚簇索引，则需要的空间就会更大。

（3）当对表中数据进行增加、修改和删除时，索引也要动态地进行维护，因而会降低数据的更新速度。表中索引越多，则更新表的时间就越长。

总之，索引带来的缺点，一是因为创建索引要花费时间和占用存储空间；二是因为索引会在进行数据修改时，增加维护索引的额外开销。

（三）适合和不适合使用索引的场合

由索引的优缺点可见，在考虑是否在列上创建索引时，除了考虑列在查询中所起的作用，还要综合考虑索引的优点和缺点。下面的列适合创建索引。

（1）用作查询条件的列，可以加快检索的速度。

（2）该列的值唯一，通过创建唯一索引，可以保证数据记录的唯一性。

（3）在表连接中使用的列，可以加快表与表之间的连接速度。

（4）在使用 GROUP-BY 和 ORDER-BY 子句处理查询结果时，如果数据量较大，在其列上创建索引可以显著减少分组和排序的时间。

（5）数据量较大的字符串类型的列上使用全文索引可以大大提高查询的速度。

而在下面的列上可以不考虑建立索引。

（1）很少或从来不作为查询条件的列。

（2）在小表中通过索引查找行可能比简单地进行全表扫描还慢。

（3）只从很小的范围内取值的列，即字段重复值比较多的列。

（4）数据类型为 Text、Blob 和 Bit 的列上不宜创建索引。其原因主要是由于列的数据量要么相当大，要么取值很少。如果要建立索引则使用值的前缀来索引。

（5）值需要经常修改的列不适合创建索引。

【任务实现】在客户端命令窗口中进行如下步骤的操作：

（1）首先在学生成绩数据库中创建一个用于存储大数据量的表 data。

```
USE studentscore
CREATE TABLE userinfo(user_id Int,user_name Varchar(10));
```

（2）然后通过存储过程向 userinfo 表中插入 10000 条数据记录。

```
DELIMITER $$
CREATE PROCEDURE proc_userinfo(IN n Int)
BEGIN
    DECLARE i Int DEFAULT 1;
    WHILE i<=n DO
        INSERT INTO userinfo VALUES(i,CONCAT(i,'name'));
        SET i = i+1;
    END WHILE;
END $$
DELIMITER ;
CALL proc_userinfo(10000);
```

说明：有关存储过程的创建与调用的知识点详见项目 8，这里读者只需要根据代码执行即可。

（3）在创建索引前后分别查询 data 数据表中第 9876 条记录，并查看所用时长。

```
SET profiling=1;
SELECT * FROM userinfo WHERE user_id=9876;
CREATE INDEX ix_userid ON userinfo(user_id);
SELECT * FROM userinfo WHERE user_id=9876;
SHOW profiles;
```

执行结果如图 4-1 所示。

```
mysql> SHOW profiles;
+----------+------------+------------------------------------------------+
| Query_ID | Duration   | Query                                          |
+----------+------------+------------------------------------------------+
|        1 | 0.01000050 | SELECT * FROM userinfo WHERE user_id=9876      |
|        2 | 0.98505650 | CREATE INDEX ix_userid ON userinfo(user_id)    |
|        3 | 0.00100000 | SELECT * FROM userinfo WHERE user_id=9876      |
+----------+------------+------------------------------------------------+
3 rows in set, 1 warning (0.00 sec)
```

图 4-1　创建索引前后的数据查询时间

从执行结果可以看出，没有创建索引前查找第 9876 条记录所用时间为 10 毫秒；当在 user_id 列上创建索引后只用了 1 毫秒，在速度上比全表扫描至少快了 10 倍。

说明： 在 MySQL 中，可通过 "SHOW profiles;" 查看 SQL 语句的执行时间。但这需要在 profiling 的状态为 ON 的情况下才可行，该值默认为 OFF，此时可通过 "SET profiling=1;" 将之设置为 ON。

【任务总结】 索引是基于数据表中一个或多个列的值进行排序的一种特殊的数据库结构，通过在列上创建索引可以快速访问表中的记录，大大提高数据库的查询性能。并且这种性能的提高必须要有大量数据才能充分体现出来，如果只有 10 条、20 条甚至几百条数据（小表），是看不出什么效果的。

 ## 任务 4.2　为学生成绩数据库表创建索引

【任务描述】 ①在学生成绩数据库中，创建一张 studentinfo 数据表，表中包含 **s_no**（学号，数据类型为 Int，主键，自增）、**s_name**（姓名，数据类型为 Varchar(50)，不能为空）、**s_sex**（性别，数据类型为 Char (2)），并在 s_name 列上创建一个名为 ix_name 的普通索引。②为班级信息表 bclass 中的班级名称列和班级人数列分别创建一个名为 ix_classname 的唯一索引、一个名为 ix_classnum 的降序索引。③在学生信息数据表中添加 "**s_info**" 字段，类型为 Varchar(100)，其值为每个学生的简介信息，并为其创建一个名为 ix_sinfo 的全文索引。④在学生选课成绩表 bscore 的学生学号列 stud_id 和成绩列 score 上创建一个名为 mulix_sc 的复合索引。

【任务分析与知识储备】 在 MySQL 中，所有的数据类型都可以被索引。可以在创建表时创建索引，也可以在已存在的表上创建索引。需要注意的是，如已为表创建了主键约束，则不能再创建聚集索引（即主键索引），除非先将主键约束删除。同样，也不能在已创建了主键或唯一性约束的列上再创建唯一索引，除非先将其删除。

（一）索引的类型

按照不同的分类标准，MySQL 索引的类型可从下面 3 个方面进行分类。

● 如果按照索引作用的机理分类，可分为普通索引（INDEX）、唯一索引（UNIQUE）、主键（PRIMARY KEY）、全文索引（FULLTEXT）和空间索引（SPATIAL）等类型。

● 如果按照创建索引键值的列数分类，可分为单列索引和多列（复合）索引。

● 如果按照索引存储结构与方式分类，可分为 B+Tree 索引和 Hash 索引。其中，B+Tree 索引根据索引是否与数据存储在同一文件中，又分为聚簇索引和非聚簇索引，前者索引与数据存储在同一文件中，后者存储在不同文件中。

下面主要从索引作用的机理分类方面，介绍 MySQL 中常用的几种索引类型。

1. 普通索引（INDEX）

普通索引是最基本的索引类型，它不附加任何限制条件。可以创建在任何数据类型中，其值是否唯一和非空由字段本身的完整性约束条件决定。创建普通索引的关键字为 KEY 或 INDEX。如可在学生表的姓名列上创建普通索引，以提高根据姓名查询学生记录的速度。

2. 唯一索引（UNIQUE）

唯一索引能够保证在创建索引的列或多列的组合上不包括重复的数据值，但允许有空值。创建唯一索引的关键字为 UNIQUE。如可在班级表的班级名称列上创建唯一索引，以保证该列的值唯一。

3. 主键索引（PRIMARY KEY）

主键索引是专门为主键字段创建的索引，在创建主键约束（PRIMARY KEY）时自动创建。如在学生信息表的学生学号列上创建主键约束时就自动建立了主键索引。它是一种特殊的唯一索引，不允许有空值，且每个数据表只能有一个主键索引。另外，对于 InnoDB 类型的表，其主键索引是一种聚簇索引，所以通过主键来访问数据效率非常高。

4. 全文索引（FULLTEXT）

全文索引是指在定义索引的列上支持值的全文查找，允许在这些索引列中插入重复值和空值。该索引只能在 MyISAM 表的 Char、Varchar 或 Text 类型的字段上创建。创建全文索引的关键字为 FULLTEXT。如可在学生信息表中的新添加的简介信息列上创建全文索引。

5. 空间索引（SPATIAL）

空间索引只能建立在空间数据类型的列上，用于提高系统获取空间数据的效率。MySQL 中的空间数据类型有 4 种，分别为 Geometry、Point、Linestring 和 Polygon。创建空间索引的列不能为空值，并且只能在 MyISAM 存储引擎的表中创建。对于初学者来说，这类索引很少会用到。

由于索引是作用在列上的，因此，索引可以由单个字段组成，也可以由多个字段组成，单个字段组成的索引称为**单列**索引，多个字段组成的索引称为**多列**索引或**复合索引**。**需要注意的是**，在复合索引中，只有查询条件中使用了这些字段中的**第一个字段**时，该索引才会被使用。如在学生选课成绩表的 stud_id、score 列上建立一个复合索引，只有在查询条件中使用了 stud_id 字段时该索引才会被使用。

另外，在 MySQL 数据库中，可以在数据表中建立一个或多个索引，以提供多种存取路径，快速定位数据的存储位置。目前许多主流数据库管理系统如 Oracle、SQL Server、MySQL 等，都将 B+Tree 索引作为最主要的索引类型，因为 B+Tree 索引的存储结构在数据库的数据检索中有着非常优异的表现，且没有太多的限制和弊端。

（二）索引的创建

只有表的所有者才能给表创建索引。创建索引通常有 3 种命令方式，即在创建表（CREATE TABLE）时创建索引、通过修改表（ALTER TABLE）创建索引和使用 CREATE INDEX 语句创建索引。由于 MySQL 数据库默认会自动为主键列添加索引，而主键的设置已在项目 2 中介绍，所以下面的讨论不涉及主键索引。

1. 在创建表时创建索引

在创建表的 CREATE TABLE 语句中可以包含索引的定义。其语法格式如下：

```
CREATE TABLE 表名
({列名 数据类型 [列约束]} [,…m]
  [UNIQUE | FULLTEXT | SPATIAL] {INDEX | KEY}
  [索引名] ({列名[(长度)] [ASC | DESC]}[, ...n])
);
```

格式说明：

● [UNIQUE | FULLTEXT | SPATIAL]：索引的类型，为可选参数，分别表示唯一索引、全文索引和空间索引。如缺省，则创建的索引为普通索引。

● INDEX 和 KEY：为同义词，两者作用相同，用来指定创建索引。

● 索引名：为可选项，用来给创建的索引取新的名字（必须符合 MySQL 的命名规则，且必须是表中唯一的）。若缺省，则默认与索引的第一个列名相同（如果存在多个索引的名字以同一个列的名字开头，就在列名后面放置一个顺序号码）。

● 列名：为需要创建索引的字段列，该列必须从数据表定义的多个列中选择。

● 长度：为可选项，表示索引的长度，可用来对前缀编制索引，前缀包括每列值前指定"长度"的几个字符。这样索引的速度更快并且比索引整个列需要较少的磁盘空间。注意，只有字符串类型的字段才能指定索引长度，对于 Char 和 Varchar 列，可以用前缀索引；而对于 Blob 和 Text 列，必须用前缀索引。

● [ASC | DESC]：指定索引按升序或降序排列，默认为 ASC。如果一条 SELECT 语句中的某列按降序排列，则在该列上定义一个**降序索引**可加快处理速度。

● [,…m]表示可定义多个列；[,…n]表示索引可以创建在该表的一列或多列上，各列名之间用逗号分隔。

2. 通过修改表创建索引

如果一个数据表已经存在，则可以利用 ALTER TABLE 语句通过修改表来为其创建索引，其语法格式如下：

```
ALTER TABLE 表名
ADD [UNIQUE | FULLTEXT | SPATIAL] {INDEX | KEY}
[索引名]({列名[(长度)] [ASC | DESC]}[, ...n])[,ADD ...];
```

其中，索引参数的含义和用法与创建表时创建索引相同，[,ADD ...]表示一次可以添加多个索引。

3. 使用 CREATE INDEX 语句创建索引

对于已经存在的数据表，索引不仅可以通过修改表进行创建，还可以用 CREATE INDEX 语句创建。其语法格式如下：

```
CREATE [UNIQUE | FULLTEXT | SPATIAL] INDEX 索引名 ON 表名({列名[(长度)] [ASC |
DESC]}[, ...n]);
```

其中，索引选项的含义和用法与创建表时创建索引相同。

注意： 虽然 ALTER TABLE 和 CREATE INDEX 都能为已存在的数据表创建索引，但它们之间有如下区别：①ALTER TABLE 一次可以添加多个索引，而 CREATE INDEX 一次只能创建一个索引；②ALTER TABLE 可以不指定索引名，默认为索引列的第一个字段名，而 CREATE INDEX 必须指定索引名。

这里，任务①可通过创建表建立索引；任务②为在已有表上创建两个索引，所以可通过修改表实现；任务③为在已有表上添加全文件索引，既可以通过修改表实现，也可以通过 CREATE INDEX 语句实现，但需要将表的存储引擎修改为 MyISAM；任务④也为在已有表上创建索引，且是一个复合索引。

【任务实现】

1. 通过创建表的方式创建普通索引

```
USE studentscore
CREATE TABLE studentinfo
(s_no Int PRIMARY KEY AUTO_INCREMENT,
 s_name Varchar(50) NOT NULL,
 s_sex Char (2),
 INDEX(s_name)
);
```

说明： 上面语句中的 INDEX 也可以替换成 KEY。

2. 通过修改表的方式创建唯一索引和降序索引

```
ALTER TABLE bclass ADD UNIQUE INDEX ix_classname(class_name), ADD INDEX
ix_classnum(class_num DESC);
```

说明：创建唯一索引时，应保证创建索引的列不包括重复的数据，否则索引不能被成功创建。

3. 通过 CREATE INDEX 语句创建全文索引

```
ALTER TABLE studentinfo ENGINE=MyISAM;
ALTER TABLE studentinfo ADD s_info Varchar(100);
CREATE FULLTEXT INDEX ix_sinfo ON studentinfo(s_info);
```

注意：上面如果不将存储引擎修改为 MyISAM 类型，则会有如图 4-2 所示的警告。

```
mysql> CREATE FULLTEXT INDEX ix_sinfo ON studentinfo(s_info);
Query OK, 0 rows affected, 1 warning (9.21 sec)
Records: 0  Duplicates: 0  Warnings: 1
```

图 4-2　在 InnoDB 存储引擎的表上创建全文索引的错误提示信息

4. 创建复合索引

在客户端命令窗口中输入并执行如下命令代码：

```
ALTER TABLE bscore ADD INDEX mulix_sc(stud_id,score);
```

或

```
CREATE INDEX mulix_sc ON bscore(stud_id,score);
```

说明：创建多列索引时，应保证创建索引列的组合值不包括重复的数据，否则索引不能被成功创建。

【**任务总结**】索引是基于数据库表中一列或多列的值进行排序的结构，通过创建索引可以快速访问表中的记录，大大提高数据库的查询性能，而业务规则、数据特征和数据的使用情况决定了需要在哪些列上建立何种类型的索引。

任务 4.3　管理学生成绩数据库表索引

【**任务描述**】①分别用 SHOW CREATE TABLE 语句和 SHOW INDEX 语句查看任务 4.2 创建的学生信息表中的索引。②在 bstudent 表中查询姓名为"李海"的学生信息，并分析索引对查询速度的影响，比较在未使用索引与使用索引（在 bstudent 表的 stud_name 列上创建一个名为 ix_sname 的普通索引）时的查询情况。③在 bstudent 表的出生日期列上创建一个名为 ix_sbirth 的隐藏索引，并查看其在查询中的使用情况。④删除学生信息表的 ix_sinfo 索引。

【**任务分析与知识储备**】索引一旦创建，将由数据库自动管理和维护。例如，向表中插入、更新和删除一条记录时，数据库会自动在索引中做出相应的修改。另外，实际过程中，当 MySQL 执行查询时，查询优化器会对可用的多种数据检索方法的成本进行估计，从中选用最有效的查询计划。但用户在创建索引后，也可以对已有的索引进行查看或删除，还可以通过使用索引分析查询性能。

（一）查看索引

若要查看表中已经创建索引的情况，除可以使用 SHOW CREATE TABLE 语句查看索引是否创建成功，还可以使用 SHOW INDEX 语句查看数据表中的索引文件。其语法格式如下：

```
SHOW {INDEX | INDEXES | KEYS} FROM 表名;
```

其中，INDEX | INDEXES | KEYS：三者中选择其一即可，为同义词，作用相同，用来指定查看索引。

（二）使用索引分析查询性能

MySQL 作为 Web 数据库，每天要接收来自 Web 的成千上万用户的连接访问。在对数据库频繁操作访问的情况下，数据库的性能好坏越来越成为整个应用的性能瓶颈。所以，对查询优化的处理，不仅会影响数据库的工作效率，而且会给社会带来较高的效益。

前已述及，在查询时使用索引可以减少查询的记录数，从而达到查询优化的目的。那在实际工作中，如何使用索引来分析查询性能呢？这就要用到 MySQL 中的 EXPLAIN 语句。

利用 EXPLAIN 语句，可以很好地观察 MySQL 如何使用索引来加快查询，对 SELECT 语句的执行效果进行分析，并通过分析提出优化查询的方法，同时有针对性地优化索引。其语法格式如下：

```
{EXPLAIN | DESCRIBE | DESC} SELECT 语句;
```

其中，EXPLAIN | DESCRIBE | DESC：三者中选择其一即可，为同义词，作用相同，用来分析 SELECT 语句的查询性能，其中 EXPLAIN 较常用。

提示： 使用\G 结尾能竖排显示。

（三）隐藏索引

MySQL 8.0 新增了"隐藏索引"的功能，它允许快速启用/禁用 MySQL 使用的索引，这为测试索引的功能或在某些场合不想使用索引但又不便删除索引提供了解决方案。隐藏索引不会被查询优化器使用，但仍然需要进行维护。

1. 通过 CREATE INDEX 创建索引时隐藏索引

可以在通过 CREATE INDEX 语句创建索引时隐藏（禁用）索引，其语法格式如下：

```
CREATE [UNIQUE | FULLTEXT | SPATIAL] INDEX 索引名 ON 表名({列名[(长度)] [ASC | DESC]}[, ...n]) INVISIBLE;
```

其中，索引选项的含义和用法与创建表时创建索引相同；INVISIBLE 为不可见的意思。

2. 通过修改表隐藏索引

隐藏索引也可以通过修改表 ALTER TABLE 语句实现，其语法格式如下：

```
ALTER TABLE 表名 ALTER INDEX 索引名 INVISIBLE;
```

另外，索引被隐藏后，如要恢复显示（启用），其语法格式为：

```
ALTER TABLE 表名 ALTER INDEX 索引名 VISIBLE;
```

（四）删除索引

虽然索引可以优化查询的性能，但创建和维护索引也要耗费时间，并且随着数据量的增加，耗费的时间也会变长。此外，索引需要占用物理空间，对表中的数据进行增加、删除和修改时，文件占用的磁盘空间会变大。有经验的工程师在插入大量记录时，往往会先删除索引，接着插入数据，最后再重新创建索引。对于不再需要或者很少使用的索引要及时删除。

删除索引可以通过 DROP INDEX 语句实现，也可通过 ALTER TABLE 语句实现。

1. 通过 DROP INDEX 语句删除索引

利用 DROP INDEX 语句删除索引的语法格式为：

```
DROP INDEX 索引名 ON 表名;
```

2. 通过修改表删除索引

删除索引也可以通过修改表实现，其语法格式为：

```
ALTER TABLE 表名 DROP INDEX 索引名;
```

【任务实现】

1. 查看索引

```
SHOW CREATE TABLE studentinfo\G;
```

执行结果如图 4-3 所示。

```
mysql> SHOW CREATE TABLE studentinfo\G;
*************************** 1. row ***************************
       Table: studentinfo
Create Table: CREATE TABLE `studentinfo` (
  `s_no` int(11) NOT NULL AUTO_INCREMENT,
  `s_name` varchar(50) NOT NULL,
  `s_sex` char(2) DEFAULT NULL,
  `s_info` varchar(100) DEFAULT NULL,
  PRIMARY KEY (`s_no`),
  KEY `s_name` (`s_name`),
  FULLTEXT KEY `ix_sinfo` (`s_info`)
) ENGINE=MyISAM DEFAULT CHARSET=utf8
1 row in set (0.00 sec)
```

图 4-3　使用 SHOW CREATE TABLE 语句查看索引结果

```
SHOW INDEX FROM studentinfo\G;
```

执行结果如图 4-4 所示。

图 4-4　使用 SHOW INDEX 语句查看索引结果（此处只显示了部分内容）

2. 使用索引分析查询性能

（1）首先在未使用索引时执行并分析查询。

```
EXPLAIN SELECT * FROM bstudent WHERE stud_name='李海';
```

执行结果如图 4-5 所示。

图 4-5　未使用索引的查询情况

在图 4-5 所示的结果中，只是使用了 WHERE 条件的一个简单查询，没有使用索引进行查询，type 为 ALL 表示对表进行全表扫描；rows 为 12 表示在执行查询的过程中，bstudent 表中存储的 12 条记录都被查询了一遍。可以想象，在数据存储量小的时候，查询不会有太大影响，当数据表中存储海量数据时，为查询一条数据而遍历整个数据表中的所有记录，将会耗费很多时间。

（2）然后在 stud_name 列上创建一个名为 ix_sname 的普通索引。

```
CREATE INDEX ix_sname ON bstudent(stud_name);
```

（3）最后再用 EXPLAIN 语句分析查询执行情况，以观察索引的作用。

```
EXPLAIN SELECT * FROM bstudent WHERE stud_name='李海';
```

运行结果如图 4-6 所示。

图 4-6　使用索引的查询情况

从图 4-6 所示的结果可以看出，由于在 bstudent 表的 stud_name 列上创建了索引，使访问的行数由 12 行减少到 1 行，type 级别已经上升至 ref，明显地提高了查询性能。其实际过程是，因为创建了索引，查询姓名"李海"时，先在索引文件中查找键值，再通过其 id 号到数据表中查找相关记录。由此可见，如果数据量较少，顺序查询比索引查询要快，而当数据量较大时，则索引查询效率会大大提高。

注：type 显示的是访问类型，是较为重要的一个指标，结果值从**好**到**坏**依次是：

```
system > const > eq_ref > ref > fulltext > ref_or_null > index_merge >
unique_subquery > index_subquery > range > index > ALL
```

一般来说，要保证查询至少达到 range 级别，最好能达到 ref。

3. 隐藏索引

（1）首先使用 CREATE INDEX 语句创建并隐藏索引。

```
CREATE INDEX ix_sbirth ON bstudent(birth) INVISIBLE;
```

（2）然后使用 SHOW INDEX 语句查看表中的索引。

```
SHOW INDEX FROM bstudent\G;
```

执行结果如图 4-7 所示，其 Visible 属性为 NO，即对查询优化器不可见。

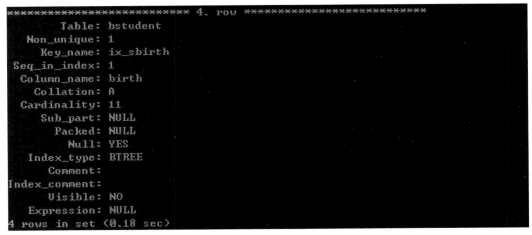

图 4-7　隐藏索引（此处省略了前 3 行记录）

（3）再使用 EXPLAIN 语句查看查询优化器对索引的使用情况。

```
EXPLAIN SELECT * FROM bstudent WHERE birth >'1994-6-30';
```

执行结果如图 4-8 所示，查询优化器没有使用该隐藏索引。

```
mysql> EXPLAIN SELECT * FROM bstudent WHERE birth >'1994-6-30';
+----+-------------+----------+------------+------+---------------+------+---------+------+------+----------+-------------+
| id | select_type | table    | partitions | type | possible_keys | key  | key_len | ref  | rows | filtered | Extra       |
+----+-------------+----------+------------+------+---------------+------+---------+------+------+----------+-------------+
|  1 | SIMPLE      | bstudent | NULL       | ALL  | NULL          | NULL | NULL    | NULL |   12 |    33.33 | Using where |
+----+-------------+----------+------------+------+---------------+------+---------+------+------+----------+-------------+
1 row in set, 1 warning (0.04 sec)
```

图 4-8　查询优化器没有使用隐藏索引

说明： 如果使用带有隐藏索引的"FORCE INDEX"，MySQL 会执行全表扫描。MySQL 不会抛出任何错误，因为索引存在，但它不可见。即使有另一个可用的索引，它也将执行全表扫描。在大型表上，这可能会导致严重的性能问题。

4. 删除索引

```
DROP INDEX ix_sinfo ON studentinfo;
```

或

```
ALTER TABLE studentinfo DROP INDEX ix_sinfo;
```

说明： 索引删除后，可用 SHOW CREATE TABLE 语句查看是否删除成功。

【任务总结】 在实际应用中，应结合查询速度、磁盘空间、维护开销等因素尝试多个不同的索引，从而建立最优的索引。另外，创建索引后，随着更新操作的不断执行，数据会变得支离破碎，这些数据碎片会导致额外的页读取，影响数据的并行扫描，所以需要定期对索引进行维护，以提高数据的读取速度。

任务 4.4 为学生成绩数据库系统创建视图

【任务描述】 ①以学生成绩数据库中的学生信息表 bstudent 和班级信息表 bclass 为基表创建一个视图 computer_student，其内容是院部代号为"30"的所有班级学生的学号、姓名、性别和班级名称，要求视图中列名与表中列名一致。②在学生成绩数据库中创建一个视图 student_score，其内容是每个学生的所有课程的考试成绩的平均值。

【任务分析与知识储备】 学生成绩管理系统所涉及的学生数据，如基本情况信息、成绩信息等存储于学生成绩数据库的一个或多个表中，但在实际应用中，作为学校的不同职能部门，所关心的学生数据的内容是不同的；另外，即使是相同的数据，也可能有不同的操作要求。为解决上述问题，可以通过视图在物理数据库上根据用户的不同需求定义相应的对数据库所要求的数据结构。

（一）视图的基本概念

1. 什么是视图

视图（View）是从一个或多个基表中导出的虚拟表，其结构和数据建立在对基表的查询基础上。和真实的表一样，视图也包括定义的行和列，但是这些行和列并不实际地以视图结构存储在数据库中，而是存储在视图所引用的基表（源表）中。即视图中只存放对基表的引用，并不存放数据，所以一切对视图的操作最终都要转换为对基表的操作。但视图创建后，可以反过来出现在另外一个查询或视图中，并作为这个查询或视图的数据源被使用。

2. 视图的优点

视图也是一种常用的数据库对象，其主要有以下 4 方面的优点。

（1）简化数据操作。用户可以将经常使用的需跨越多个数据表经连接、投影等复杂查询操作的数据定义为视图。这样，在每一次执行相同的查询时，只要一条简单的查询视图语句就可以实现对这些数据的查询，而不必重新编写这些复杂的查询语句。

（2）定制数据。通过视图，用户能以多种角度看待数据库中的同一数据；也可以让不同的用户以不同的方式看待数据库中不同或者相同的数据集，从而便于数据共享。

（3）分割数据。在某些情况下，由于数据量太大，可能需要对表进行垂直分割，这样表结构的变化会对应用程序产生不良的影响。使用视图，可以在重构数据库时保持表的原有结构关系，从而使原有的应用程序仍然可以通过视图来重载数据，而不需要做任何修改。

（4）提高数据安全性。视图创建了一种可以控制的环境，通过为不同的用户定义不同的视图，那些没有必要的、敏感的或不适合的数据都从视图中排除了，用户只能查询和修改视图中显示的数据。

3. 视图的缺点

视图虽然具有上述优点，但在使用时也会带来如下缺点。

（1）对性能的影响。从数据库视图查询数据可能会很慢，特别是如果视图是基于其他视图创建的则会更慢。

（2）表依赖关系的影响。由于视图是根据数据库的基表创建的，所以，每当更改与其相关联的基表结构时，都必须更改视图。

（二）视图的创建

1. 创建视图的语法格式

在 MySQL 中，可以通过 CREATE VIEW 语句来创建视图，其语法格式如下：

```
CREATE [OR REPLACE] VIEW 视图名[(列名[,...n ])]
AS SELECT 语句
[WITH [CASCADED | LOCAL] CHECK OPTION];
```

格式说明：

（1）OR REPLACE：为可选项，如果给定该子句，则表示该语句可以替换已有同名视图。

（2）视图名：默认情况下，将在当前数据库中创建视图，如果要在其他给定数据库中创建视图，则要在视图名前加上数据库名，即数据库名.视图名。

（3）列名[,...n]：为可选项，使用与源表或视图中相同的列名时可以省略（没有该列名列表，则视图列将获得与 SELECT 语句中列相同的名称）。但如果视图中的某一列是函数、算术表达式、常量，或来自多个表的列名相同，则必须为该列定义一个不同的名称；当有多个列时用逗号隔开，且名称数目必须与 SELECT 语句查询的列数相同。

（4）SELECT 语句：定义视图的查询语句，该语句可以从一个或多个表（或其他视图）中进行选择，且可以是任意复杂的查询语句，但有以下限制。

■ 在定义中引用的表或视图必须存在，若引用的不是当前数据库的表或视图，则要在表或视图前加上数据库的名称。

■ 在 FROM 子句中不能使用子查询。

■ 不能引用系统或用户变量。

■ 不能引用预处理语句参数。

■ 在视图定义中允许使用 ORDER BY，但如从特定视图中进行了选择，而该视图使用了具有自己 ORDER BY 的语句，则视图定义中的 ORDER BY 将被忽略。

■ 在定义中不能引用 temporary 表，不能创建 temporary 视图。

（5）WITH CHECK OPTION：强制所有通过视图修改（UPDATE、INSERT 和 DELETE）的记录满足定义视图的 SELECT 语句中指定的限制条件，这样可以确保数据修改后，仍可通过视图看到修改的数据。

（6）CASCADED | LOCAL：为可选参数，CASCADED 表示更新视图时需要满足与该视图所有相关表或视图的条件，此为默认参数；LOCAL 表示更新视图时只需要满足该视图本身的定义条件。

2. 创建视图的注意事项

创建视图时，需注意以下几点。

（1）要创建视图，可以使用 CREATE VIEW 语句，并对定义视图时所涉及的表或视图有查询权限。需要注意的是，用户必须得到数据库所有者的授权。

（2）不能将触发器与视图关联在一起。

（3）不能在视图上建立任何索引，包括全文索引。

（4）在用 SELECT 语句定义的视图中，如果在视图的基表中加入新列，则新列不会在视图中出现，除非先删除视图再重建它。

（5）如果一个视图所依赖的基表或视图被删除，则该视图不能再被使用，但这个视图的定义仍然保留在数据库中。

本任务①为在多表上创建视图，且视图中列名与表中列名一致，因此可省略视图中的列名；任务②为在单表上创建视图，由于要统计每个学生成绩的平均值，该列为一函数，所以必须为此列定义一个名称，如定义为 pscore。

【任务实现】

（1）在客户端命令窗口中输入并执行如下语句：

```
USE studentscore
CREATE VIEW computer_student
AS
SELECT stud_id, stud_name, stud_sex, class_name
FROM bstudent JOIN bclass
ON bstudent.class_id=bclass.class_id AND depart_id='30';
```

执行结果如图 4-9 所示。

```
mysql> CREATE VIEW computer_student
    -> AS
    -> SELECT stud_id, stud_name, stud_sex, class_name
    -> FROM bstudent JOIN bclass
    -> ON bstudent.class_id=bclass.class_id AND depart_id='30';
Query OK, 0 rows affected (0.16 sec)
```

图 4-9　创建 computer_student 视图

视图创建后，可通过 SELECT 语句查看视图中的数据，如图 4-10 所示。

```
mysql> SELECT * FROM computer_student;
+------------+------------+----------+------------+
| stud_id    | stud_name  | stud_sex | class_name |
+------------+------------+----------+------------+
| 3031123101 | 张山       | 男       | 计应1231   |
| 3031123102 | 武云峰     | 男       | 计应1231   |
| 3031123103 | 孙玉凤     | 女       | 计应1231   |
| 3032133101 | 刘飞       | 男       | 网络1331   |
| 3032133102 | 褚葛林生   | 男       | 网络1331   |
+------------+------------+----------+------------+
5 rows in set (0.03 sec)
```

图 4-10 查看 computer_student 视图中的数据

从查询结果中可以看出，computer_student 视图已经成功创建，视图中的数据来源于 bstudent 表和 bclass 表，并且隐藏了 birth、class_id 等字段的内容。以后若需要查看同样的信息，则只需要执行简单的查询语句就可以实现，大大简化了操作。

（2）在客户端命令窗口中输入并执行如下语句：

```
CREATE VIEW student_score(student_id, pscore)
AS
SELECT stud_id, Avg(score) FROM bscore GROUP BY stud_id;
```

执行结果如图 4-11 所示。

```
mysql> CREATE VIEW student_score(student_id, pscore)
    -> AS
    -> SELECT stud_id, Avg(score) FROM bscore GROUP BY stud_id;
Query OK, 0 rows affected (0.11 sec)
```

图 4-11 创建 student_score 视图

视图创建后，可通过 SELECT 语句查看视图中的数据，如图 4-12 所示。

```
mysql> SELECT * FROM student_score;
+------------+----------+
| student_id | pscore   |
+------------+----------+
| 1011124101 | 77.25000 |
| 1011124102 | 46.50000 |
| 1012123101 | 76.33333 |
| 3031123101 | 73.75000 |
| 3031123102 | 87.12500 |
| 3031123103 | 87.66667 |
| 3032133102 | 92.00000 |
+------------+----------+
7 rows in set (0.01 sec)
```

图 4-12 查看 student_score 视图中的数据

从查询结果中可以看出，student_score 视图已经成功创建，视图中的数据来源于 bscore 基本表，并且统计出每个学生的所有课程的考试成绩的平均值。

【任务总结】创建视图是使用视图的第一步，其内容是基于基表的查询，可以在单表上创建视图，也可以在多表上创建视图。

任务 4.5　管理学生成绩数据库系统中的视图

【任务描述】对任务 4.4 在学生成绩数据库中创建的视图进行相应的视图管理操作。

【任务分析与知识储备】管理视图主要包括查看视图、修改视图和删除视图 3 部分内容。下面通过 3 个子任务说明其操作。

任务 4.5.1　查看视图

【任务描述】①使用 DESCRIBE 语句查看任务 4.4 中创建的视图 computer_student 的结构信息。②分别使用 SHOW TABLE STATUS 语句和 SHOW CREATE VIEW 语句查看 computer_student 视图的定义信息。

【任务分析】查看视图是指查看数据库中已存在的视图的定义。查看视图必须具有 SHOW VIEW 的权限。查看视图的方法包括 DESCRIBE 语句、SHOW TABLE STATUS 语句、SHOW CREATE VIEW 语句和查询 information_schema 数据库中的 views 表等。

1. 使用 DESCRIBE 语句查看视图结构信息

正如可以使用 DESCRIBE 语句查看表的结构定义一样，也可以使用 DESCRIBE 语句查看视图的结构信息。其语法格式如下：

```
DESCRIBE 视图名;
```

其中，DESCRIBE 可简写成 DESC。

2. 使用 SHOW TABLE STATUS 语句查看视图信息

在 MySQL 中，可以使用 SHOW TABLE STATUS 语句来查看视图的信息。其语法格式如下：

```
SHOW TABLE STATUS LIKE '视图名';
```

其中，LIKE 表示后面匹配的是字符串；视图名为要查看的视图名称，需要用单引号括起来。

3. 利用 SHOW CREATE VIEW 语句查看视图详细信息

在 MySQL 中，可以使用 SHOW CREATE VIEW 语句查看视图的详细定义。其语法格式如下：

```
SHOW CREATE VIEW 视图名;
```

该语句不但可查看视图的详细定义信息，还可以看到其字符编码和排序规则。

4. 在 views 表中查看视图详细信息

MySQL 数据库中，所有视图的定义都存在 information_schema 数据库下的 views 表中。例如，查询 information_schema.views 表，可以查看数据库中**所有视图**的详细信息。代码如下：

```
SELECT * FROM information_schema.views\G;
```

其中，*表示查询所有的列的信息；information_schema.views 表示 information_schema 数据库下面的 views 表。

【任务实现】

1. 使用 DESCRIBE 语句查看视图的结构信息

```
USE studentscore
DESC computer_student;
```

代码执行结果如图 4-13 所示。

```
mysql> DESC computer_student;
+------------+-----------------+------+-----+---------+-------+
| Field      | Type            | Null | Key | Default | Extra |
+------------+-----------------+------+-----+---------+-------+
| stud_id    | char(10)        | NO   |     | NULL    |       |
| stud_name  | varchar(50)     | NO   |     | NULL    |       |
| stud_sex   | enum('男','女') | YES  |     | NULL    |       |
| class_name | varchar(20)     | NO   |     | NULL    |       |
+------------+-----------------+------+-----+---------+-------+
4 rows in set (0.01 sec)
```

图 4-13　使用 DESCRIBE 语句查看 computer_student 视图

在图 4-13 中，视图 computer_student 的结构信息解释如下。

- Field：表示视图中的字段名称。
- Type：表示视图中字段的数据类型。
- Null：表示视图中字段值是否可以为 NULL 值。
- Key：表示字段是否已经创建索引。
- Default：表示该字段是否有默认值。
- Extra：表示该字段的附加信息。

2. 使用 SHOW TABLE STATUS 语句查看视图的定义信息

```
SHOW TABLE STATUS LIKE 'computer_student'\G;
```

代码执行结果如图 4-14 所示。

```
mysql> SHOW TABLE STATUS LIKE 'computer_student'\G;
*************************** 1. row ***************************
           Name: computer_student
         Engine: NULL
        Version: NULL
     Row_format: NULL
           Rows: NULL
 Avg_row_length: NULL
    Data_length: NULL
Max_data_length: NULL
   Index_length: NULL
      Data_free: NULL
 Auto_increment: NULL
    Create_time: 2020-07-05 20:26:54
    Update_time: NULL
     Check_time: NULL
      Collation: NULL
       Checksum: NULL
 Create_options: NULL
        Comment: VIEW
1 row in set (0.01 sec)
```

图 4-14　使用 SHOW TABLE STATUS 语句查看 computer_student 视图

由图 4-14 可以看到，视图 computer_student 的存储引擎、数据长度等信息显示为 NULL，说明视图为虚表，与普通数据表是有区别的。

3. 使用 SHOW CREATE VIEW 语句查看视图的详细定义信息

```
SHOW CREATE VIEW computer_student\G;
```

代码执行结果如图 4-15 所示。

图 4-15　使用 SHOW CREATE VIEW 语句查看 computer_student 视图

执行结果显示了 computer_student 视图的详细信息，包括视图的各个属性、字段编码等所有信息。

任务 4.5.2　修改视图

【任务描述】修改 student_score 视图的内容为每个学生的所有课程的考试成绩的总分。

【任务分析】修改视图是指修改数据库中已存在的视图的定义。当基表的某些字段发生改变时，也可以通过修改视图来保持视图和基表之间的一致性。在 MySQL 中，可通过 CREATE OR REPLACE VIEW 语句和 ALTER VIEW 语句两种方法来修改视图。CREATE OR REPLACE VIEW 语句已在创建视图时介绍，下面主要介绍 ALTER VIEW 语句的使用。

使用 ALTER VIEW 语句来修改视图，其语法格式如下：

```
ALTER VIEW 视图名[(列名[, ...n])]
AS SELECT 语句
[WITH [CASCADED | LOCAL] CHECK OPTION];
```

其中，视图选项的含义和用法与创建视图相同。

【任务实现】在客户端命令窗口中输入并执行如下语句代码：

```
ALTER VIEW student_score(student_id, sscore)
AS
SELECT stud_id, Sum(score) FROM bscore GROUP BY stud_id;
```

执行结果如图 4-16 所示。

图 4-16　修改 student_score 视图

视图修改后，可通过 SELECT 语句查看视图中的数据，如图 4-17 所示。

```
mysql> SELECT * FROM student_score;
+------------+--------+
| student_id | sscore |
+------------+--------+
| 1011124101 |  154.5 |
| 1011124102 |   46.5 |
| 1012123101 |  229.0 |
| 3031123101 |  147.5 |
| 3031123102 |  348.5 |
| 3031123103 |  263.0 |
| 3032133102 |   92.0 |
+------------+--------+
7 rows in set (0.00 sec)
```

图 4-17 查看修改后 student_score 视图中的数据

任务 4.5.3 删除视图

【任务描述】先将 computer_student 视图删除，然后再重新创建。

【任务分析】删除视图是指删除数据库中已存在的视图。删除视图时，只能删除视图的定义，不会删除源数据表中的数据。

如果要从当前数据库中删除一个或多个视图，可以通过执行 DROP VIEW 语句实现，前提是用户必须拥有 DROP 权限才能使用该语句来删除视图。其语法格式如下：

```
DROP VIEW [IF EXISTS] 视图名1[,视图名2,…] [RESTRICT | CASCADE];
```

格式说明：

（1）IF EXISTS：为可选参数，判断视图是否存在，不存在则不执行，存在则执行。

（2）视图名列表：表示要删除的视图有多个，各个视图名之间用逗号隔开。

（3）RESTRICT | CASCADE：RESTRICT 用于确保只有不存在相关视图和完整性约束的视图才能删除。CASCADE 表示任何相关视图和完整性约束一并被删除。

【任务实现】

在客户端命令窗口中进行如下步骤的操作。

1. 首先删除 computer_student 视图

```
DROP VIEW IF EXISTS computer_student;
```

代码执行结果如图 4-18 所示。

```
mysql> DROP VIEW IF EXISTS computer_student;
Query OK, 0 rows affected (0.26 sec)
```

图 4-18 删除 computer_student 视图

2. 验证视图是否真正删除成功

可用 SHOW CREATE VIEW 语句查看视图，执行结果如图 4-19 所示。

```
mysql> SHOW CREATE VIEW computer_student;
ERROR 1146 (42S02): Table 'studentscore.computer_student' doesn't exist
```

图 4-19 查看 computer_student 视图是否删除成功

结果显示，视图 computer_student 不存在，说明成功删除视图。

说明：一个视图被删除后，由此视图导出的其他视图也将失效，用户应该使用 DROP VIEW 命令将它们一一删除。

3. 重新创建 computer_student 视图

```
CREATE OR REPLACE VIEW computer_student
AS
SELECT stud_id, stud_name, stud_sex, class_name
FROM bstudent JOIN bclass
ON bstudent.class_id=bclass.class_id AND depart_id='30';
```

说明：CREATE OR REPLACE VIEW 语句的使用非常灵活。在视图已经存在的情况下，可对视图进行修改；当视图不存在时，可以创建视图。

【任务总结】视图的管理主要包括查看视图、修改视图和删除视图。无论是创建视图还是修改视图后最好能及时查看视图的结构，确保创建和修改视图的操作正确完成。

 # 任务 4.6　在学生成绩数据库系统中使用视图

【任务描述】对学生成绩数据库中创建的视图进行相应的使用视图操作。

【任务分析与知识储备】视图一旦定义后，用户就可以像操作基本表一样对视图进行操作，如通过视图检索、添加、修改和删除表中的数据。由于视图中数据来源于由定义视图所引用的表，所以当基本表中的数据发生变化时，视图中的数据也会产生变化；反之，当修改视图中的数据时，基本表中相应的数据也会发生变化。

通过视图检索数据几乎没有什么限制，但是对通过视图实现表的插入、修改、删除操作则有一定的限制条件。在实际应用中最常用的是通过视图来检索，即查询数据。下面通过 2个子任务来说明如何使用视图。

任务 4.6.1　通过视图检索表数据

【任务描述】①在 computer_student 视图中查询女学生的信息；②在 student_score 视图中查询成绩总分大于等于 200 分的学生成绩信息。

【任务分析】视图可以像基表一样用在 FROM 子句中作为数据来源。为了简化数据检索或提高数据库的安全性，通常的做法是将查询做成视图，然后将视图用在其他查询中。通过视图检索数据实际上就是将视图作为数据源，实现查询功能。

【任务实现】

（1）在客户端命令窗口中输入并执行如下语句代码：

```
SELECT * FROM computer_student
WHERE stud_sex='女';
```

代码执行结果如图 4-20 所示。

图 4-20　通过 computer_student 视图检索数据

（2）在客户端命令窗口中输入并执行如下语句代码：

```
SELECT * FROM student_score
WHERE sscore>=200;
```

代码执行结果如图 4-21 所示。

图 4-21　通过 student_score 视图检索数据

　　从上面的操作可见，通过视图来进行的查询都是相当简单的，因为它将复杂的统计计算、多表连接查询或嵌套查询屏蔽掉了，这也是前面介绍的视图的优点之一。这样在编写程序代码时，就避免了代码中出现复杂的查询语句。

任务 4.6.2　通过视图更新表数据

　　【任务描述】①基于表 bstudent 创建一个视图 v_sudents，其内容包括所有学生的学号、姓名、性别及其班级代号。②通过 v_sudents 视图向表 bstudent 添加一条新的数据记录（'3032133103','李力','男', '30321331'）。③通过 v_sudents 视图修改学号为"1011124101"学生的姓名为"王玲"。④通过 v_sudents 视图删除学号为"3032133103"学生的记录信息。

　　【任务分析】前已述及，当基表的数据发生变化时，视图的数据也会产生变化；反之，当对视图中的数据进行修改时，基表中相应的数据也会发生变化。所以，可以使用视图来修改基表的数据。与直接更新基表中数据的方式一样，通过视图更新表数据也包括插入（INSERT）、删除（DELETE）和修改（UPDATE）3 类操作，且要有执行相应操作的权限，并注意以下几点说明。

　　（1）视图若只依赖于一个基表，则可以直接通过更新视图来更新基表的数据。

　　（2）若一个视图依赖于多张基表，则一次只能修改一个基表的数据，不能同时修改多个基表的数据。

（3）如果视图包含下述结构中的任何一种，视图将不能被更新：

① 视图中包含 COUNT()、SUM()、MAX()和 MIN()等算术表达式或聚合函数。

② 视图中包含 DISTINCT、ORDER BY、GROUP BY、HAVING、UNION 等关键字。

③ 视图的 SELECT 子句中包含子查询或引用了不可更新视图。

④ 视图的 FROM 子句中包含多个表，且 SELECT 选择列包含来自多个表的列。

⑤ 视图的 WHERE 子句中的子查询引用了外层 FROM 子句中的表。

另外，还要**注意**数据更新语句是否违反了基表中的数据完整性约束。

【任务实现】

1. 创建视图

```
USE studentscore
CREATE VIEW v_students AS
SELECT stud_id, stud_name, stud_sex, class_id
FROM bstudent;
```

2. 通过视图插入数据

```
INSERT INTO v_students
VALUES('3032133103','李力','男', '30321331');
```

代码执行结果如图 4-22 所示。

```
mysql> INSERT INTO v_students
    -> VALUES('3032133103','李力','男', '30321331');
Query OK, 1 row affected (0.10 sec)
```

图 4-22　通过 v_students 视图插入数据

通过"SELECT * FROM v_students WHERE stud_id='3032133103';"语句查看更新后视图中插入的数据，如图 4-23 所示。由结果可知，成功插入数据。

```
mysql> SELECT * FROM v_students WHERE stud_id='3032133103';
+------------+-----------+----------+----------+
| stud_id    | stud_name | stud_sex | class_id |
+------------+-----------+----------+----------+
| 3032133103 | 李力      | 男       | 30321331 |
+------------+-----------+----------+----------+
1 row in set (0.00 sec)
```

图 4-23　查看更新后 v_students 视图中插入的数据

再通过"SELECT * FROM bstudent WHERE stud_id='3032133103';"语句查看更新后源数据表中插入的数据，如图 4-24 所示。可以看到，视图更新时，源数据表也一起更新。

```
mysql> SELECT * FROM bstudent WHERE stud_id='3032133103';
+------------+-----------+----------+------------+---------+--------------+----------+
| stud_id    | stud_name | stud_sex | birth      | members | family_place | class_id |
+------------+-----------+----------+------------+---------+--------------+----------+
| 3032133103 | 李力      | 男       | 1900-01-01 | NULL    | NULL         | 30321331 |
+------------+-----------+----------+------------+---------+--------------+----------+
1 row in set (0.00 sec)
```

图 4-24　查看更新后源表 bstudent 中插入的数据

3. 通过视图修改数据

```
UPDATE v_students
SET stud_name='王玲' WHERE stud_id='1011124101';
```

通过“SELECT stud_id,stud_name FROM bstudent WHERE stud_id='1011124101';”语句查看更新后源数据表中修改的数据，可以看到相应姓名已做了更改，如图 4-25 所示。

```
mysql> SELECT stud_id,stud_name FROM bstudent WHERE stud_id='1011124101';
+------------+-----------+
| stud_id    | stud_name |
+------------+-----------+
| 1011124101 | 王玲      |
+------------+-----------+
1 row in set (0.00 sec)
```

图 4-25　查看更新后源表 bstudent 中修改的数据

4. 通过视图删除数据

```
DELETE FROM v_students WHERE stud_id='3032133103';
```

通过“SELECT * FROM bstudent WHERE stud_id='3032133103';”语句查看更新后源数据表中删除的数据，如图 4-26 所示。从结果显示为空集可知，成功删除数据。

```
mysql> SELECT * FROM bstudent WHERE stud_id='3032133103';
Empty set (0.00 sec)
```

图 4-26　查看更新后源表 bstudent 中删除的数据

【任务总结】需要说明的是，一般不推荐利用视图更新表数据，因为视图最开始就是被设计成查询数据的。但有时为了方便，可能会通过视图更新表数据，此时一定要注意数据更新语句是否违反了基表中的数据完整性约束。此外，为防止用户通过视图对数据进行增、删、改时无意或故意操作不属于视图范围内的基表数据，可在定义视图时加上 WITH CHECK OPTION 子句。这样，在视图上增、删、改数据时，DBMS 会进一步检查视图定义中的条件，若不满足条件，则拒绝执行该操作。

项目小结：本项目以学生成绩数据库为操作对象，介绍了 MySQL 索引的基础知识，包括索引的概念、类型、设计原则，以及创建索引、使用索引和删除索引的方法。还介绍了视图的定义、视图的作用、创建视图、删除视图、查询视图和更新视图等内容。

习题四

一、选择题

1. 下面（　　）情况下不可以通过创建索引提高系统性能。
   A. 某列或某几列经常作为查询的条件
   B. 查询时需要连接两张或两张以上的表
   C. 需要对查询结果进行分组或排序
   D. 表中某列或某几列的取值必须唯一且数据更新频繁

2. 下列选项中，用于定义唯一索引的是（　　　）。

　　A. 由 KEY 定义的索引　　　　　　　　B. 由 UNION 定义的索引

　　C. 由 INDEX 定义的索引　　　　　　　D. 由 UNIQUE 定义的索引

3. 下列哪种语句可以创建索引（　　　）；下列哪种语句可以删除索引（　　　）。

　　A. CREATE VIEW　　　　　　　　　　B. CREATE INDEX

　　C. EXPLAIN INDEX　　　　　　　　　D. DROP INDEX

4. 在（　　　）索引中，表中各行的物理顺序与键值的逻辑（索引）顺序相同。

　　A. 普通索引　　　　B. 唯一索引　　　　C. 聚集索引　　　D. 以上都不是

5. 多列索引在表的多个字段上创建一个索引。只有查询条件中使用了这些字段中的
（　　　）时，索引才会被正常使用。

　　A. 所有字段　　　　B. 第 1 个字段　　　C. 第 2 个字段　　　D. 最后 1 个字段

6. 下列（　　　）数据类型的列可作为前缀索引的列。

　　A. Int　　　　　　　B. Decimal　　　　C. Varchar　　　　　D. Datetime

7. 下列（　　　）不是视图的优点。

　　A. 简化用户的操作　　　　　　　　　　B. 增加系统的安全性

　　C. 加快查询的速度　　　　　　　　　　D. 增加数据逻辑独立性

8. 在视图上不能完成的操作是（　　　）。

　　A. 查询数据　　　　　　　　　　　　　B. 在视图上定义新的视图

　　C. 更新数据　　　　　　　　　　　　　D. 在视图上定义新的表

二、填空题

1. 索引是在列上创建的一种数据库对象，提供了对表中数据的_____，设计高效合理的索引，可以提高数据的_____。

2. 创建唯一性索引时，应保证创建索引的列不包括重复的数据（空值除外）。如果有这种数据，必须先将其_____，否则索引不能成功创建。

3. 视图是从一个或多个表中导出的表，它的数据依赖于_____。

4. 当对视图进行 UPDATE、INSERT 和 DELETE 操作时，为了保证被操作的行满足视图定义中子查询语句的谓词条件，应在视图定义语句中使用可选择项_____。

三、判断题

1. 一个表只能有一个主键索引，但可以有多个唯一索引。　　　　　　　　　　（　　　）

2. 当在一列上设置唯一约束时也自动在该列上创建非聚集索引。　　　　　　（　　　）

3. 视图是由一个或多个基表中导出的表，其结构和数据是由定义视图的查询决定的。

　　　　　　　　　　　　　　　　　　　　　　　　　　　　　　　　　　　（　　　）

4. 视图是一种常用的数据对象，它提供了查看和更新数据的另一种途径，可以简化数据库操作。　　　　　　　　　　　　　　　　　　　　　　　　　　　　　　　　（　　　）

5. 当通过视图修改数据时，相应基表的数据会发生变化；同时，若基表的数据发生变化，则这种变化也可以自动地同步反映到视图中。　　　　　　　　　　　　　　　（　　　）

6. 即使删除了一个视图所依赖的表或视图，这个视图的定义仍然保留在数据库中。

　　　　　　　　　　　　　　　　　　　　　　　　　　　　　　　　　　　（　　　）

四、简答题

1. 索引有哪些优点和缺点？

2. 在哪些情况下不适合创建索引？

3. 按照索引作用的机理分类，MySQL 索引可分为哪几种类型？

4. 简述修改视图的两种方式，并写出其基本语法格式。

五、项目实践（训）题

人事管理数据库 people 中有如下 4 个表，数据表的各字段属性值与项目 2 习题相同。

（1）bdept(deptid, deptname, deptnum, depttel, deptmanager)

（2）bemployee(employeeid, name, sex, birthday, birthplace, identity, political, culture, marital, zhicheng, deptid)

（3）bleave(leave_id, employeeid, start_date, end_date, days, reason, signer)

（4）bsalary(salary_id,employeeid,b_salary,p_salary, subsidy,total_salary,deduct,final_salary)

试用 SQL 语句实现下列操作：

（1）为 bemployee 数据表的身份证号列（identity）创建一个唯一索引 ix_identity，并查看其是否创建成功。

（2）为 bleave 数据表的员工代号列（employeeid）和起始日期列（start_date）创建一个多列索引 mulix_date，并查看其是否创建成功。

（3）为 bsalary 数据表的员工代号列（employeeid）和应发工资列（total_salary）分别创建一个名为 ix_ employeeid 的升序索引、一个名为 ix_totalsalary 的降序索引。

（4）在 people 数据库中，根据部门表 bdept 创建一个包含部门号、部门名和部门人数的视图 dept_info，并从该视图中查询出部门人数大于 10 人的部门记录。

（5）在 people 数据库中，创建一个仅包含部门号为"2003"部门职工详细信息的视图 employee_info，并查看该视图的结构信息。

（6）从职工详细信息视图 employee_info 中查询姓张的女职工的姓名、性别和政治面貌。

项目 5　程序设计在学生成绩系统中的使用

知识目标： ①了解 MySQL 程序设计的主要语法要素，掌握常量和变量的概念；②了解存储过程的概念及其优点，掌握存储过程创建和调用的命令格式；③掌握流程控制语句的语法和使用方法，掌握游标的基本语句格式；④理解触发器的基本概念及其执行过程；⑤了解事务的基本特性及 MySQL 的事务模式。

技能目标： ①会进行 MySQL 系统变量的表示与查看，能自定义用户变量和局部变量；②会针对实际应用创建存储过程和自定义函数，并能在存储过程和存储函数的设计中使用流程控制语句和游标；③能进行存储过程和存储函数的调用与管理；④会进行表级触发器的创建和管理；⑤能进行简单的事务编程。

素质目标： ①形成勤奋踏实、好学上进的学习态度；②培养学生的编程能力和业务素质；③培养学生精益求精的工匠精神；④培养学生解决问题的独立思考能力。

[项目描述与任务分解]

建立 MySQL 数据库的**目的**之一是开发各种应用系统，而要开发数据库应用系统，往往会用到函数、存储过程和触发器等这样的编程对象，所以需要了解 MySQL 数据库编程的相关知识和技术，学会编写 MySQL 程序。MySQL 程序的主要语法要素有如下几种：常量和变量、运算符和表达式、函数、流程控制语句、游标、存储过程、触发器和事务等。由于常用的运算符、表达式和系统内置的函数在项目 3 中已介绍，所以本项目中不再提及。现根据 MySQL 程序设计的应用内容，将项目分解成以下几个任务：

任务 5.1　在学生成绩数据库中创建和使用用户变量

任务 5.2　为学生成绩数据库创建存储过程

任务 5.3　管理学生成绩数据库中的存储过程

任务 5.4　在存储过程中使用流程控制语句

任务 5.5　在存储过程中使用游标

任务 5.6　为学生成绩数据库创建存储函数

任务 5.7　管理学生成绩数据库中的存储函数

任务 5.8　为学生成绩数据库创建触发器

任务 5.9　管理学生成绩数据库中的触发器

任务 5.10　为学生成绩数据库设计事务

任务 5.1 在学生成绩数据库中创建和使用用户变量

【任务描述】①创建用户变量 studno、studname，并用 SET 语句为其分别赋值"1011124101"和"王加玲"。②从 bscore 表中查询学号为"1011124101"学生的成绩总分，并将其赋给用户变量 sumscore。

【任务分析与知识储备】为了方便人们编程，MySQL 在标准 SQL 的基础上进行了相应的扩展，其增加的语言元素除了前面介绍的运算符、表达式和系统内置的函数外，还包括常量、变量、流程控制语句和注释等。下面主要介绍本任务涉及到的常量与变量。

（一）常量

常量也称为字面值或标量值，是在程序运行过程中值保持不变的量。常量的格式取决于它所表示的值的数据类型。下面对一些常用常量做简要介绍。

1. 字符串常量

字符串常量是括在英文单引号（"）或双引号（""）内的字母（a～z、A～Z）、数字（0～9）、空格及特殊符号（如感叹号(!)、at 符号(@)等）的字符序列。其分为 **ASCII 字符串常量**和 **Unicode 字符串常量**两种，前者每个字符用一个字节存储，后者每个字符用两个字节存储，且前面有一个大写字母 N 的前缀。例如，'Cincinnati'、'O''Brien' 是 ASCII 字符串常量，而 N'Michél' 是 Unicode 字符串常量，且 Unicode 字符串常量只能用单引号括起字符串。

另外，无论是 ASCII 字符串常量，还是 Unicode 字符串常量，默认情况下，系统都将为字符串常量指派当前数据库的默认排序规则，除非使用 COLLATE 子句为其指定了排序规则。

2. 数字常量

数字常量可分为十进制整型常量、十六进制整型常量和实型常量（包括 integer 常量、decimal 常量、float 和 real 常量）。十进制整型常量使用不带小数点的十进制数表示，如 189、2；十六进制整型常量使用前缀 0x 后跟十六进制数字串表示，如 0x41、0xAE；实型常量包括 decimal 常量、float 和 real 常量（定点表示和浮点表示两种），其中，decimal 常量由一串包含小数点的数字表示，如 189.12、2.0；float 和 real 常量使用科学记数法表示，如 101.5E5、0.5E-2。

另外，若要指明一个数是正数还是负数，应该对数字常量应用+或–的一元运算符。这将创建一个代表有符号数字值的表达式。如果没有应用+或–符号，数字常量默认为正数。

3. 日期时间常量

日期时间常量是括在英文单引号（"）内的特定格式的字符日期时间值，例如，'2019-8-1'、'2019/8/1'、'98/04/15' 为一些日期常量；'5:36:59.99'、'14:30:24' 为一些时间常量；而'2019-9-8 5:36:59:99'为日期时间常量。

4. 位字段值

可以使用 b'value'符号写位字段值。value 是一个用 0 和 1 写成的二进制值。直接显示 b'value'

的值可能是一系列特殊的符号。例如，b'0'显示为空白，b'1'显示为一个笑脸图标。

使用 BIN 函数可以将位字段常量显示为二进制格式。使用 OCT 函数可以将位字段常量显示为数值型格式。例如：SELECT BIN(b'111101'+0)，OCT(b'111101'+0)。

5. 布尔常量

布尔常量只包含两个可能的值：TRUE 和 FALSE。FALSE 的数字值为"0"，TRUE 的数字值为"1"。例如：获取 TRUE 和 FALSE 的值：SELECT TRUE, FALSE。

6. NULL 常量

NULL 常量可适用于各种列类型，它通常用来表示"没有值""无数据"等意义，并且不同于数字类型的"0"或字符串类型的空字符串。

（二）变量

变量是在程序运行过程中其值可以改变的量，由变量名、数据类型和变量值三要素构成。变量名要求是标识符，不能与关键字和函数名相同；数据类型和常量类型一样，决定变量存储空间和取值范围；变量值要求符合本类型取值范围的要求。MySQL 中有 3 种形式的变量：系统变量、用户变量和局部变量。

1. 系统变量

系统变量用来进行一些特定的设置，如有些设置定义了数据如何被存储，有些设置则影响到处理速度，还有些与日期有关。

（1）系统变量的类型。MySQL 系统变量分为**全局**（global）**系统变量**和**会话**（session）**系统变量**两种类型。

①全局系统变量：是一组由系统定义和维护的、用来存储 MySQL 服务器的一些配置设定值的变量。当 MySQL 服务器启动时，这些配置设定值被读取并初始化为默认值，以应用于每个已启动的会话。

②会话系统变量：MySQL 的每一个客户机成功连接服务器后，都会产生与之对应的会话。会话期间，MySQL 实例会在 MySQL 服务器内存中生成与该会话对应的会话系统变量，这些会话系统变量的初始值是全局系统变量值的拷贝。

（2）系统变量的表示及查看。系统变量一般以"@@"为前缀，例如，@@version（MySQL 的版本号）。但某些特定的系统变量要省略"@@"符号，例如，current_date（系统日期）、current_time（系统时间）、current_timestamp（系统日期和时间）和 current_user（当前用户名）。

如果要查看系统变量的清单，则可以用 SHOW VARIABLES 语句，其语法格式如下：

```
SHOW [global | session] VARIABLES [LIKE '匹配串'];
```

其中，global 表示全局系统变量，session 表示会话系统变量，默认为会话系统变量。LIKE 子句表示显示与匹配串相匹配的变量名或名称清单，匹配串中可以使用通配符"%"或"_"。

如查看所有系统变量的语句为：SHOW VARIABLES;

查看所有全局系统变量的语句为：SHOW global VARIABLES;

查看所有会话系统变量的语句为：SHOW session VARIABLES;

查看以 character 开头的系统变量名称或名称列表的语句为：

```
SHOW VARIABLES LIKE 'character%';
```

若要查看某个具体的系统变量的值，则可以用 SELECT 语句，其用法与查询语句类似。如查看 MySQL 的版本号以及系统日期的语句为：

```
SELECT @@version,current_date;
```

该语句的执行结果如果如图 5-1 所示。

```
mysql> SELECT @@version,current_date;
+-----------+--------------+
| @@version | current_date |
+-----------+--------------+
| 8.0.17    | 2020-07-06   |
+-----------+--------------+
1 row in set (0.03 sec)
```

图 5-1　查看 MySQL 版本号以及系统日期

（3）系统变量的修改。在 MySQL 中，有些系统变量的值是不可以修改的，如上面的@@version、current_date。而有些系统变量则可以通过 SET 语句来修改，其语法格式如下：

```
SET [global | persist | session]系统变量名=值
    |@@[global.| persist.| session.]系统变量名=值;
```

说明：①带有 global、@@global.或 persist、@@persist.关键字的表示全局系统变量，只有具有 super 权限才可以修改全局变量。其中 persist 是 MySQL 8.0 中的新增项，通过该选项可以进行实时修改，并可随时生效且是永久生效的。②带有 session 或@@session.关键字的表示会话系统变量，此为系统默认设置，可缺省。③对全局系统变量的修改会影响到整个服务器；而对会话系统变量的修改只会影响到当前会话。

例如，对于当前会话，将系统变量 sql_select_limit（该变量决定了 SELECT 语句的结果集中返回的最大行数）的值设置为 1000。对应的语句如下：

```
SET sql_select_limit=1000; 或 SET @@session.sql_select_limit=1000;
```

如要进行全局级别的修改，则对应的语句为：

```
SET global sql_select_limit=1100; 或 SET persist sql_select_limit=1100;
```

注意，上面对全局变量的修改只对新连接的客户端生效，对正在连接的客户端无效，如图 5-2 所示。

```
mysql> SELECT @@sql_select_limit;
+--------------------+
| @@sql_select_limit |
+--------------------+
|               1000 |
+--------------------+
1 row in set (0.00 sec)
```

图 5-2　显示会话系统变量的值

如要恢复成原来的默认值，则可用下面的语句：

```
SET global sql_select_limit=default;  或 SET persist sql_select_limit=
default;
```

2. 用户变量

MySQL 的每一个客户端成功连接服务器后，除了会在 MySQL 服务器内存中生成与该会话对应的会话系统变量外，用户还可以使用自己定义的变量，这样的变量称为**用户变量**。用户变量以一个"@"为前缀，并在整个会话期内有效。

需要注意的是，用户变量在使用前必须先定义和初始化，如果使用没有初始化的变量，其值默认为 NULL。用户变量与当前连接有关，即一个客户端定义的变量不能被其他客户端看到或使用；当客户端退出时，将自动释放。

定义和初始化一个用户变量可以使用 SET 语句或 SELECT 语句，其语法格式如下：

SET @变量名 1 [:]=表达式 1 [,@变量名 2[:]=表达式 2,…];

或

SELECT @变量名 1:=表达式 1 [,@变量名 2:=表达式 2,…];

格式说明：

（1）变量名必须符合 MySQL 标识符的命名规则，如果变量名中需要包含一些特殊字符（如空格、#等），则可以使用英文双引号或英文单引号将整个变量名括起来。

（2）用 SET 语句给用户变量赋值时，赋值符可以为"="或":="；而用 SELECT 语句为用户变量赋值时，赋值符必须是":="，不能用"="，因为在非 SET 语句中"="被视为比较运算符。另外，采用 SET 语句赋值只能赋单个值，而采用 SELECT 语句赋值则能够产生结果集。

（3）用户变量的数据类型是根据其所赋予值的数据类型自动定义的，被赋值的类型可以为整型、实数、字符串或 NULL 值。例如：

SET @name="admin";

此时变量 name 的数据类型为字符类型，如果重新给变量 name 赋值，例如：

SET @name=2;

此时变量 name 的数据类型为整型，即变量 name 的数据类型随所赋的值而改变。

（4）表达式的值是要赋给变量的值，可以是常量、变量或表达式。例如：

SET @name=@name+3;

（5）一条定义语句中，可以同时定义多个变量，变量之间使用英文逗号分隔，例如：

SET @name, @sex, @birthday;

（6）可以使用查询结果给用户变量赋值，例如：

SET @name=(SELECT stud_name FROM bstudent WHERE stud_id='3031123101');

（7）在一个用户变量被定义后，它可以以一种特殊形式的表达式用于其他 SQL 语句中，此时也必须在变量名前加上@符号。例如：

SELECT @name;

该语句使用 SELECT 命令查询前面定义的变量 name 的值。

3. 局部变量

局部变量是指在其定义的某个局部程序范围内有效的变量。在 MySQL 中，局部变量**只能**用于存储过程、用户自定义函数、触发器等存储程序中，以保存程序运行时的数据值或由程序返回的数据值，其作用范围仅局限于这些程序的内部。

（1）局部变量的声明。局部变量必须先用 DECLARE 语句声明后才可以使用，目的是为其分配存储空间。其声明的语法格式如下：

```
DECLARE 变量名[,...n] 数据类型 [DEFAULT 值];
```

格式说明：

（1）变量名需要满足标识符的命名规则，且前面不使用@符号；如果同时定义多个变量，则变量名之间使用英文逗号分隔。例如：

```
DECLARE num1, num2 int;
DECLARE name Varchar(40), sex Char(2), birthday datetime;
```

（2）数据类型可以是任何由系统提供的数据类型，如果需要还可以指定数据长度，如字符型数据的字符长度、实型数据的小数精度等。

（3）在声明局部变量时，可以用 DEFAULT 子句给变量指定一个默认值，如果不指定，则系统自动将它初始化为 NULL 值。例如：

```
DECLARE name Varchar(40) DEFAULT '';
DECLARE num1 Int DEFAULT 0;
```

（4）局部变量作为存储过程或用户自定义函数的参数使用时不需要使用 DECLARE 命令定义，但需要指定参数的数据类型，且此时参数在整个存储过程或函数内有效；但如果定义在存储程序的 BEGIN…END 语句块中，此时仅在当前的 BEGIN…END 语句块内有效。

（2）局部变量的赋值。与用户变量类似，局部变量定义后，也可以使用 SET 或者 SELECT 语句为其赋值。

使用 SET 语句赋值的语法格式如下：

```
SET 变量名 1=表达式 1 [,变量名 2=表达式 2,…];
```

例如：SET name='张山', sex='男';

使用 SELECT…INTO 语句赋值的语法格式如下：

```
SELECT 列名[,...] INTO 变量名[,...] [FROM 表名[,…] WHERE 条件表达式];
```

说明： ①使用 SELECT…INTO 语句将获取的字段值赋给局部变量，此时返回的结果只能有一条记录值，如果返回多条记录值，则只将返回的最后一条记录值赋给局部变量。②如果在 SELECT…INTO 语句中省略了 FROM 子句和 WHERE 子句，则等同于 SET 语句赋值。例如：

```
SELECT Sum(score) INTO sumscore FROM bscore
WHERE stud_id='1011021201';
```

【任务实现】

（1）在客户端命令窗口中输入并执行如下语句代码：

```
SET @studno ='1011124101';
SET @studname ='王加玲';
SELECT @studno, @studname;
```

执行结果如图 5-3 所示。

```
mysql> SELECT @studno, @studname;

| @studno     | @studname |

| 1011124101  | 王加玲     |

1 row in set (0.03 sec)
```

图 5-3   显示用户变量的值

（2）在客户端命令窗口中输入并执行如下语句代码：

```
USE studentscore
SET @sumscore=(SELECT Sum(score) FROM bscore WHERE stud_id='1011124101');
SELECT @sumscore;
```

或：

```
SELECT @sumscore := Sum(score) FROM bscore WHERE stud_id='1011124101';
```

代码执行结果如图 5-4 所示。

```
mysql> SELECT @sumscore := Sum(score) FROM bscore WHERE stud_id='1011124101';

| @sumscore := Sum(score) |

|                   154.5 |

1 row in set, 1 warning (0.00 sec)
```

图 5-4   将查询结果赋给用户变量

【任务总结】MySQL 用户变量是会话级别的变量，可以用来存储临时值或查询结果的中间结果，以实现在同一会话期间的不同 SQL 间传递值。而当客户端连接退出时，其所有的会话变量都会被释放。

任务 5.2   为学生成绩数据库创建存储过程

【任务描述】①在学生成绩数据库中创建一个存储过程 major_class，要求从专业信息表和班级信息表的连接中返回所有专业的班级信息，其中包括班级代号、班级名称、专业名称和学制。②在学生成绩数据库中创建一个存储过程 major_class_student，要求根据专业名称和院部名称，查询该学院该专业的所有学生信息，其中包括学号、姓名、性别及所在班级名。调用该存储过程，返回院部名称为"信息学院"、专业名称为"计算机应用"专业的所有学生信息。③在学生成绩数据库中创建一个存储过程 class_num_sum，要求根据专业代号输出该专业的学生人数。调用该存储过程，计算专业代号为"31"的专业的人数。

【**任务分析与知识储备**】在用 MySQL 创建应用程序时，有两种方法可以实现应用程序与 MySQL 数据库的交互：**一种方法**是在应用程序中使用操作记录的命令语句，然后将这些语句发送给 MySQL 并对返回的结果进行处理；**另一种方法**是在 MySQL 中定义存储过程，其中含有对数据库的一系列操作，这些操作是被分析和编译后的 SQL 程序，它驻留在数据库中，可以被应用程序调用，并允许数据以参数的形式在存储过程与应用程序之间进行传递。由于存储过程是已经编译好的代码，所以在调用、执行的时候不必再次进行编译，大大提高了程序的运行效率。

（一）存储过程的基本概念

存储过程（Stored Procedure）是一组为了完成特定功能的 MySQL 语句的集合。通过存储过程可以将经常使用的 SQL 语句（如 CREATE、UPDATE、SELECT 等）和一些流程控制语句（如 IF…THEN…ELSE 等）封装起来，由 MySQL 服务器编译执行后存储在数据库中，供应用程序调用，其调用者可以是程序、触发器或者其他存储过程。

MySQL 中的存储过程与其他编程语言中的过程类似，其特点主要有以下 3 点：

- 可以接收输入参数的值，并以输出参数的形式返回单个或多个输出值。
- 包含执行数据库操作的编程语句，其中可以包括对其他过程的调用。
- 存储过程的返回值不能直接用在表达式中，必须作为一个独立的部分通过 CALL 关键字调用。

在 MySQL 中尽量使用存储过程，而不使用存储在本地客户机中的 SQL 语句，是因为存储过程具有如下优点：

（1）模块化编程，代码可复用性好。存储过程被创建后，可以在程序中多次调用。并且，存储过程可以独立于应用程序源代码来修改，因为应用程序源代码中只包含存储过程的调用语句，从而极大地提高了代码的可复用性。

（2）具有更快的执行速度。存储过程是预编译的，它在第一次执行时，查询优化器就对它进行了分析和优化，编译后的优化方案被存储在高速缓存中。在以后运行该过程时，可跳过优化及编译过程，节省了执行时间，特别适用于复杂功能需要大量 SQL 语句或代码要重复执行的场合。

（3）减少网络通信量。由于存储过程存储在数据库中，并在服务器上运行。一个包含几百条 MySQL 语句的功能操作，执行时只需通过一条调用语句及少量的参数即可将最终的执行结果返回给客户应用程序，从而大大降低了网络负载。

（4）增强系统的安全性。通过对用户执行某一存储过程的授权操作，能够实现对相应的数据访问权限的限制，并可防止非授权用户对数据的访问，保证了数据的安全性。另外，参数化存储过程还有助于保护应用程序不受 SQL 注入式攻击。

（二）存储过程的创建

1. 创建存储过程的语法格式

创建存储过程可以使用 CREATE PROCEDURE 语句，其语法格式如下：

```
CREATE PROCEDURE 存储过程名([参数[,...]])
[存储过程的特征设置]
BEGIN
    存储过程体
END;
```

格式说明：

（1）存储过程名应符合标识符的命名规则。通常存储过程默认在当前数据库中创建，如果需要在特定的数据库中创建，则要在存储过程名前面加上数据库的名称，其格式为：数据库名.存储过程名。

（2）存储过程可以不使用参数，也可以定义一个或多个参数。当存储过程无参数时，存储过程名后面的括号不可省略。如果有多个参数，各个参数之间使用英文逗号分隔。参数的定义格式如下：

```
[ IN | OUT | INOUT ] 参数名 数据类型
```

其中，带 **IN** 的参数为输入参数，表示要向存储过程传入某个值。此为默认设置，IN 可以省略；带 **OUT** 的参数为输出参数，利用该参数可将存储过程内部的数据传递给调用者；带 **INOUT** 的参数为输入/输出参数，其既可以充当输入参数也可以充当输出参数，即既可以将数据传入到存储过程中，也可以将存储过程中的数据传递给调用者。

需要注意的是，存储过程的参数名不能使用数据表中的字段名，否则 SQL 语句会将参数作为字段名，从而引发不可预知的结果。

（3）[存储过程的特征设置]为可选项，用于指定存储过程的特征参数，其格式如下：

```
COMMENT '注释信息'
| LANGUAGE SQL
| [NOT] DETERMINISTIC
| {CONTAINS SQL | NO SQL | READS SQL DATA | MODIFIES SQL DATA}
| SQL SECURITY {DEFINER | INVOKER}
```

下面是各参数含义的说明。

● **COMMENT '描述信息'**：对存储过程的描述。

● **LANGUAGE SQL**：表明编写该存储过程的语言为 SQL 语言。由于 MySQL 存储过程还不能使用外部编程语言来编写，所以该选项可以不指定。

● **[NOT] DETERMINISTIC**：指明存储过程的执行结果是不是确定的。DETERMINISTIC 表示结果是确定的，即每次执行存储过程时，相同的输入产生相同的输出；NOT DETERMINISTIC 为默认设置，表示结果是非确定的，即相同的输入可能会产生不同的输出。

● **{CONTAINS SQL | NO SQL | READS SQL DATA | MODIFIES SQL DATA}**：指明存储过程使用 SQL 语句的限制。CONTAINS SQL 表示存储过程包含 SQL 语句，但不包含读或写数据的语句，该参数为默认设置；NO SQL 表示存储过程不包含 SQL 语句；READS SQL DATA 表示存储过程包含读数据的语句，但不包含写数据的语句；MODIFIES SQL DATA 表示存储过程包含写数据的语句。

● **SQL SECURITY {DEFINER | INVOKER}**：用来指定谁有权限来执行存储过程，DEFINER 为默认设置，表示只有该存储过程的创建者才能执行；INVOKER 表示拥有权限的

调用者可以执行。

（4）存储过程体是存储过程的主体部分，可以使用所有类型的 SQL 语句（包括 DLL、DML 和 DCL 语句），以及变量的定义、赋值语句和流程控制语句。

由上面对存储过程参数的说明可见，存储过程可分为 4 种：不带参数的存储过程、带输入参数的存储过程、带输出参数的存储过程、带输入/输出参数的存储过程。

另外，创建存储过程必须具有 CREATE ROUTINE 权限，并且 ALTER ROUTINE 和 EXECUTE 权限被自动授予它的创建者。

2. DELIMITER 命令

在 MySQL 中，服务器处理语句默认是以**分号**（;）为结束标志的。但在创建存储过程时，存储过程体中可能包含多个 SQL 语句，每个 SQL 语句都是以分号为结尾的，从而会导致服务器执行到第一个分号就认为程序结束了，而不能完整地运行一个程序。为避免这种情况的出现，MySQL 提供了 DELIMITER 命令，可事先将 SQL 语句的结束标志修改为其他符号。其语法格式如下：

```
DELIMITER 自定义的语句结束符
```

说明： 用户自定义的语句结束符可以是一些特殊的符号，如"$$""##""//"等，但应避免使用反斜杠"\"字符，因为"\"是 MySQL 的转义字符。

示例：DELIMITER $$

如要恢复使用 MySQL 的默认结束符";"，可用如下命令：

```
DELIMITER;
```

（三）存储过程的调用

存储过程一旦创建，就存在于对应的数据库中。如要执行此存储过程，可以通过存储过程名来显式调用，其调用语句的语法格式如下：

```
CALL 存储过程名([参数[,...]]);
```

格式说明：

（1）如果需要调用某个特定数据库的存储过程，则需要在存储过程名的前面加上该数据库的名称，格式为：数据库名.存储过程名。

（2）如果定义存储过程时使用了参数，调用该存储过程时，也要使用参数，并且参数的个数、类型和顺序必须与创建存储过程时定义的参数个数、类型和顺序一致。

本任务①存储过程的功能为查询所有专业的所有班级信息，即只需通过 major_id 将 bmajor 和 bclass 表连接起来实现查询，而不必设置其他查询条件，所以在存储过程的创建中不需定义任何参数。任务②存储过程的功能为根据院部名称和专业名称，查询该学院该专业的所有学生信息，所以在存储过程的创建中需要定义两个输入参数，以接收具体的院部名称和专业名称。任务③存储过程要求根据专业代号输出该专业的学生人数，所以该存储过程需使用两个参数，一个为输入参数，用于指定要查询的专业代号；另一个为输出参数，用来返回该专业的学生人数。

【任务实现】

（1）在客户端命令窗口中输入并执行如下语句代码：

```
USE studentscore
DELIMITER $$
CREATE PROCEDURE major_class()
BEGIN
  SELECT c.class_id, c.class_name,m.major_name,length
  FROM bmajor m JOIN bclass c
  ON m.major_id = c.major_id;
END $$
DELIMITER ;
```

说明： 如果要调用 major_class 存储过程，可执行下面的调用语句：

```
CALL major_class();
```

执行结果如图 5-5 所示。

```
mysql> CALL major_class();
+----------+------------+-------------+--------+
| class_id | class_name | major_name  | length |
+----------+------------+-------------+--------+
| 10121231 | 数控1231   | 数控技术    | 3      |
| 10111241 | 机电1241   | 机电一体化  | 4      |
| 10111242 | 机电1242   | 机电一体化  | 4      |
| 30311231 | 计应1231   | 计算机应用  | 3      |
| 30311232 | 计应1232   | 计算机应用  | 3      |
| 30321331 | 网络1331   | 计算机网络  | 3      |
+----------+------------+-------------+--------+
6 rows in set (0.10 sec)
```

图 5-5　调用存储过程 major_class 的执行结果

（2）在客户端命令窗口中输入并执行如下语句代码：

```
DELIMITER $$
CREATE PROCEDURE major_class_student(IN majorname Varchar(40),departname
Varchar(40))
BEGIN
    SELECT stud_id, stud_name, stud_sex,class_name
    FROM bstudent JOIN bclass ON bstudent.class_id=bclass.class_id
                  JOIN bmajor on bmajor.major_id=bclass.Major_id
    WHERE major_name=majorname AND depart_name=departname;
END $$
DELIMITER ;
```

说明： 根据存储过程调用语句的语法格式，执行带输入参数的存储过程传递参数的方法为按位置传递。下面是调用 major_class_student 存储过程的代码：

```
CALL major_class_student('计算机应用','信息学院');
```

执行结果如图 5-6 所示。

图 5-6　调用存储过程 major_class_student 的执行结果

（3）在客户端命令窗口中输入并执行如下语句代码：

```
DELIMITER $$
CREATE PROCEDURE class_num_sum(IN majorid Char(2), OUT sum Integer)
BEGIN
    SELECT Sum(class_num) INTO sum FROM bclass
    WHERE major_id = majorid;
END $$
DELIMITER ;
```

说明： 通过定义输出参数，可以从存储过程中返回一个或多个值。而调用带输出参数的存储过程时，为了接收其返回值，需要一个用户变量来存放参数的值（如@n）。下面是调用 class_num_sum 存储过程的代码：

```
CALL class_num_sum('31', @n);
SELECT @n AS '该专业的学生人数';
```

执行结果如图 5-7 所示。

```
mysql> SELECT @n AS '该专业的学生人数';
| 该专业的学生人数 |
|               90 |
1 row in set (0.00 sec)
```

图 5-7　调用存储过程 class_num_sum 的执行结果

【任务总结】 在数据库系统开发中应用存储过程可以简化编程的工作，提高系统运行效率、减少网络流量、增强系统安全性，其在大型项目中应用较多。而存储过程的创建和调用是使用存储过程需要掌握的基本技能。

 ## 任务 5.3　管理学生成绩数据库中的存储过程

【任务描述】 ①查看任务 5.2 中创建的存储过程 major_class，查看内容包括状态信息和定义语句；②修改任务 5.2 中创建的存储过程 class_num_sum 的功能，实现根据专业名称输出该专业学生人数的功能。调用该存储过程，返回"计算机应用"专业的学生人数。

139

【任务分析与知识储备】存储过程的管理包括查看存储过程、删除存储过程和修改存储过程 3 个方面。

（一）查看存储过程

在 MySQL 中，不但可以通过 SHOW 命令来查看所创建存储过程的状态信息及定义语句；还可以通过 Routines 表来查看存储过程的其他信息。

1. 查看存储过程的状态信息

查看存储过程的状态信息主要包括存储过程名、所属数据库、创建和修改存储过程的时间，以及所用字符集和排序规则。其语法格式如下：

```
SHOW PROCEDURE STATUS [LIKE 存储过程名的模式字符串];
```

其中，存储过程名的模式字符串中可使用通配字符“%”来匹配存储过程的名称，如“proc%”表示所有名称以 proc 开头的存储过程。如果缺省 LIKE 子句，则可查看系统所有存储过程的状态信息。

2. 查看存储过程的定义语句

查看存储过程定义语句的语法格式如下：

```
SHOW CREATE PROCEDURE 存储过程名;
```

3. 使用 SELECT 语句查看 Routines 数据表中的存储过程信息

在 MySQL 中，所有存储过程的信息都存储在 information_schema 数据库下的 Routines 表中，可以通过查询该表的记录来查询存储过程的详细信息，其语法格式如下：

```
SELECT * FROM information_schema.Routines
WHERE Routine_name='存储过程名';
```

其中，Routine_name 字段中存储的是存储过程的名称，由于 Routines 表也存储了存储函数（详见任务 5.6）的信息，如果存储过程和存储函数名称相同，则需要同时指定 Routine_Type 字段表明查询的是存储过程（值为 Procedure）还是存储函数（值为 Function）。

（二）删除存储过程

可以使用 DROP PROCEDURE 语句删除已经创建的存储过程，其语法格式如下：

```
DROP PROCEDURE [IF EXISTS] 存储过程名;
```

其中，IF EXISTS 子句为可选项，可以防止存储过程不存在时出现警告信息。

（三）修改存储过程

可以使用 ALTER PROCEDURE 语句修改存储过程，其语法格式如下：

```
ALTER PROCEDURE 存储过程名 [存储过程的特征设置];
```

说明： 该语句常用于修改存储过程的特征设置（详见存储过程的创建语法格式说明），如要修改存储过程的存储过程体内容，通常的做法是先删除再重新定义存储过程，相当于重新建立一个拥有原来存储过程名称的新的存储过程。

【任务实现】

1. 查看存储过程 major_class

（1）查看存储过程 major_class 的状态信息。

```
SHOW PROCEDURE STATUS LIKE 'major_class'\G;
```

（2）查看存储过程 major_class 的定义语句。

```
USE studentscore
SHOW CREATE PROCEDURE major_class\G;
```

（3）查看存储过程 major_class 的其他信息。

```
SELECT * FROM information_schema.Routines
WHERE Routine_name="major_class"\G;
```

2. 修改存储过程 class_num_sum 的功能

首先删除存储过程 class_num_sum，然后再重新创建该存储过程，其语句如下：

```
USE studentscore
DELIMITER $$
DROP PROCEDURE IF EXISTS class_num_sum;
CREATE PROCEDURE class_num_sum(IN majorname Char(40), OUT sum Integer)
BEGIN
  SELECT SUM(class_num) INTO sum
  FROM bmajor JOIN bclass ON bmajor.major_id = bclass.major_id
  WHERE major_name = majorname;
END $$
DELIMITER ;
```

完成后可通过下面的语句调用 class_num_sum 存储过程：

```
CALL class_num_sum('计算机应用', @n);
SELECT @n AS '该专业的学生人数';
```

执行结果如图 5-8 所示。

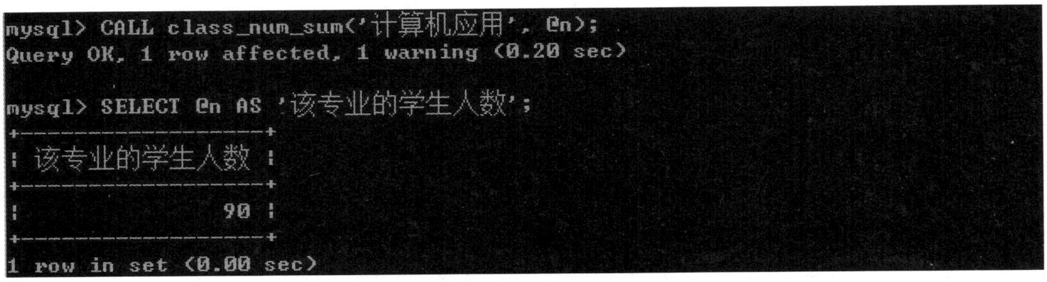

图 5-8　调用修改后的存储过程 class_num_sum 的执行结果

【**任务总结**】存储过程的管理主要包括查看、修改和删除存储过程。无论是创建存储过程还是修改存储过程后最好能及时查看和调用存储过程，确保创建和修改存储过程的操作正确完成。

 # 任务 5.4　在存储过程中使用流程控制语句

【**任务描述**】在学生成绩数据库的存储过程中使用流程控制语句。

【**任务分析与知识储备**】在进行数据表中的数据操作时，有时需要根据一定的条件进行相应的操作，如果条件不满足，则不能进行该操作或需要进行另外的操作；有时在一定的条件下某个操作需要多次重复进行。此时就要通过流程控制语句来实现这些功能。为此，MySQL与其他高级语言一样，也提供了几个可以控制程序执行流程的语句，如分支语句、循环语句等。并且，与局部变量一样，这些流程控制语句**只能**用于存储过程、用户自定义函数、触发器等存储程序中。使用这些流程控制语句，可以让程序员像使用 C、Java 和 C#等高级语言一样，更好地组织和控制程序的流程。下面通过 **3 个子任务**说明 MySQL 流程控制语句在存储过程中的使用。

任务 5.4.1　在存储过程中使用流程控制语句——IF 语句

【**任务描述**】①在学生成绩数据库中创建存储过程 pr_student_score，根据学生学号查询学生的成绩，如果存在该学生，就输出该学生的全部成绩信息，否则显示"没有此学生的成绩！"。调用该存储过程，查询学号为"3031123101"学生的全部成绩信息。②在学生成绩数据库中创建存储过程 pr_course_score，根据课程代号统计课程的不及格人数，如果不及格人数达到或超过 10 人，则显示"该课程不及格人数较多"；如果不及格人数低于 10 人，则显示"该课程不及格人数较少"，否则显示"该课程没有人不及格"。如果没有该课程的成绩，则显示"没有该课程的成绩信息"。调用该存储过程，返回课程代号为"10001"课程成绩不及格的情况。

【**任务分析**】由任务描述可知，在数据表中操作数据时，有时需要根据一定的条件进行相应的操作，如果条件不满足，则不能进行该操作或需要进行另外的操作。此时就要通过 MySQL 中提供的 IF 语句来实现该功能。

IF 语句用于进行条件判断，根据不同的条件执行不同的语句，其语法格式如下：

```
IF 条件表达式 1 THEN 语句序列 1
    [ELSEIF 条件表达式 2 THEN 语句序列 2]
    [ELSE 语句序列 3]
END IF;
```

格式说明：①条件表达式 1 和条件表达式 2 是其值返回 True 或 False 的逻辑表达式；②语句序列可以包含一条或多条 SQL 语句；③ELSEIF 子句和 ELSE 子句是可选的。

IF 语句的执行过程为：如果条件表达式的值为 True，则执行对应的语句序列；如果所有的条件表达式的值都为 False，并且有 ELSE 子句，则执行 ELSE 子句对应的语句序列。

另外，MySQL 允许嵌套使用 IF 语句，而且嵌套层数没有限制。

【任务实现】

（1）在客户端命令窗口中输入并执行如下语句代码：

```
DELIMITER //
CREATE PROCEDURE pr_student_score(IN studid Char(10))
BEGIN
IF EXISTS (SELECT stud_id FROM bscore WHERE stud_id = studid) THEN
    SELECT course_id,score FROM bscore WHERE stud_id = studid;
ELSE
    SELECT '没有此学生的成绩！' AS 提示信息;
END IF;
END//
DELIMITER ;
```

调用该存储过程的代码为：CALL pr_student_score('3031123101');

执行结果如图 5-9 所示。

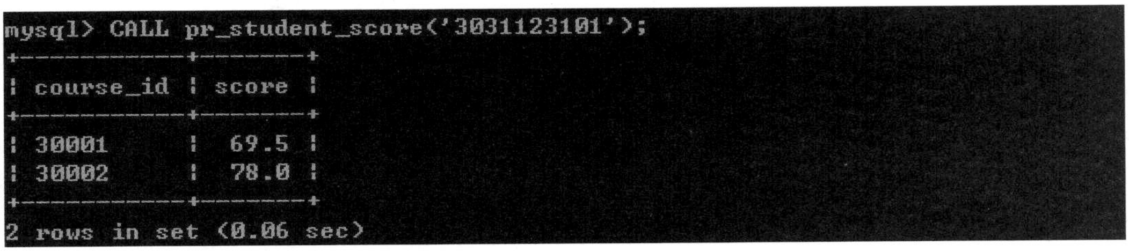

```
mysql> CALL pr_student_score('3031123101');
+-----------+--------+
| course_id | score  |
+-----------+--------+
| 30001     |  69.5  |
| 30002     |  78.0  |
+-----------+--------+
2 rows in set (0.06 sec)
```

图 5-9 调用存储过程 pr_student_score 的执行结果

（2）在客户端命令窗口中输入并执行如下命令代码：

```
DELIMITER //
CREATE PROCEDURE pr_course_score(IN courseid Char(8))
BEGIN
DECLARE num Int default 0;
IF EXISTS (SELECT course_id FROM bscore WHERE course_id = courseid AND score
IS NOT NULL) THEN
    SELECT Count(*) INTO num FROM bscore
    WHERE course_id = courseid AND score<60;
    IF num>=10 THEN SELECT '该课程不及格人数较多' AS 提示信息;
    ELSEIF num>=1 AND num<10
        THEN SELECT '该课程不及格人数较少' AS 提示信息;
    ELSE SELECT '该课程没有人不及格' AS 提示信息;
    END IF;
ELSE SELECT '没有该课程的成绩信息' AS 提示信息;
END IF;
END//
DELIMITER ;
```

调用该存储过程的代码为：CALL pr_course_score('10001');

执行结果如图 5-10 所示。

```
mysql> CALL pr_course_score('10001');
+----------+
| 提示信息 |
+----------+
| 该课程不及格人数较少 |
+----------+
1 row in set (0.04 sec)
```

图 5-10 调用存储过程 pr_course_score 的执行结果

【任务总结】IF 语句主要用于实现程序的分支结构，可以是两个分支的选择，如步骤（1）；也可以是多个分支的选择，甚至进行分支嵌套，如步骤（2）。

任务 5.4.2 在学生成绩数据库中使用流程控制语句——CASE 语句

【任务描述】①在学生成绩数据库中创建存储过程 pr_users_bz，根据用户代号查询用户信息表（users）中 users_bz 列的值。如果为 1，则返回"管理员"；如果为 2，则返回"教师"；如果为 3，则返回"学生"；否则返回"未知的状态"。调用该存储过程，返回用户账号为"zhan123456"用户的安全级别。②在学生成绩数据库中创建存储过程 pr_score_dj，根据学生学号和课程代号查询成绩表（bscore）中的成绩，按照不同的分数段输出对应的成绩等级（优秀、良好、中等、及格、不及格）。调用该存储过程，返回学生学号为"1011123101"、课程代号为"10001"课程的成绩等级。

【任务分析】由于 CASE 语句可以计算多个条件式，并将其中一个符合条件的结果表达式返回，所以可用于执行程序的多分支判断。在 MySQL 中，CASE 语句按照使用形式的不同，可以分为**简单 CASE 语句**和**搜索 CASE 语句**两种格式。

1. 简单 CASE 语句

简单 CASE 语句用于将某个表达式与一组值进行比较以确定返回结果，其语法格式如下：

```
CASE 表达式
    WHEN 值 1 THEN 语句序列 1
    [WHEN 值 2 THEN 语句序列 2]
    [...n]
    [ELSE 语句序列]
END CASE;
```

格式说明：①表达式可以由常量、字段、函数和运算符等组成；②WHEN 后面值的数据类型必须与表达式的数据类型相同或可以隐性转换，且不能为 NULL。

简单 CASE 语句的执行过程为：将 CASE 后面的表达式与各个 WHEN 后的值进行比较，若相等则执行相应 WHEN 的语句序列，并跳出 CASE 语句，不再执行后面的 WHEN 子句；若与所有 WHEN 后的值都不相等，此时如果指定了 ELSE 子句，则执行 ELSE 后面的语句序列；如果没有指定 ELSE 子句，则不执行 CASE 语句内任何一条语句序列。

2. 搜索 CASE 语句

搜索 CASE 语句用于计算一组条件表达式以确定返回结果，其语法格式如下：

```
CASE
    WHEN 条件表达式 1 THEN 语句序列 1
    [WHEN 条件表达式 2 THEN 语句序列 2]
    [...n]
    [ELSE 语句序列]
END CASE;
```

格式说明：①该格式的 CASE 关键字后没有表达式；②条件表达式是其值返回 true 或 false 的逻辑表达式。

搜索 CASE 语句的执行过程为：从第 1 个 WHEN 子句开始依次根据 WHEN 后的条件是否成立来决定执行相应 THEN 后的语句序列；若所有 WHEN 后的条件都不成立，此时如果指定了 ELSE 子句，则执行 ELSE 后面的语句序列；如果没有指定 ELSE 子句，则不执行 CASE 语句内任何一条语句序列。

根据 CASE 语句两种格式的特点可知，任务①可用简单 CASE 语句，将 users_bz 列的值与常量值 1、2 或 3 进行比较：若相等，则执行其后相应语句；否则执行 ELSE 后的语句。任务②适合使用搜索 CASE 语句，其条件表达式为字段 score 在不同分数段的取值范围，执行时直接按各条件是否成立决定是否执行相应语句。

【任务实现】

（1）在客户端命令窗口中输入并执行如下语句代码：

```
DELIMITER //
CREATE PROCEDURE pr_users_bz(IN usersdh Char(10),OUT usersbz char(20))
BEGIN
DECLARE n Int DEFAULT 0;
SELECT users_bz INTO n FROM users WHERE users_dh=usersdh;
CASE n
    WHEN 1 THEN SET usersbz='管理员';
    WHEN 2 THEN SET usersbz='教师';
    WHEN 3 THEN SET usersbz='学生';
    ELSE SELECT '未知的状态' AS 提示信息;
END CASE;
END//
DELIMITER ;
```

调用该存储过程的代码为：CALL pr_users_bz('zhan123456', @bz); SELECT @bz;

执行结果如图 5-11 所示。

图 5-11 简单 CASE 语句应用示例的运行结果

（2）在客户端命令窗口中输入并执行如下语句代码：

```
DELIMITER //
CREATE PROCEDURE pr_score_dj(studid Char(10),courseid Char(8))
BEGIN
DECLARE sc Numeric;
SELECT score INTO sc FROM bscore WHERE stud_id=studid AND course_id=courseid;
CASE
    WHEN sc>=90 AND sc<=100 THEN SELECT '优秀' AS 成绩等级;
    WHEN sc>=80 AND sc<90 THEN SELECT '良好' AS 成绩等级;
    WHEN sc>=70 AND sc<80 THEN SELECT '中等' AS 成绩等级;
    WHEN sc>=60 AND sc<70 THEN SELECT '及格' AS 成绩等级;
    WHEN sc<60 THEN SELECT '不及格' AS 成绩等级;
    ELSE SELECT '尚未有成绩' AS 提示信息;
END CASE;
END//
DELIMITER ;
```

调用该存储过程的代码为：CALL pr_score_dj('1011123101','10001');

执行结果如图 5-12 所示。

图 5-12　搜索 CASE 语句应用示例的运行结果

【任务总结】①虽然使用 IF…THEN…ELSE 语句也能够实现多分支结构，但是使用 CASE 语句的程序可读性更强，特别是在分支较多的情况下这种优势更加明显。②与简单 CASE 语句相比，搜索 CASE 语句能够实现更为复杂的条件判断，使用起来更灵活。

【任务拓展】在 MySQL 中除了上面介绍的 CASE 语句外，还有用于 SQL 语句中的 **CASE 函数**，其格式与上述 CASE 语句一样也有两种格式，且格式形式基本类似，只是 THEN 子句后只能为表达式，不能为 SQL 语句；且语句的结束标志为 END 而不是 END CASE。例如下面用 CASE 函数的两种格式实现的应用。

（1）在客户端命令窗口中输入并执行如下语句代码：

```
SELECT users_dh, users_name, users_bz,
    CASE users_bz
      WHEN 1 THEN '管理员'
      WHEN 2 THEN '教师'
      WHEN 3 THEN '学生'
      ELSE '未知的状态'
    END AS 级别
FROM users;
```

（2）在客户端命令窗口中输入并执行如下语句代码：

```
SELECT stud_id,course_id,score,
    CASE
        WHEN score>=90 AND score<=100 THEN '优秀'
        WHEN score>=80 AND score<90 THEN '良好'
        WHEN score>=70 AND score<80 THEN '中等'
        WHEN score>=60 AND score<70 THEN '及格'
        WHEN score<60 THEN '不及格'
        ELSE '尚未有成绩'
    END AS 成绩等级
FROM bscore;
```

任务 5.4.3　在学生成绩数据库中使用流程控制语句——循环语句

【任务描述】在学生成绩数据库中创建存储过程 pr_sum，计算 1 到 100 中奇数的和，并调用该存储过程。

【任务分析与知识储备】要实现该任务的功能，主要做两件事，一是从 1 开始，依次判断 1 到 100 中哪些数是奇数；二是如果该数是奇数，则将其累加到和中。这里，奇数的判断和加法的计算都是重复执行的，所以可以用循环语句完成。MySQL 支持 3 种用来创建循环的语句：WHILE、REPEAT 和 LOOP 语句，下面分别介绍它们的用法。

（一）WHILE 循环语句

WHILE 语句用于实现循环结构，是有条件控制的循环语句，当满足某种条件时执行循环体内的语句，其语法格式如下：

```
[开始标志:]
WHILE 条件表达式 DO
    语句序列
END WHILE [结束标志];
```

格式说明：①条件表达式用于设置重复执行语句序列的条件，只要其值为真，就重复执行循环体内的语句序列；②"开始标志:"和"结束标志"为可选项，它们是 WHILE 语句的标注，通常都可以省略。如果要有则两者必须同时出现，并且名称必须相同。

WHILE 语句的执行过程为：首先判断条件表达式的值是否为 true，为 true 时则执行语句序列中的语句，然后再次进行判断，为 true 则继续循环，为 false 则结束循环。

（二）REPEAT 循环语句

REPEAT 语句与 WHILE 语句一样，也是有条件控制的循环语句，其语法格式如下：

```
[开始标志:]
REPEAT
```

```
    语句序列
UNTIL 条件表达式
END REPEAT [结束标志];
```

格式说明： ①REPEAT 语句中的语法元素的含义与 WHILE 语句相同。②REPEAT 语句与 WHILE 语句的区别在于：REPEAT 语句先执行循环体中的语句序列，后进行条件判断，其语句序列至少执行一次；而 WHILE 语句先进行条件判断，条件为 true 时才执行其中的语句序列。

REPEAT 语句的执行过程为：首先执行语句序列中的语句，然后判断条件表达式的值是否为 true，为 true 则停止循环，为 false 则继续循环。

（三）LOOP 循环语句

LOOP 语句可以使某些语句重复执行，实现一些简单的循环。但由于 LOOP 语句本身没有停止循环的机制，所以必须配合 LEAVE 语句才能停止循环。其语法格式如下：

```
[开始标志:]
LOOP
    SQL 语句序列 1
    LEAVE 开始标志;
    [SQL 语句序列 2
    [ITERATE 开始标志;]
    SQL 语句序列 3]
END LOOP [结束标志];
```

格式说明： ①由于 LOOP 语句必须通过 LEAVE 语句才能结束循环，因此"开始标志:"不能缺省；②ITERATE 子句可以使程序跳出本次循环，重新开始下一次的循环。

【任务实现】 在客户端命令窗口中输入并执行如下语句代码：

```
DELIMITER //
CREATE PROCEDURE pr_sum()
BEGIN
DECLARE num Int DEFAULT 1;
DECLARE sum Int DEFAULT 0;
WHILE num<=100 DO
    IF num%2!=0 THEN
        SET sum=sum+num;
    END IF;
    SET num=num+1;
END WHILE;
SELECT sum;
END//
DELIMITER ;
```

调用该存储过程的代码为：CALL pr_sum();

【任务总结与拓展】 MySQL 中的循环语句与其他高级语言中的循环语句类似，可以实现重复执行某项操作的功能，并且相同的功能可以用不同的语句格式实现。如本任务也可以用 REPEAT 或 LOOP 语句实现，下面给出 REPEAT 语句的实现方法。

```
DELIMITER //
CREATE PROCEDURE pr_sum1()
BEGIN
DECLARE num Int DEFAULT 1;
DECLARE sum Int DEFAULT 0;
REPEAT
    IF num%2!=0 THEN
        SET sum=sum+num;
    END IF;
    SET num=num+1;
UNTIL num>100;
END REPEAT;
SELECT sum;
END//
DELIMITER ;
```

 任务 5.5　在存储过程中使用游标

【任务描述】在学生成绩数据库中创建存储过程 pr_classinfo，在其中声明一个用于查询信息学院所有班级情况（包括班级代号、班级名称、班级人数和专业代号）的游标 class_cursor，并通过游标显示出每个班级的上述数据。

【任务分析与知识储备】在数据库开发过程中，大多数 SQL 语句都同时处理集合中的所有数据。但是，有时也会遇到这样的情况，即要求从某一结果集中逐一地读取记录进行处理，那么如何解决这种问题呢？游标（Cursor）为我们提供了一种极为优秀的解决方案。

需要注意的是，与局部变量和流程控制语句一样，MySQL 游标也只能在存储过程、用户自定义函数等过程式数据库对象中使用，不能单独在查询中使用。

（一）游标的基本概念

游标提供了一种对 SELECT 语句结果集进行访问的机制。数据库服务器会专门为游标开辟一个数据缓冲区，用于存放游标操作的结果集数据，同时游标的使用也会根据具体情况对某些数据进行封锁。可以将游标理解为一个在结果集中可以逐行移动的指针，它指向结果集中的某一行，用户可以用 SQL 语句逐一从游标中获取记录，从而有选择地按行进行操作，而不是只能对整个结果集进行操作。

在 MySQL 中，游标主要包括游标结果集和游标位置两部分，游标结果集是定义游标的 SELECT 语句所返回的记录集合；游标位置则是指向这个结果集中某一行的指针。

（二）游标的基本操作

游标的使用主要包括声明游标、打开游标、移动游标提取数据和关闭游标 4 个步骤。下面将分别介绍各步骤中所用语句的命令格式。

1. 声明游标

正如使用其他类型的变量一样，在使用一个游标之前首先要声明它。声明一个游标主要用于指明游标的名字和该游标所用到的结果集的查询。其语法格式如下：

```
DECLARE 游标名 CURSOR FOR SELECT 语句；
```

格式说明：①游标名必须符合 MySQL 标识符的命名规则；②SELECT 语句主要用来定义游标所要进行处理的结果集，可以返回一行或多行记录数据，但不能使用 INTO 子句。

2. 打开游标

声明游标后，在使用它读取数据之前，必须先打开它。其语法格式如下：

```
OPEN 游标名；
```

说明：打开游标，实际上是执行相应的 SELECT 语句，将查询出的结果集存入缓冲区中。这时，游标处于活动状态，指针指向查询结果集中的第一条记录。

另外，在程序中，一个游标可以打开多次，由于其他的用户或程序本身已经更新了数据表，所以每次打开的结果可能不同。

3. 移动游标提取数据

游标打开后，就可以使用 FETCH…INTO 语句从中读取某一行数据，其语法格式如下：

```
FETCH 游标名 INTO 变量名1 [,变量名2, ...]；
```

格式说明：

（1）变量名是在声明游标之前定义的局部变量，用于接收游标提取的列值。

（2）FETCH 语句可以把游标移动到下一行，并将游标指向的该行记录的 1 个或多个列值赋给 1 个或多个变量。在使用 INTO 子句对变量赋值时，变量的个数、排列顺序和数据类型必须与声明游标时 SELECT 子句结果集中的目标列表达式一一对应。

（3）FETCH 语句每次从结果集中仅仅提取一条记录，因此其通常需要循环语句的配合，才能实现对整个结果集的遍历。由于 MySQL 只支持服务器端的**向前只读**游标，即只能按从头到尾的顺序提取数据，不能向后滚动，也不能直接跳到中间的记录。所以通常使用 LOOP或 WHILE 循环进行行提取，以使逻辑清晰且代码简单。

（4）当使用 FETCH 语句从游标中提取最后一条记录后，再次执行 FETCH 语句时，将产生"ERROR 1329 (02000): No Data to fetch"错误信息，此时可以针对 MySQL 错误代码 1329或'02000'，自定义**错误处理程序**以便结束对结果集的遍历。

需要注意的是，游标**错误处理程序**应该放在声明游标语句之后。其定义方法详见"（三）错误处理程序的定义"部分。

4. 关闭游标

前已述及，打开游标后，MySQL 服务器会专门为游标开辟一定的内存空间存放游标操作的数据结果集。同时，使用游标时会根据具体情况对某些数据进行封锁。所以，当不使用游标时，一定要关闭游标，以通知服务器释放游标所占的资源。关闭游标的语法格式如下：

```
CLOSE 游标名；
```

说明： 一个游标被关闭后，就不再和原来的查询结果集相关联。但被关闭的游标可以再次被打开，与新的查询结果相关联；如果没有重新打开，则不能使用它。另外，如果不明确关闭游标，MySQL 将会在到达 END 语句时自动关闭它。

（三）错误处理程序的定义

前已提及，在游标循环提取数据的过程中，通常通过自定义**错误处理程序**来结束对结果集的访问。而在 MySQL 中可以使用 DECLARE HANDLER 语句来自定义错误处理程序。

用 DECLARE HANDLER 定义错误处理程序的语法格式如下：

```
DECLARE 处理程序的类型 HANDLER FOR 错误触发条件[,...]
自定义错误处理程序
```

格式说明：

（1）处理程序的类型：指明错误的处理方式，该参数有 3 个取值，即 CONTINUE、EXIT 和 UNDO。其中，CONTINUE 表示遇到错误不处理，继续向下执行；EXIT 表示遇到错误后马上退出程序的执行；UNDO 表示遇到错误后撤回之前的操作，MySQL 暂时还不支持 UNDO 操作。

（2）错误触发条件：表示满足什么条件时，自定义错误处理程序开始运行，错误触发条件定义了自定义错误处理程序运行的时机，具体包括如下取值。

```
mysql_error_code: 为数值型错误代码；
| SQLSTATE [VALUE] SQLSTATE 值：长度为 5 的字符串类型错误代码；
| condition_name: 表示 DECLARE CONDITION 定义的错误触发条件名称；
| SQLWARNING: 匹配所有以 01 开头的 SQLSTATE 错误代码，表示警告；
| NOT FOUND: 匹配所有以 02 开头的 SQLSTATE 错误代码，表示无数据；
| SQLEXCEPTION: 匹配其他非 SQLWARNING 和 NOT FOUND 捕获的错误代码。
```

在 MySQL 的游标处理中，其取值主要为 SQLSTATE '02000'或 NOT FOUND。

（3）自定义错误处理程序：即遇到定义的错误时，MySQL 会立即执行自定义错误处理程序中的 MySQL 语句，自定义错误处理程序也可以是一个 BEGIN-END 语句块。

由上可知，本任务的实现主要包括声明一个只读游标、打开游标、移动游标提取数据和关闭游标 4 个操作步骤。其中，移动游标提取数据是一个重复执行的操作，可以使用 WHILE 或 LOOP 语句实现。

【任务实现】 在命令窗口中输入并执行如下语句代码：

```
DELIMITER //
CREATE PROCEDURE pr_classinfo()
BEGIN
#声明局部变量
DECLARE done Int DEFAULT 0;
DECLARE v_cno Char(8) DEFAULT "";
DECLARE v_cname Varchar(20) DEFAULT "";
DECLARE v_cnum Int DEFAULT 0;
DECLARE v_mname Varchar(40) DEFAULT "";
```

```
#声明游标
DECLARE class_cursor CURSOR FOR
SELECT class_id, class_name, class_num, major_name FROM bclass, bmajor
WHERE bclass.major_id = bmajor.major_id AND bmajor.depart_name ='信息学院';
#定义错误处理程序
DECLARE CONTINUE HANDLER FOR NOT FOUND SET done = 1;
#打开游标
OPEN class_cursor;
#用 LOOP 循环逐条取出结果集中的记录
fetch_loop:LOOP
    FETCH class_cursor INTO v_cno,v_cname,v_cnum,v_mname;
    IF done=1 THEN
        LEAVE fetch_loop;
    END IF;
    SELECT v_cno,v_cname,v_cnum,v_mname;
END LOOP fetch_loop;
#关闭游标
CLOSE class_cursor;
END//
DELIMITER ;
```

说明：①代码中带#的语句为 MySQL 的注释语句，不参与程序的编译，主要用来说明程序代码的含义，提高程序代码的可读性；②当使用 FETCH 语句从游标中提取最后一条记录后，再次执行 FETCH 语句，继续提取下一行数据时，将触发错误处理程序使 done 置 1，从而结束循环。

调用 pr_classinfo()存储过程的代码为：CALL pr_classinfo();

执行结果如图 5-13 所示。

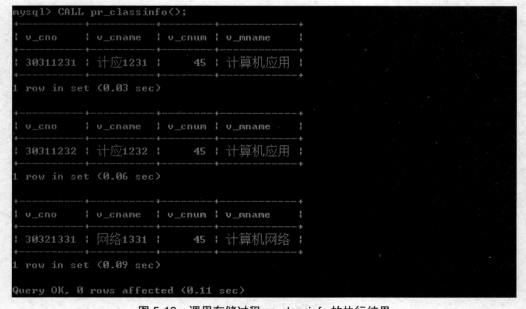

图 5-13 调用存储过程 pr_classinfo 的执行结果

【任务总结】游标允许应用程序对查询语句 SELECT 返回的行结果集中的每一行进行相同或不同的操作，而不是一次对整个结果集进行同一种操作，从而增加了操作的灵活性。在实际应用中，可以借助游标的这种特性实现面向单条记录的数据处理。

 ## 任务 5.6　为学生成绩数据库创建存储函数

【任务描述】①在学生成绩数据库中创建一个存储函数 age，按学生的出生日期计算年龄，并通过该函数从 bstudent 表中检索出学生的学号、姓名、性别和年龄信息。②在学生成绩数据库中创建一个存储函数 major_student_num，根据专业代号输出该专业的学生人数，并通过该函数计算专业代号为"31"专业的学生人数。

【任务分析与知识储备】在 MySQL 中，除了可以使用系统提供的内置函数外，用户还可以根据需要自定义函数，即**存储函数**（Stored Functions）。与存储过程类似，存储函数也是由一条或多条 SQL 和流程控制语句组成的代码段，用于实现一些常用的功能，编写好的存储函数经编译后存储在数据库中以便重复使用。用户自定义的存储函数可以像内置函数一样在查询或存储过程等程序段中调用，调用时可以接收零个或多个输入参数，并将执行结果以值的形式返回。

（一）存储函数与存储过程的区别

虽然存储函数与存储过程的语句形式和作用很相似，但它们之间也有一些区别。

（1）存储函数必须有且仅有一个返回值，同时需要指定返回值的数据类型，所以其不能有输出参数，因为存储函数本身就是输出参数；而存储过程可以没有返回值，也可以有返回值，甚至可以有多个返回值，所有的返回值需要使用 OUT 或者 INOUT 参数定义。

（2）存储函数可以使用 SELECT…INTO 语句为某个变量赋值，但不能使用 SELECT 语句返回结果集；而存储过程则没有这方面的限制，存储过程甚至可以返回多个结果集。

（3）在存储函数体中必须包含一条 RETURN 语句，而这条特殊的 SQL 语句不能出现在存储过程中。

（4）存储函数可以直接嵌入到 SQL 语句或者 MySQL 表达式中，以用于扩展标准的 SQL 语句；而存储过程必须使用 CALL 语句单独调用。

（二）存储函数的创建与调用

1. 存储函数的创建

存储函数可以使用 CREATE FUNCTION 语句来创建，其语法格式如下：

```
CREATE  PROCEDURE  函数名([参数名 数据类型[,...]])
RETURNS 函数返回值类型
```

[函数的特征设置]

```
BEGIN
    函数体
END;
```

格式说明：

（1）定义存储函数时，函数名不能与 MySQL 的关键字、内置函数、已有的存储过程、已有的存储函数同名。

（2）存储函数可以没有输入参数，也可以定义 1 个或多个输入参数，参数必须规定参数名及其数据类型，但不能指定 IN、OUT 或 INOUT。

（3）存储函数必须有返回值，其返回值类型由 RETURNS 子句设置。

（4）函数的特征设置用于指定函数的特征参数，其格式和含义与存储过程相同。

（5）存储函数的函数体可以包含 SQL 语句、流程控制语句、游标等，同时必须包含 RETURN 语句，用于返回函数的值。

另外，与创建存储过程一样，创建函数必须具有 CREATE ROUTINE 权限，并且 ALTER ROUTINE 和 EXECUTE 权限被自动授予它的创建者。

2．存储函数的调用

存储函数创建成功后就可以调用了，其调用方法与调用 MySQL 的内置函数类似，既可以直接嵌入到 SQL 语句或者 MySQL 表达式中，也可以使用 SELECT 关键字调用，其语法格式如下：

```
SELECT 函数名([实参]);
```

在本任务中，任务①和任务②要求创建的存储函数的返回值都是一个整型数值，但任务①返回的是一个简单表达式的计算值，需要代表当前日期和出生日期的两个输入参数；而任务②返回的是一个查询统计的结果值，需要代表专业代号的一个输入参数。

【任务实现】

（1）在客户端命令窗口中输入并执行如下语句代码：

```
DELIMITER //
CREATE FUNCTION age(birthday Datetime, currentdate Datetime)
RETURNS Int
BEGIN
    RETURN Year(currentdate)-Year(birthday);
END//
DELIMITER ;
```

说明： 如果要调用该存储函数，可以直接嵌入到 SELECT 语句中，如下所示：

```
SELECT stud_id, stud_name, stud_sex, age(birth, curdate()) AS stud_age
FROM bstudent;
```

执行结果如图 5-14 所示。

图 5-14　调用存储函数 age 的运行结果

（2）在客户端命令窗口中输入并执行如下语句代码：

```
DELIMITER $$
CREATE FUNCTION major_student_num(majorid Char(2))
RETURNS Int
BEGIN
    RETURN (SELECT Sum(class_num) FROM bclass WHERE major_id = majorid);
END $$
DELIMITER ;
```

说明： 如果要调用该存储函数，可执行下面的调用语句：

```
SELECT major_student_num('31') AS 该专业的学生人数;
```

执行结果如图 5-15 所示。

图 5-15　调用存储函数 major_student_num 的执行结果

【**任务总结**】MySQL 的存储函数与存储过程相似，都是由 SQL 语句和过程式语句组成的代码片断，但存储函数中必须包含一条 RETURN 语句，用于返回函数的值。而存储函数的调用则与 MySQL 内置函数的调用方式一致。

 # 任务 5.7　管理学生成绩数据库中的存储函数

【**任务描述**】①查看任务 5.6 中创建的存储函数 age，查看内容包括状态信息、定义语句和其他相关信息。②修改存储函数 age 的定义，将读写权限改为 READS SQL DATA，并加上注释信息"function name"。③删除存储函数 age。

【**任务分析与知识储备**】与存储过程类似，存储函数的管理也包括查看存储函数、删除存储函数和修改存储函数 3 个方面。

（一）查看存储函数

1. 查看存储函数的状态信息

可以使用 SHOW FUNCTION STATUS 语句来查看所创建存储函数的状态信息，其语法格式如下：

```
SHOW FUNCTION STATUS [LIKE 存储函数名的模式字符串];
```

格式说明：存储函数名的模式字符串的用法与存储过程一样。

2. 查看存储函数的定义语句

可以通过 SHOW CREATE 语句来获取所创建函数的源代码，其语法格式如下：

```
SHOW CREATE FUNCTION 存储函数名;
```

3. 查看存储函数的相关信息

可以通过查询 information_schema 数据库下的 Routines 表来查看存储函数的相关信息，其语法格式如下：

```
SELECT * FROM information_schema.Routines
WHERE Routine_name='存储函数名';
```

其中，Routine_name 字段中存储的是存储过程或存储函数的名称。

（二）删除存储函数

若要删除已经创建的存储函数，则可以使用 DROP FUNCTION 语句，其语法格式如下：

```
DROP FUNCTION [IF EXISTS] 存储函数名;
```

（三）修改存储函数

若要修改存储函数的特征设置，则可以使用 ALTER FUNCTION 语句，其语法格式如下：

```
ALTER FUNCTION 存储函数名 [函数的特征设置];
```

如果要修改存储函数的函数体内容，则可以采用先删除后重新定义的方法。

【**任务实现**】

1. 查看存储函数 age

（1）查看存储函数 age 的状态信息。

```
SHOW FUNCTION STATUS LIKE 'age'\G;
```

（2）查看存储函数 age 的定义语句。

```
SHOW CREATE FUNCTION age\G;
```

（3）查看存储函数 age 的其他相关信息。

```
SELECT * FROM information_schema.Routines
WHERE Routine_name='age'\G;
```

2. 修改存储函数 age 的特征设置

```
ALTER FUNCTION age READS SQL DATA COMMENT 'function name';
```

3. 删除存储函数 age

```
DROP FUNCTION age;
```

【任务总结】与存储过程类似，存储函数的管理也包括查看、修改和删除操作。无论是创建存储函数还是修改存储函数后最好能及时查看和调用存储函数，确保创建和修改后的存储函数能实现所需功能。

 ## 任务 5.8　为学生成绩数据库创建触发器

【任务描述】①在学生成绩数据库中创建一个删除触发器 student_delete，实现当删除 bstudent 表中的某个学生记录的同时删除 bscore 表中与之对应的成绩记录。②在学生成绩数据库中创建一个插入触发器 score_insert，实现当向 bscore 表中插入某门课程的成绩记录时，检查 bcourse 表中是否有该课程。如果没有，则不能向 bscore 表中插入该课程的成绩记录。③在学生成绩数据库中创建一个插入触发器 insert_course_credit 和一个修改触发器 updatet_course_credit，实现当插入或修改 bcourse 表中某门课程的课时数时，自动计算出该门课程的学分（课时数/16）。

【任务分析与知识储备】触发器（Trigger）是一种特殊的存储过程，主要用于保证数据的完整性和强制使用业务规则。它不能像前面介绍的存储过程或函数那样通过名字被显式地调用，而是在发生诸如往表里插入记录（INSERT）、更新记录（UPDATE）或删除记录（DELETE）等事件时被自动激活，从而确保对数据的处理必须符合由触发器中 SQL 语句所定义的规则。

（一）触发器的基本概念

触发器是一种基于一个表创建但可以针对多个表进行操作的、包含了一系列用于定义业务规则的 SQL 语句，当满足触发器的触发条件时以强制用户实现这些规则，从而确保数据完整性或强制使用业务规则的数据库对象。触发器的执行只能由触发器所在数据表的特定事件（如 INSERT、UPDATE、DELETE 等）来触发。

1. 触发器的作用与优点

（1）触发器可以实现对数据库中的相关表的级联操作。

例如，在学生成绩数据库中，如果希望在删除 bstudent 表中的学生记录的同时删除 bscore

表中与之对应的成绩记录，除了可通过设置外键具有级联修改、删除的功能实现外，也可用触发器来完成，这比直接把代码写在前台的做法更安全合理。

（2）触发器可以用来定义比 CHECK 约束更复杂的限制。

与 CHECK 约束不同，在触发器中可以引用其他表中的列。例如，当向 bscore 表中插入某门课程的学生成绩记录时，可以查看对应课程在 bcourse 表中是否存在，如果不存在，则不能插入该课程的成绩记录。另外，在 MySQL 中可以使用触发器来替代检查约束的使用。

（3）触发器可以用来定义错误信息。

用户有时需要在数据完整性遭到破坏或其他情况下，发出预先定义好的错误信息或在 MySQL 异常处理中定义错误信息。此时通过使用触发器，用户可以捕获破坏数据完整性的操作，返回定义的错误信息并撤销相应的异动结果。

（4）触发器可以用来实现更精细和更复杂的数据操作

触发器可以用来比较数据库修改前、后表中数据的不同，并根据这些不同来进行相应的操作；还可以在写入数据前，强制检验或转换数据，保证数据安全。另外，对一个表进行的增、删、改不同操作，可以采用不同的触发器，即使是对同一语句，也可调用不同的触发器来完成不同的操作。

2. 触发器的种类

按激活触发器的操作语句的不同，可以将触发器分为 3 种类型：INSERT 触发器、UPDATE 触发器和 DELETE 触发器。其中每一类根据激活触发器的时机的不同，又可以分为 BEFORE 触发器和 AFTER 触发器两种类型。

（二）触发器的创建与执行

1. 触发器的创建

与存储过程一样，触发器也是一个基于 SQL 代码的对象，可以使用 CREATE TRIGGER 语句创建触发器，其语法格式如下：

```
CREATE TRIGGER 触发器名 触发时机 触发事件
ON 表名 FOR EACH ROW 执行语句;
```

格式说明：

（1）触发器名必须遵循标识符的命名规则，且在当前数据库中必须唯一；如果需要在指定的数据库中创建触发器，则在触发器名前需要加上数据库名。

（2）触发时机用于指定触发器何时起作用，有两个选项：BEFORE 和 AFTER，表示触发器是在激活它的语句之前还是之后触发。如果想要在激活触发器的语句执行之后执行触发器指定的动作，通常使用 AFTER 选项；如果想要验证新数据是否满足使用的限制，则使用 BEFORE 选项。

（3）触发事件用于指定激活触发器的语句类型，可以是下述值之一。

■ INSERT：向表中插入新行时激活触发器。例如，通过 INSERT、LOAD DATA 和 REPLACE 语句。

■ UPDATE：更改表中某行数据时激活触发器。例如，通过 UPDATE 语句。

■ DELETE：从表中删除某条记录时激活触发器。例如，通过 DELETE 和 REPLACE 语句。

（4）表名用于指定在哪个表上建立触发器，该表必须是永久表，不能是临时表或视图，并且只有在该数据表上发生触发事件才会激活触发器。

（5）FOR EACH ROW 用于指定对于受触发事件影响的每一行都要激活触发器的动作。例如，使用一条语句向一个数据表中添加多条记录，触发器会对每一行执行相应触发器动作。目前 MySQL 仅支持行级触发器，不支持语句级别的触发器（例如 CREATE TABLE 等语句）。

（6）执行语句用于指定触发器激活时将要执行的 SQL 语句，可以是单条 SQL 语句也可以是用 BEGIN…END 括起来的多条语句。

另外，需要注意的是，每个触发器只能作用在一个表上；同一个数据表不能拥有两个具有相同触发时机和事件的触发器，因此在一个表上最多建立 6 个触发器。

2. old 表和 new 表

在触发器事件发生时，MySQL 会针对触发器所在表建立两个与该表结构完全相同的临时表：old 表和 new 表。这两个表固定储存在与触发器一起的内存中而不是数据库中，每个触发器只能访问自己的临时表，临时表即为触发器所在表的一个副本。old 表用于存放在数据修改过程中的既有数据，new 表用于存放在数据修改过程中将要更新的数据。用户可以使用这两个表比较数据修改的前后状态。触发器执行完成后，与该触发器相关的这两个表也会被删除。

■ 当向表中插入新记录时，在触发程序中可以利用 new 表访问新记录，当需要访问新记录的某个字段值时，可以使用"new.字段名"的方式访问。

■ 当从表中删除旧记录时，在触发程序中可以利用 old 表访问旧记录，当需要访问旧记录的某个字段值时，可以使用"old.字段名"的方式访问。

■ 当修改表的某条记录时，在触发程序中可以使用 old 表访问修改前的旧记录、使用 new 表访问修改后的新记录。当需要访问旧记录的某个字段值时，可以使用"old.字段名"的方式访问；当需要访问修改后的新记录的某个字段值时，可以使用"new.字段名"的方式访问。

需要注意的是，old 表中的记录是只读的，只能引用，不能更改；而在 BEFORE 类型的触发器程序中，可使用"SET new.列名=值"语句更改 new 表中记录的值。

另外，由于 old.字段名关联现有的行的一列在被更新或删除前的值，new.字段名关联一个新行的插入或更新现有的行的一列的值，所以，如果触发事件为 INSERT 语句，则只有 new 表是合法的；如果触发事件为 DELETE 语句，则只有 old 表是合法的；如果触发事件为 UPDATE 语句，则可以同时使用 new 和 old 表。

3. 触发器的执行

要编写出高效的触发器，必须了解触发器的执行过程。前已述及，与存储过程不同，触发器不能通过名字来执行，而是在发生插入、更新、删除等事件或相应的语句被执行时自动触发的。当触发器触发时数据库会自动执行触发器中预先编写好的 SQL 语句。另外，使用触发器时，触发器执行的顺序是 BEFORE 触发器、表数据修改操作、AFTER 触发器。其中，BEFORE 触发器在触发事件发生之前执行触发程序，即它仅执行触发器本身的代码，并不执行激活触发器的 DML 操作；AFTER 触发器在触发事件发生之后执行触发程序。

本任务中，任务①触发器实现的功能相当于外键约束中的级联删除。根据题意，应在 bstudent 表上创建 AFTER DELETE 触发器，并建立 old 表。任务②应在 bscore 表上创建

BEFORE INSERT 触发器，并建立 new 表。任务③触发器的触发事件和所要执行的操作都发生在 bcourse 表上，是一个激发自表数据更新的触发器，所以只能为 BEFORE 触发器。即在 bcourse 表上分别创建一个 BEFORE INSERT 触发器和一个 BEFORE UPDATE 触发器。

【任务实现】

1. 创建删除触发器 student_delete，并进行验证

```
USE studentscore;
DELIMITER $$
CREATE TRIGGER student_delete AFTER DELETE
ON bstudent FOR EACH ROW
BEGIN
    DELETE FROM bscore WHERE stud_id = old.stud_id;
END$$
DELIMITER ;
```

说明：①当在 bstudent 表中删除某个学生记录时，该学生原来的 stud_id 变为 old.stud_id；②该触发器实现的功能称为级联删除，但当两个表之间存在外键约束时，删除 bstudent 表中学生信息时则会出现如图 5-16 所示的错误信息。

```
mysql> DELETE FROM bstudent WHERE stud_id ='3031123101';
ERROR 1451 (23000): Cannot delete or update a parent row: a foreign key constraint fails (
`studentscore`.`bscore`, CONSTRAINT `Fk_bscore_bstudent` FOREIGN KEY (`stud_id`) REFERENCE
S `bstudent` (`stud_Id`))
```

图 5-16　在 bstudent 表中删除具有外键约束的学生时出现的错误信息

此时需要先将外键约束删除后，才能进行级联删除，即：

```
ALTER TABLE bscore DROP FOREIGN KEY Fk_bscore_bstudent;
DELETE FROM bstudent WHERE stud_id ='3031123101';
```

执行结果如图 5-17 所示。

```
mysql> ALTER TABLE bscore DROP FOREIGN KEY Fk_bscore_bstudent;
Query OK, 0 rows affected (0.31 sec)
Records: 0  Duplicates: 0  Warnings: 0

mysql> DELETE FROM bstudent WHERE stud_id ='3031123101';
Query OK, 1 row affected (0.07 sec)
```

图 5-17　先将 bscore 表中外键约束删除，再进行级联删除

最后再使用 SELECT 语句查看 bscore 表中“3031123101”学生的成绩记录：

```
SELECT * FROM bscore WHERE stud_id ='3031123101';
```

这时可以发现，学号为“3031123101”的学生在 bscore 表中的所有信息已经被删除了。

2. 创建插入触发器 score_insert，并进行验证

```
DELIMITER $$
CREATE TRIGGER score_insert BEFORE INSERT
ON bscore FOR EACH ROW
```

```
BEGIN
IF(SELECT Count(*) FROM bcourse WHERE course_id=new.course_id) = 0 THEN
    SIGNAL SQLSTATE 'HY000' SET message_text='没有此课程！';
END IF;
END$$
DELIMITER ;
```

说明：①当在 bscore 表中插入某门课程的成绩记录时，该课程的 course_id 应为 new.course_id；②代码中的 SIGNAL SQLSTATE 'HY000'语句为 MySQL 的异常处理语句，用于从触发器中抛出一个异常。注意这里的异常信息不能用 SELECT 语句输出。

为了验证该触发器的作用，可以向 bscore 表中加入如下数据：

```
INSERT INTO bscore(stud_id,course_id,score) VALUES('1011124101','11111',90);
```

执行结果如图 5-18 所示。

图 5-18　插入没有的课程成绩时的执行结果

3. 创建激发自表数据更新的触发器，并进行验证

```
CREATE TRIGGER insert_course_credit BEFORE INSERT
ON bcourse FOR EACH ROW
SET new.credit= new.hours/16;
CREATE TRIGGER updatet_course_credit BEFORE UPDATE
ON bcourse FOR EACH ROW
SET new.credit= new.hours/16;
```

说明：①当在 bcourse 表中插入或修改某门课程的课时数时，应用 new.hours 来计算相应的学分；②MySQL 的触发程序不能对本表使用更新语句（如 UPDATE 语句），其更新操作可以使用 SET 语句替代，否则可能会出错，甚至陷入死循环。

为了验证该触发器的作用，可以向 bcourse 表中插入如下数据：

```
INSERT INTO bcourse(course_id,course_name,hours) VALUES('30005','MySQL 数据库技术',64);
```

然后使用 SELECT 语句查看 bcourse 表中 30005 课程的记录：

```
SELECT * FROM bcourse WHERE course_id ='30005';
```

这时可以发现，"30005"课程的 credit 列自动填上了对应的学分数，如图 5-19 所示。

图 5-19　通过触发器 insert_course_credit 在插入课程时自动根据课时数计算其学分

再执行下面的修改语句：

```
UPDATE bcourse SET hours = 96 WHERE course_id ='30005';
```

然后再使用 SELECT 语句查看 bcourse 表中"30005"课程的记录：

```
SELECT * FROM bcourse WHERE course_id ='30005';
```

这时可以发现，"30005"课程的 credit 列的值已经修改为新的学分数，如图 5-20 所示。

```
mysql> UPDATE bcourse SET hours = 96 WHERE course_id ='30005';
Query OK, 1 row affected (0.08 sec)
Rows matched: 1  Changed: 1  Warnings: 0

mysql> SELECT * FROM bcourse WHERE course_id ='30005';
+-----------+---------------+-------------+-------+--------+
| course_id | course_name   | course_type | hours | credit |
+-----------+---------------+-------------+-------+--------+
| 30005     | MySQL数据库技术 | NULL        |    96 |      6 |
+-----------+---------------+-------------+-------+--------+
1 row in set (0.00 sec)
```

图 5-20　通过触发器 updatet_course_credit 在修改课程课时数时自动计算其学分

【任务总结】本任务通过 3 个案例体现了触发器在级联删除、数据约束及自动计算方面的应用。创建触发器时首先需要考虑使用什么类型的触发器，建立在哪个表上，然后需要判断触发器的触发时机是 BEFORE 还是 AFTER，最后需要决定触发器在被触发后所要执行的操作语句。

【任务拓展】创建一个触发器 courseid_update，实现当更改表 bcourse 中某门课的课程代号时，同时将 bscore 表中相应的课程代号全部更新。

```
USE studentscore;
CREATE TRIGGER courseid_update AFTER UPDATE
ON bcourse FOR EACH ROW
UPDATE bscore SET course_id=new.course_id WHERE course_id=old.course_id;
```

说明：①在本例中，new 和 old 同时使用。当在 bcourse 表更新 course_id，原来的 course_id 变为 old.course_id，并将 bscore 表 old.course_id 的记录更新为 new.course_id。②该触发器实现的功能称为级联修改，与级联删除类似，当两个表之间存在外键约束时，也需要先将外键约束删除，再进行级联修改。验证该触发器功能的代码如下：

```
SELECT * FROM bscore WHERE course_id ='30006';
ALTER TABLE bscore DROP FOREIGN KEY Fk_bscore_bcourse;
UPDATE bcourse SET course_id ='30006' WHERE course_id='30003';
SELECT * FROM bscore WHERE course_id ='30006';
```

结果显示，bscore 表中所有原"30003"课程代号的记录已更新为"30004"。

 ## 任务 5.9　管理学生成绩数据库中的触发器

【任务描述】①查看学生成绩数据库中的所有触发器的基本信息。②查看任务 5.8 中创建的 student_delete 触发器的详细信息及其定义语句。③删除 student_delete 触发器。

【任务分析与知识储备】对所创建的触发器进行管理主要包括查看、修改和删除触发器。其中，查看触发器是指查看数据库中已存在的触发器的基本信息、定义语句和其他相关信息等；修改触发器常采用先删除再重新定义的方法，相当于重新创建一个拥有原来触发器名称的新触发器。

（一）查看触发器

1. 查看触发器的基本信息

可以使用 SHOW TRIGGERS 语句来查看所创建触发器的基本信息，其语法格式如下：

```
SHOW TRIGGERS [FROM 模式名];
```

格式说明：模式名即 SCHEMA 的名称，在 MySQL 中 SCHEMA 和 DATABASE 是一样的，也就是说，可以指定数据库名，这样就不必先用"USE 数据库名;"语句打开数据库了。如果缺省该项，则查看当前数据库中的所有触发器。

```
SHOW TRIGGERS;
```

2. 查看触发器的定义语句

可以通过 SHOW CREATE 语句来获取所创建触发器的定义语句，其语法格式如下：

```
SHOW CREATE TRIGGER 触发器名;
```

3. 使用 SELECT 语句查看 Triggers 数据表中的触发器信息

在 MySQL 中，所有触发器的定义都存储在 information_schema 数据库下的 Triggers 表中。可以通过查询该表的记录来查看指定触发器的详细信息。其语法格式如下：

```
SELECT * FROM information_schema.Triggers
WHERE TRIGGER_NAME='触发器名';
```

格式说明：如果缺省 WHERE 子句，则可以查看 MySQL 系统中所有触发器的详细信息。

```
SELECT * FROM information_schema.Triggers\G;
```

（二）删除触发器

删除触发器指删除数据库中已经存在的触发器。MySQL 使用 DROP TRIGGER 语句来删除触发器。其语法格式如下：

```
DROP TRIGGER [IF EXISTS] [数据库名.]触发器名;
```

如果省略了数据库名，则表示在当前数据库中删除指定的触发器。

【任务实现】

1. 查看学生成绩数据库中的所有触发器

```
USE studentscore
SHOW TRIGGERS\G;
```

或：

```
SHOW TRIGGERS FROM studentscore\G;
```

说明：该语句可以查看触发器的名字、触发事件、触发器所在表、触发时机和触发器激活时要执行的语句（动作），以及触发器的创建时间、创建者、所用字符集等信息。

2. 查看 student_delete 触发器

（1）查看 student_delete 触发器的详细信息。

```
SELECT * FROM information_schema.Triggers
WHERE TRIGGER_NAME='student_delete'\G;
```

（2）查看 student_delete 触发器的定义语句。

```
SHOW CREATE TRIGGER student_delete\G;
```

3. 删除 student_delete 触发器

```
DROP TRIGGER student_delete;
```

【任务总结】触发器的管理主要包括查看触发器和删除触发器。创建触发器后最好能及时查看和验证，确保创建的触发器能实现所需功能。

任务 5.10　　为学生成绩数据库设计事务

【任务描述】①显式地关闭 MySQL 的自动提交事务模式，并通过删除 bstudent 表中学号为"1011124101"的记录进行验证。②通过开始一个事务实现隐式地关闭自动提交事务模式，该事务将完成对学生成绩数据库的 bscore 表中课程代号为"10001"的所有记录的成绩（score）增加 10%的操作。③用事务进行学生成绩数据库中学生基本信息添加的管理。要求在事务执行过程中，通过设置保存点，使得数据因回滚而还原到保存点。

【任务分析与知识储备】在前面的任务实施过程中，都是假设只有一个用户（root）在使用数据库，但实际应用中往往多个用户共享数据库。在多用户共享数据库系统或网络环境中，多个用户可能同时对同一数据进行操作，不可避免地会发生冲突。例如，对同一个数据，一个用户要查询，而另一个用户要修改，如果并发执行，则可能会带来数据的不一致性。又例如，人们生活中常见的转账业务，往往涉及两个或两个以上的账户，在转出账户的存款减少一定金额的同时，转入账户就要增加相应金额的存款，这两个更新操作只要有一个执行不成功，都会造成数据错误。为了解决此类问题，MySQL 通过提供事务和锁机制实现数据库的并发控制，以保证数据的可靠性和完整性。

需要注意的是，在 MySQL 中，并不是所有的存储引擎都支持事务，如 InnoDB 存储引擎支持事务，而 MyISAM 和 MEMORY 存储引擎则不支持事务。本任务在支持事务的 InnoDB 存储引擎基础上（学生成绩数据库中的表就是 InnoDB 类型的），主要介绍 MySQL 的事务编程技术。

（一）事务的基本概念

1. 事务的定义与特性

所谓**事务**，是指一个单元的工作，其中包括一系列的更新操作（可以是一条 SQL 语句、一组 SQL 语句或整个程序），这些操作要么全做，要么全部不做。作为一个不可分割的逻辑单元，事务具有以下 4 个特性。

（1）原子性（Atomicity）：原子性是指事务必须是一个不可分割的工作单元，一个事务中的所有操作要么全部执行，要么全部都不执行。只要事务中有一条语句操作失败，前面执行的语句都将被撤销，以保证数据的整体性不受到影响。

（2）一致性（Consistency）：一致性是指当事务完成时，必须使数据库中的所有数据都保持一致的状态。只有当数据库中仅包含成功事务提交的结果时，才能说数据库处于一致性状态。

（3）隔离性（Isolation）：隔离性是指一个事务的执行必须与其他事务的执行相互独立，即一个事务内部的操作及使用的数据与其他并发事务是隔离的，互不干扰。

（4）持久性（Durability）：持久性是指当一个事务完成（提交）之后，它对数据库中的数据的改变应是永久性的，接下来的其他操作或故障不应该对其执行结果有任何影响。

事务是并发控制的基本单位，上述 4 个特性也被称为事务的 ACID 特性。而如何保证事务的上述特性是 DBMS 并发控制机制的职责。事务的原子性由 DBMS 的事务管理子系统实现；事务的一致性由编写事务程序的应用程序员完成，也可以由 DBMS 的完整性子系统自动完成；事务的隔离性由 DBMS 的并发控制子系统实现；事务的持久性由 DBMS 的恢复管理子系统实现。

2. 事务的类型与处理

在 MySQL 中，任何对数据的修改都是在事务环境中进行的。根据事务定义方式的不同，可将事务分成**系统定义的事务**和**用户定义的事务**；根据事务提交方式的不同，可将事务分为**自动事务**和**手动事务**。上述分类与 MySQL 支持的 4 种事务模式（自动提交事务模式、显式事务模式、隐式事务模式和分布式事务模式）相对应。下面主要从系统自动提交的事务和用户定义的事务两方面来加以介绍。

（1）系统自动提交的事务。默认情况下，MySQL 采用自动提交（autocommit）模式运行，即当一个会话（连接）开始时，系统变量@@autocommit 默认为 1。此时，如果没有用户定义的事务，MySQL 会自己定义事务，并且一条语句就是一个事务；每条语句在完成时，都被自动提交（COMMIT）或回滚（ROLLBACK）。即如果一条语句成功执行，MySQL 会立刻将结果存储到磁盘中，称为提交；如果遇到错误，则撤销该语句的操作，称为**回滚**。这就是系统自动提交的事务，其工作在 MySQL 默认的自动提交事务模式下。

另外，需要明确的是，一条语句的执行对象既可能是表中的一行数据，也可能是表中的多行数据，甚至是表中的全部数据。因此，只有一条语句构成的事务也可能包含了多行数据的处理。例如，下面的这条数据修改语句本身就构成了一个事务：

```
UPDATE bclass SET class_name = '机电1241';
```

该语句由于没有使用条件限制，所以这个事务的对象，就是修改表中的全部数据。如果 bclass 表中有 1000 行数据，那么这 1000 行数据的修改要么全部成功，要么全部失败。

（2）用户定义的事务。在实际应用中，大多数的事务是由用户来定义的。在显式事务模式下，用户定义的事务必须通过 START TRANSACTION 或 BEGIN WORK 来开始一个事务，通过 COMMIT 或 ROLLBACK 来结束该事务；而在隐式事务模式下，则无须定义事务的启动和结束等操作，而是由一些 MySQL 语句隐式地执行相关操作。

另外，当事务都是在一个服务器上的操作，其保证的数据完整性和一致性是指一个服务器上的完整性和一致性时，则可定义一个本地事务。而当一个事务分散在多个服务器上，需要保证在多服务器环境中事务的完整性和一致性时，则可定义一个分布式事务。

在应用程序中，对一个分布式事务的处理与一个普通的本地事务的处理类似，但其提交方法有所不同。分布式事务使用一种称为"两阶段提交"的方法，即准备阶段和提交阶段。在准备阶段，所有参与事务的服务器都开始准备，告诉事务管理器它们准备好提交了。在提交阶段，事务管理器告诉资源管理器执行 COMMIT 或 ROLLBACK，如果任何一个服务器显示不能 COMMIT，则所有的服务器都得全部 ROLLBACK。

（二）MySQL 事务的管理

1. 关闭 MySQL 的自动提交事务模式

当与 MySQL 建立连接后，MySQL 就将工作在系统自动提交事务模式下，直到用户通过修改系统变量@@autocommit 的值关闭自动提交功能或使用 START TRANSACTION 语句开始一个显式事务。前者称为显式关闭自动提交模式，后者称为隐式关闭自动提交模式。隐式关闭自动提交模式不会修改系统变量@@autocommit 的值。如要显式关闭自动提交模式，则可使用如下语句：

```
SET @@autocommit=0;
```

说明：执行该语句后，必须明确地指定每个事务的提交操作（COMMIT），事务中的 SQL 语句对数据库所做的修改才能成为持久化修改；否则用户可以通过 ROLLBACK 语句撤销所做修改。

若想恢复事务的自动提交功能，执行如下语句即可：

```
SET @@ autocommit=1;
```

2. 用户事务的定义

在 MySQL 系统中，定义事务的语句主要有下列 4 条：START TRANSACTION、COMMIT、SAVEPOINT 和 ROLLBACK。

（1）开始事务。在 MySQL 中，可以使用事务控制语句 START TRANSACTION 或者 BEGIN WORK 来显式地开始一个用户定义的事务。其语法格式如下：

```
START TRANSACTION | BEGIN WORK;
```

说明：BEGIN WORK 语句可以用来替代 START TRANSACTION 语句，但是 START TRANSACTION 更常用些。

（2）提交事务。COMMIT 语句用于提交一个用户定义的事务，也标志一个事务的结束，并保证对数据的修改已经成功地写入数据库。其语法格式如下：

```
COMMIT [WORK] [AND [NO] CHAIN] [[NO] RELEASE];
```

格式说明： ①可选项 AND CHAIN 子句会在当前事务结束时，立刻启动一个新事务，并且新事务与刚结束的事务有相同的隔离等级；②可选项 RELEASE 子句在终止了当前事务后，会让服务器断开当前客户端的连接；③NO 关键字可以抑制 CHAIN 或 RELEASE 完成。

注意： MySQL 使用的是平面事务模型，因此嵌套的事务是不允许的。在第一个事务里使用 START TRANSACTION 命令后，当第二个事务开始时，自动地提交第一个事务。同样，下面的这些 MySQL 语句运行时都会隐式地执行一个 COMMIT 命令：

- DROP DATABASE / DROP TABLE；
- CREATE INDEX / DROP INDEX；
- ALTER TABLE / RENAME TABLE；
- LOCK TABLES / UNLOCK TABLES；
- SET @@autocommit=1。

（3）回滚事务（撤销事务）。ROLLBACK 语句用于回滚事务所做的修改，并结束当前事务，其语法格式如下：

```
ROLLBACK [WORK] [AND [NO] CHAIN] [[NO] RELEASE];
```

其中，可选项的含义与提交事务相同。

（4）设置事务保存点。除了回滚整个事务，还可以使用 ROLLBACK TO 语句使事务回滚到某个点，实现事务的部分回滚。在这之前需要使用 SAVEPOINT 语句在事务内设置一个保存点，其语法格式如下：

```
SAVEPOINT 保存点名;
```

如果在保存点被设置后，当前事务对数据进行了修改，则可通过 ROLLBACK TO 语句将事务回滚到事务的起点或事务内的某个保存点，以取消事务对数据的全部修改或部分修改。其语法格式如下：

```
ROLLBACK [WORK] TO SAVEPOINT 保存点名;
```

当事务回滚到某个保存点后，在该保存点之后设置的保存点将被删除。如果想从当前事务的一组保存点中删除已命名的保存点，使之不出现提交或回滚，则可使用 RELEASE SAVEPOINT 语句。其语法格式如下：

```
RELEASE SAVEPOINT 保存点名;
```

说明： 如果保存点不存在，则会出现错误。

在本任务中，任务①通过设置系统变量@@autocommit 的值可以显式地关闭自动提交功能。任务②通过事务实现对 bscore 表中课程代号为"10001"的所有记录的成绩增加 10% 的操作，这些记录的修改操作要么全做，要么全部不做。另外，在定义事务时使用的"START TRANSACTION"命令也可以隐式地关闭自动提交功能。任务③通过在事务中设置保存点，以保证在事务的执行过程中发生错误时，能使插入的数据因回滚而还原到保存点。

【任务实现】

（1）显式地关闭自动提交事务模式，并验证。

首先显式地关闭自动提交事务模式：SET @@autocommit=0;

然后执行如下语句进行验证：

```
USE studentscore;
DELETE FROM bstudent WHERE stud_id='1011124101';
SELECT * FROM bstudent WHERE stud_id='1011124101';
```

从执行结果中发现，bstudent 表中已经删去学号为"1011124101"的记录（显示为空记录）。但是，这个修改并没有持久化，因为自动提交功能已经关闭了。用户可以通过 ROLLBACK 语句撤销这一修改；或者使用 COMMIT 语句持久化这一修改。例如，继续执行下面的语句：

```
ROLLBACK;
SELECT * FROM bstudent WHERE stud_id='1011124101';
```

从执行结果可以看出，数据回滚到了删除之前的状态，如图 5-21 所示。

图 5-21　显式关闭自动提交事务模式后回滚事务的处理结果

最后恢复事务的自动提交功能，执行如下语句：

```
SET @@ autocommit=1;
```

（2）通过开始一个事务隐式地关闭自动提交事务模式。

```
-- 定义事务后执行回滚操作，并查看执行结果
START TRANSACTION;
UPDATE bscore SET score = score *1.10 WHERE course_id = '10001';
ROLLBACK;
SELECT * FROM bscore WHERE course_id = '10001';
```

执行结果如图 5-22 所示。

图 5-22　隐式关闭自动提交事务模式后回滚事务的处理结果

从执行结果可以看出，虽然已经执行了 UPDATE 语句，但并没有立即更新数据（回滚到了修改之前的状态），其他会话读取到的仍然是更新前的数据。继续执行下面的语句：

```
-- 重新执行事务后提交事务，再回滚，并查看执行结果
UPDATE bscore SET score = score *1.10 WHERE course_id = '10001';
COMMIT;
ROLLBACK;
SELECT * FROM bscore WHERE course_id = '10001';
```

执行结果如图 5-23 所示。

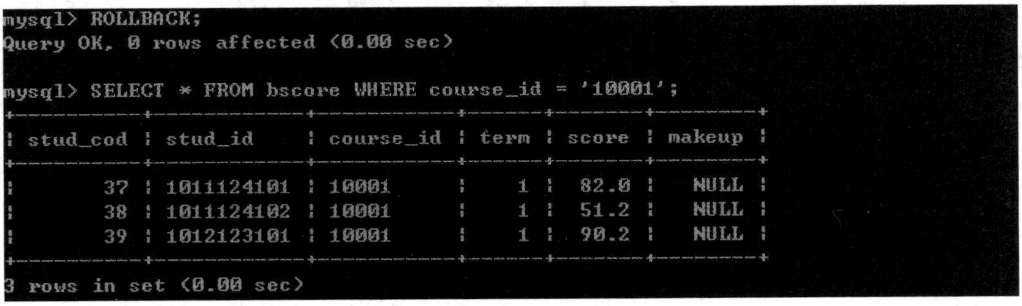

```
mysql> ROLLBACK;
Query OK, 0 rows affected (0.00 sec)

mysql> SELECT * FROM bscore WHERE course_id = '10001';
+----------+------------+-----------+------+-------+--------+
| stud_cod | stud_id    | course_id | term | score | makeup |
+----------+------------+-----------+------+-------+--------+
|       37 | 1011124101 | 10001     |    1 |  82.0 |   NULL |
|       38 | 1011124102 | 10001     |    1 |  51.2 |   NULL |
|       39 | 1012123101 | 10001     |    1 |  90.2 |   NULL |
+----------+------------+-----------+------+-------+--------+
3 rows in set (0.00 sec)
```

图 5-23　隐式关闭自动提交事务模式后提交事务的处理结果

从执行结果可以看出，对数据所做的更新操作已经成功地写入数据库（没有回滚到修改之前的状态），其他会话读取到的是更新后的数据。

技巧：如果只是对某些语句需要进行事务控制，则使用 START TRANSACTION 开始一个事务比较方便，这样事务结束之后可以自动回到自动提交的方式；如果希望所有的事务都不是自动提交的，那么通过修改系统变量@@autocommit 的值来控制事务比较方便，这样不用在每个事务开始的时候再执行 START TRANSACTION。

（3）在客户端命令窗口中输入并执行如下代码：

```
/*事务开始的标志*/
START TRANSACTION;
INSERT INTO bstudent(stud_id, stud_name, stud_sex, birth, family_place)
VALUES('1012123103','王静静','女','1994-09-15','江苏');
/*设置事务的第一个保存点*/
SAVEPOINT insertpoint1;
INSERT INTO bstudent(stud_id, stud_name, stud_sex, birth, family_place)
VALUES('3032133103','王正东','男','1995-11-04','山东');
/*设置事务的第二个保存点*/
SAVEPOINT insertpoint2;
INSERT INTO bstudent(stud_id, stud_name, stud_sex, birth, family_place)
VALUES('3032163102','李海','男','1998-10-15','山西');
/*假如事务执行中第 3 条插入语句有错误，则回滚到保存点 insertpoint2*/
ROLLBACK TO SAVEPOINT insertpoint2;
SELECT * FROM bstudent WHERE stud_id='3032163102';
/*如果事务正常，则提交*/
COMMIT;
SELECT * FROM bstudent;
```

执行结果如图 5-24 所示。

```
mysql> SELECT * FROM bstudent;
+------------+-----------+----------+------------+---------+--------------+----------+
| stud_id    | stud_name | stud_sex | birth      | members | family_place | class_id |
+------------+-----------+----------+------------+---------+--------------+----------+
| 1011124101 | 王加玲     | 女        | 1994-10-08 | 团员     | 山东          | 10111241 |
| 1011124102 | 周云天     | 男        | 1992-01-02 | 党员     | 上海          | 10111241 |
| 1011124103 | 东方明亮   | 女        | 1993-05-01 | 群众     | 天津          | 10111241 |
| 1011124201 | 张洁艳     | 女        | 1992-06-30 | 团员     | 山西          | 10111242 |
| 1011124202 | 沈晓英     | 女        | 1992-01-02 | 党员     | 山东          | 10111242 |
| 1012123101 | 杨洪艳     | 女        | 1994-06-22 | 群众     | 江苏          | 10121231 |
| 1012123102 | 王静静     | 女        | 1993-09-15 | 团员     | 江苏          | 10121231 |
| 1012123103 | 王静静     | 女        | 1994-09-15 | NULL    | 江苏          | NULL     |
| 3031123102 | 武云峰     | 男        | 1993-05-02 | NULL    | NULL         | 30311231 |
| 3031123103 | 孙玉凤     | 女        | 1994-12-10 | 群众     | 江苏          | 30311231 |
| 3032133101 | 刘飞       | 男        | 1993-11-29 | 团员     | 江苏          | 30321331 |
| 3032133102 | 褚葛林生   | 男        | 1992-12-02 | 群众     | 山东          | 30321331 |
| 3032133103 | 王正东     | 男        | 1995-11-04 | NULL    | 山东          | NULL     |
+------------+-----------+----------+------------+---------+--------------+----------+
13 rows in set (0.00 sec)
```

图 5-24　通过设置保存点使数据因回滚而还原到保存点的处理结果

从执行结果可以看出，由于执行了回滚到事务的保存点 insertpoint2 的操作，最终插入到 bstudent 表中的记录只有前两条记录，而学号为 "3032163102" 的记录没有被插入表中。

说明：上面语句中的保存点也可以根据需要进行删除，如删除保存点 insertpoint2 的语句如下：

```
RELEASE SAVEPOINT insertpoint2;
```

【任务总结】在使用用户定义的事务时，可以有两种关闭自动提交事务模式的方法：一种是显式地关闭自动提交，另一种是隐式地关闭自动提交。但要特别注意的是，用户定义的事务必须有明确的结束语句来结束事务。如果没有明确的结束语句，系统可能把从事务开始到用户关闭连接之间的全部操作都作为一个事务来对待。事务的明确结束可以是下面的两种方式之一：COMMIT 语句和 ROLLBACK 语句。

项目小结：本项目围绕 MySQL 程序设计这个主题，以学生成绩数据库为操作对象，介绍了 MySQL 程序中的常量和变量、流程控制语句、游标及事务的编程方法，介绍了用户自定义函数、存储过程和表级触发器的创建与管理方法。同时还介绍了 MySQL 程序中的常量和变量的概念、存储过程和触发器的基本概念及其优点，以及事务的基本特性和 MySQL 的事务模式。

习题五

一、选择题

1. 下面（　　）是 MySQL 的合法标识符。

    A. 2a　　　　　　　　B. GLOBAL　　　　　　C. A2　　　　　　　　D. end

2. MySQL 中的用户变量以（　　）符号开头。

    A. &　　　　　　　　B. @　　　　　　　　C. @@　　　　　　　D. #

3. 下列（　　　）流程控制语句是 MySQL 的条件分支语句。

    A. BEGIN…END　　　B. RETURN　　　　　C. WHILE　　　　　　D. IF...ELSE

4. 以下不能在 MySQL 中实现循环操作的语句是（　　　）。

    A. CASE　　　　　　B. LOOP　　　　　　C. REPEAT　　　　　D. WHILE

5. 存储过程是一组预先定义并（　　　）的 SQL 语句，它驻留在数据库中。

    A. 保存　　　　　　B. 编写　　　　　　C. 编译　　　　　　D. 解释

6. 触发器可以创建在（　　　）中。

    A. 表　　　　　　　B. 存储过程　　　　C. 存储函数　　　　D. 以上都不是

7. 下列（　　　）语句用于创建触发器。

    A. CREATE PROCEDURE　　　　　　　B. CREATE TRIGGER

    C. ALTER TRIGGER　　　　　　　　　D. DROP TRIGGER

8. 下面（　　　）事件不会引起触发器的触发响应。

    A. UPDATE　　　　　B. INSERT　　　　　C. SELECT　　　　　D. DELETE

9. 下列（　　　）不是事务所具有的特性。

    A. 原子性　　　　　B. 共享性　　　　　C. 一致性　　　　　D. 持久性

10. 下列关于 MySQL 中事务的说法，错误的是（　　　）。

    A. 事务是针对数据库的一组操作

    B. 事务中的语句要么都执行，要么都不执行

    C. 事务提交后其中的操作才会生效

    D. 提交事务的语句为 SUBMIT

二、填空题

1. MySQL 中支持 3 种形式的变量：_____、_____和_____。

2. 在 MySQL 编程中，定义一个语句块可以使用_____语句。

3. 在进行存储过程的定义时，可以使用_____语句来改变 MySQL 默认的 SQL 语句结束标志。

4. 创建触发器的语句中使用_____关键字指定对于受触发事件影响的每一行，都要激活触发器的动作。

5. 根据事务提交方式的不同，可将事务分为_____和_____。

6. 开启事务的语句是_____；用于将事务处理写到数据库中的语句是_____。

三、判断题

1. 注释是程序中不被执行的语句，主要用来说明代码的含义。　　　　　　　　　（　　　）

2. 如果定义存储过程时使用了参数，则调用该存储过程时，也要使用参数，并且参数的个数、类型和顺序必须与其定义的参数个数、类型和顺序一致。　　　　　　　　　（　　　）

3. 只有 OPEN 打开游标后，查询结果才会存到 MySQL 服务器内存中。　　　　（　　　）

4. 触发器不需要被调用，它可以自动执行。　　　　　　　　　　　　　　　　（　　　）

5. 事务是进行数据管理的基本操作单元，其中的操作要么全做，要么全部不做。

                                                       （　　　）

6. 自动提交事务模式是指自动执行提交并在发生故障时自动回滚的事务模式。它是 MySQL 默认的事务管理模式。　　　　　　　　　　　　　　　　　　　　　　（　　　）

四、简答题

1. 试述存储过程的优点，简述其与存储函数的区别。
2. 试述游标的作用及其使用步骤。
3. 什么是触发器？触发器有哪些优点？
4. MySQL 支持哪几种触发器？它们有何不同？
5. 什么是事务？它有何作用？

五、项目实践（训）题

1. 声明一个用户变量 num，并将机修部（deptid 为 "2003"）的职工人数赋给它。

2. 编写存储过程 dept_information，要求实现如下功能：输入部门编号，产生该部门的基本信息。调用存储过程，显示 "2001" 部门的基本信息。

3. 在 people 数据库中创建一个存储过程，存储过程名为 employee_salary，要求实现如下功能：根据职工号，查询该职工的工资情况，其中包括该职工的工号、姓名、性别、应发工资、各种扣除和实发工资等。

4. 在 people 数据库中创建一个存储过程，存储过程名为 reason_num，要求根据请假缘由输出因为该缘由请假的人数。

5. 在 bsalary 表上创建 DELETE 触发器 del_salary，实现当删除职工信息表（bemployee）中的某个职工的记录时，对应职工工资信息表（bsalary）中的所有有关此职工的工资记录都被删除。

6. 在 people 数据库中创建一个触发器，实现当插入或修改 bleave 表中的请假天数时，自动计算出每个职工请假总天数。

7. 用事务进行 people 数据库中职工调动时的工资管理。即实现从 bemployee 表中删除工号为 "200101" 的职工时将 bsalary 中其相应的工资信息也删除。这两个操作要么都执行，要么一个都不执行，如果任何一个环节发生了错误，所做操作都将被取消。

项目6　学生成绩数据库的备份与恢复

知识目标：①了解数据库备份与恢复的基本概念；②了解数据丢失的原因、数据库备份的分类及数据恢复的手段；③掌握数据库各种备份及恢复方法的特点和使用场合。

技能目标：①能根据实际应用进行备份与恢复的需求分析，并制定相应的方案；②能根据不同的应用需求进行数据的备份；③知道如何从备份中恢复数据；④会利用 MySQL 数据导入/导出工具实现其他数据源与 MySQL 之间的数据转换。

素质目标：①形成勤奋踏实、好学上进的学习态度；②培养学生数据备份与整合能力；③养成务实解决问题的习惯；④培养学生团队协作精神。

[项目描述与任务分解]

在实际数据库应用系统中，计算机系统可能会受到各种各样的干扰和侵袭，最为常见的有病毒破坏、计算机硬件故障及误操作等，这些异常情况很可能导致数据的丢失和破坏。为了能够尽快恢复系统的正常工作并把损失降低到最低，数据库管理系统必须能够对数据库中的数据进行备份，并在需要时及时恢复数据。定期备份数据库，在发生故障时进行恢复，是 DBA 的日常重要工作之一。另外，实际应用中常常需要将 MySQL 数据表中的数据导出到外部存储文件（如 sql 文件、xml 文件、txt 文件等）中，或者从外部存储文件中获取已经存在的数据，为此，MySQL 提供了功能丰富的数据导入/导出工具，以用于数据的传递。按照数据库备份与恢复及数据导入与导出的管理内容，本项目主要分解成以下几个任务：

任务 6.1　初识数据库备份与恢复
任务 6.2　备份数据库
任务 6.3　恢复数据库
任务 6.4　数据的导出
任务 6.5　数据的导入
任务 6.6　使用 MySQL 日志恢复数据

 任务 6.1　初识数据库备份与恢复

【任务描述】根据实际需求，说明学生成绩数据库在日常维护与使用中需要的备份类型及其备份时机，并为其制定一个合理的数据库恢复方案。

【任务分析与知识储备】数据备份和恢复是数据库管理中最常用的操作。备份和恢复的目的是将数据库中的数据进行备份，生成**后备**副本，以便在系统发生故障后能够恢复全部或部分数据。在数据库的日常维护中，如要根据实际应用需求，为数据库选择合适的备份类型及其备份时机，制定一个合理的数据库恢复方案，首先需要对数据库备份与恢复的概念、数据丢失的原因、数据库备份的分类和数据库恢复的手段等方面有所了解。

（一）数据库备份与恢复的概念

数据库备份是指系统管理员定期或不定期地将数据库部分或全部内容复制或导出到另一个磁盘上保存起来的过程。数据库备份是在数据库遭到破坏的情况下，能及时恢复数据，防止数据丢失的一种重要手段。

数据库恢复是指把遭到破坏、丢失的数据或出现重大错误的数据库恢复到原来正常的状态。能够恢复到什么状态是由备份决定的。有以下两种情况需要执行恢复数据库的操作。

（1）数据库或数据损坏。因为用户误删了数据库中的关键数据，或数据库文件被意外损坏，以及服务器里硬盘驱动器损坏等情况。

（2）因维护任务或数据的远程处理需要从一个服务器向另一个服务器复制数据库。

数据备份和恢复可以用于保护数据库的关键数据。在系统发生错误或者因需求改变时，利用备份的数据可以恢复数据库中的数据。

（二）数据丢失的原因

在数据库的使用过程中，可能造成数据丢失的原因有多种，主要分为以下 4 类。

（1）系统故障。系统故障一般是指由于硬件故障或软件错误造成的系统崩溃。

（2）事务故障。事务故障是指事务运行过程中，没有正常提交就产生的故障。

（3）用户误操作。如误使用了诸如 DELETE、UPDATE 等命令而引起数据丢失或破坏。

（4）介质故障。由于物理介质发生读写错误，如磁盘损坏、磁头碰撞、瞬时强磁场干扰等。介质故障发生的可能性较小，但破坏性很强，有时会造成数据库无法恢复。

（三）数据库备份的分类

1. 按备份时服务器是否在线划分

（1）热备份。热备份是指数据库在线时服务器正常运行的情况下进行数据备份。

（2）温备份。温备份是指进行数据备份时数据库服务器正常运行，但数据只能读不能写。

（3）冷备份。冷备份是指数据库已经正常关闭的情况下进行的数据备份。当正常关闭时会提供一个完整的数据库。

2. 按备份的内容划分

（1）逻辑备份。逻辑备份是指使用软件技术从数据库中导出数据并写入一个输出文件，该文件格式一般与原数据库的文件格式不同，只是原数据库中数据内容的一个映像。逻辑备份支持跨平台，备份的是 SQL 语句，以文本形式存储。在恢复的时候执行备份的 SQL 语句实现数据库数据的重现。

（2）物理备份。物理备份是指直接复制数据库文件进行的备份，与逻辑备份相比，其速度较快，但占用空间比较大，且需要关闭服务器。

3. 按备份涉及的数据范围划分

（1）完整备份。完整备份是指备份整个数据库，包括所有的数据及数据库对象。这种备份生成的备份文件大小和备份需要的时间是由数据库中数据的容量决定的。它也是差异备份和增量备份的基础，即在执行差异备份或增量备份之前至少要执行一次完整备份。

（2）差异备份。差异备份是指备份自最近一次完整数据库备份后发生了更改的数据。这种备份生成的备份文件大小和备份需要的时间，取决于自上次完整备份后数据库的数据变化情况。随着时间的推移，其需要备份的数据量可能会越来越大。

（3）增量备份。增量备份是指备份自上一次完整备份或者最近一次增量备份后发生了更改的数据。这种备份的好处是每次需要备份的数据较少，耗时较短，占用的空间较小，可用于定期备份和自动恢复。

（四）数据恢复的手段

数据库恢复是数据库管理系统管理的一项重要工作，从某种意义上讲，数据库的恢复比数据库的备份更加重要，因为数据库备份是在正常的工作环境下进行的，而数据库恢复是在非正常状态下进行的，比如硬件故障、软件瘫痪及误操作。MySQL 有 3 种保证数据恢复的方法。

（1）数据库备份：通过导出数据或者表文件的拷贝来保护数据。

（2）二进制日志文件：通过保存更新数据的所有语句进行增量备份。

（3）数据库复制：MySQL 内部复制功能。建立在两个或两个以上服务器之间，通过设定它们之间的主从关系来实现。其中一个作为主服务器，其他的作为从服务器。本项目主要介绍前两种方法。

【任务实现】

1. 学生成绩数据库的备份类型及其备份时机

首先，备份是一个十分耗费时间和资源的操作，不能频繁操作。应该根据数据库使用情况确定一个适当的备份周期。由于学生成绩数据库的备份与恢复是一个典型的 8 小时上班制单位的数据库备份与恢复问题。所以根据用户的需求和实际环境，可每周在数据库空闲时进行一次完整数据库备份，每天进行一次增量备份（MySQL 中的增量备份是通过使用 mysqlbinlog 处理二进制日志文件来实现的）。

其次，在下列几种情况下也要进行数据库的备份。

（1）修改了数据表的结构或为数据表填充了数据后，需要备份数据库或相应的表。

（2）为数据表创建索引后需要备份数据库或相应的表。

（3）当执行了无日志操作或执行了清理事务日志的语句后，需要备份数据库。因为在清理之后，事务日志将不包含数据库的活动记录，也不能用来还原数据库。

2. 学生成绩数据库恢复方案

恢复方案的制定与具体的故障类型相关，本系统常见故障及相应的恢复计划如下。

（1）时间点故障：进行完整数据库备份的恢复；根据时间点选择是否进行差异备份的恢复；按顺序重做连续的增量备份的恢复。

（2）备份介质的故障：复制另外一台计算机的备份。

（3）事务故障：恢复到最后的日志备份点；手工重做事务。

（4）系统故障：恢复系统；恢复用户数据库。

（5）服务器故障：重做服务器；恢复系统；恢复用户数据库。

如果从某一时间节点恢复数据库，则要在备份的时间节点开启 MySQL 二进制日志。这样可以查看日志获取备份后数据库发生的改变，从而恢复整个数据库。如果数据库遇到崩溃或磁盘错误，就必须使用备份恢复数据库。找到对应时间节点的备份后，按照上述内容恢复数据库。如果是由于 MySQL 服务崩溃需要恢复数据库，InnoDB 会自动检查日志，然后向前回滚数据库，同时自动回滚未提交的事务。

【任务总结】数据备份就是制作数据库结构、对象和数据的副本，以便在数据库遭到破坏时，或因需求改变而能够把数据库还原到改变以前时的状态。数据恢复就是当数据库出现故障时，将数据库备份加载到系统中，从而使数据库恢复到备份时的正确状态。而何时进行备份、使用何种备份类型及如何进行恢复则需根据实际应用需求来决定。

 # 任务 6.2　备份数据库

【任务描述】首先在 D 盘根目录下创建 backup 文件夹，然后完成下面的备份任务，生成的备份文件均存放于 backup 文件夹中。①使用 mysqldump 命令备份学生成绩数据库中的 bstudent 表和 bscore 表，备份文件取名为 stuscoretb.sql。②使用 mysqldump 命令对学生成绩整个数据库进行备份，备份文件取名为 studentscorebak.sql。③使用 mysqldump 命令备份 MySQL 服务器上的学生成绩和 mysql 数据库，备份文件取名为 db.sql。

【任务分析与知识储备】MySQL 数据库管理系统备份数据库时分为 MyISAM 存储引擎的 MyISAM 表和 InnoDB 存储引擎的 InnoDB 表两种不同的情况。对于 MyISAM 表，最简单的数据库备份方法是直接复制整个数据库目录的冷备份，也可以使用 mysqlhotcopy 工具或 mysqldump 工具进行热备份；而对于 InnoDB 表，一般只能使用 mysqldump 工具进行热备份。由于直接复制整个数据库目录不但需要考虑软硬件的兼容性，而且需要停止 MySQL 服务器，同时该方法对 InnoDB 存储引擎的表不适用，所以下面主要介绍 mysqldump 工具的使用。

（一）mysqldump 工具简介

mysqldump 是 MySQL 提供的一个非常有用的数据库备份工具。该实用程序存储在 C:\Program Files\MySQL\MySQLServer 8.0\bin 文件夹中。执行 mysqldump 命令时，可以将数据库备份成一个.sql 文件，该文件中实际上包含了多个 CREATE 和 INSERT 语句，使用这些语句可以重新创建表和插入数据。

mysqldump 命令的工作原理很简单，即先查出需要备份的表的结构，再在.sql 文件中生成一条 CREATE 语句。然后，将表中的所有记录转换成一条 INSERT 语句。这些 CREATE 语句和 INSERT 语句都是还原时要使用的。即还原数据时可以使用其中的 CREATE 语句来创建表；使用其中的 INSERT 语句来还原数据。

另外，为了保证数据的一致性，mysqldump 在备份每个数据库时会先进行锁表，对于支持事务的 InnoDB 存储引擎，可在备份时加上--single-transaction 参数利用事务来避免锁表；而对于不支持事务的 MyISAM 存储引擎，只能通过锁定表来保证数据的一致性。由于学生成绩数据库中的表使用的是 InnoDB 存储引擎，所以下面主要针对 InnoDB 存储引擎讨论数据库的备份操作。

（二）利用 mysqldump 工具备份数据库

mysqldump 命令工具是 MySQL 中常用的备份方法，该方法有多种语法格式，适用于不同的应用场合。

1. 备份数据库或表

mysqldump 备份数据库或表的语法格式如下：

```
mysqldump -h 主机名 -u 用户名 -p 数据库名 [表 1 [表 2…]]>[文件路径]文件主名.sql
```

格式说明：①同其他客户端程序一样，MySQL 备份数据时需要使用一个用户账号连接到服务器。如果是本地服务器，-h 选项可省略。②如果语句中没有表名，则备份整个数据库。③如果语句中有多个表，则表名之间用空格分隔，且都备份在一个文件中。④备份文件默认的存储位置为当前目录；如果要保存在特定位置，则可以指定文件路径。⑤文件主名在目录中不能已经存在，否则新的备份文件将会覆盖原来同名的文件，造成不必要的麻烦。

2. 备份多个数据库

使用 mysqldump 备份多个数据库，需要使用--databases 参数，其语法格式如下：

```
mysqldump -h 主机名 -u 用户名 -p --databases 数据库名 1 [数据库名 2…]]>[文件路径]文件主名.sql
```

格式说明：使用--databases 参数之后，必须指定至少一个数据库的名称，多个数据库之间用空格隔开。

3. 备份 MySQL 服务器上的所有数据库

mysqldump 还可以备份 MySQL 服务器上的所有数据库，此时需要使用--all-databases 参数，其语法格式如下：

```
mysqldump -h 主机名 -u 用户名 -p --all-databases >[文件路径]文件主名.sql
```

说明：如果使用--all-databases 参数备份了所有数据库，则在还原数据库时，不需要创建数据库并指定要操作的数据库，因为备份的文件中包含了 CREATE 语句和 USE 语句。

【任务实现】
准备工作：在 D 盘根目录下创建 backup 文件夹。
说明：备份文件所在文件夹需要预先创建，否则会提示"系统找不到指定路径"。

（1）在 Windows 的 CMD 命令模式下输入并执行如下命令代码：

```
mysqldump -uroot -p studentscore bstudent bscore>D:\backup\stuscoretb.sql
Enter password:******
```

输入密码后，MySQL 便对数据库进行了备份，在 D:\backup 文件夹下可以看到已经生成了 stuscoretb.sql 文件，使用文本查看器打开文件可以看到其文件内容，如图 6-1 所示。

```
stuscoretb.sql - 记事本                                    □ □ X
文件(F)  编辑(E)  格式(O)  查看(V)  帮助(H)
/*!40111 SET @OLD_SQL_NOTES=@@SQL_NOTES, SQL_NOTES=0 */;

--
-- Table structure for table `bstudent`
--

DROP TABLE IF EXISTS `bstudent`;
/*!40101 SET @saved_cs_client     = @@character_set_client */;
/*!40101 SET character_set_client = utf8 */;
CREATE TABLE `bstudent` (
  `stud_id` char(10) NOT NULL,
  `stud_name` varchar(50) NOT NULL,
  `stud_sex` enum('男','女') DEFAULT NULL,
  `birth` date DEFAULT '1900-01-01',
  `members` varchar(40) DEFAULT NULL,
  `family_place` varchar(50) DEFAULT NULL,
  `class_id` char(8) DEFAULT NULL,
  PRIMARY KEY (`stud_id`),
  KEY `Fk_classid` (`class_id`),
  KEY `ix_sname` (`stud_name`),
  KEY `ix_sbirth` (`birth`) /*!80000 INVISIBLE */,
  CONSTRAINT `Fk_classid` FOREIGN KEY (`class_id`) REFERENCES `bclass`
(`class_id`)
```

图 6-1　备份文件内容

（2）在 Windows 的 CMD 命令模式下输入并执行如下命令代码：

```
mysqldump -uroot -p studentscore>D:\backup\studentscorebak.sql
Enter password:******
```

（3）在 Windows 的 CMD 命令模式下输入并执行如下命令代码：

```
mysqldump -uroot -p --databases studentscore mysql>D:\backup\db.sql
Enter password:******
```

命令执行成功后，会在 D:\backup 文件夹下生成 db.sql 文件，其中存储了学生成绩数据库和 mysql 数据库的全部 SQL 语句。

【任务总结】mysqldump 可针对不同的应用场景使用不同的语法格式生成移植到其他机器的文本文件，甚至可移植到有不同硬件结构的机器上，但无论使用哪一种方法，都要求备份期间的数据库必须处于数据一致状态，即数据备份期间，尽量不要对数据进行更新操作。

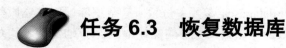

任务 6.3　恢复数据库

【任务描述】由于人为原因，不小心删除了学生成绩数据库中的部分有用数据，现需要使用 MySQL 命令语句对学生成绩数据库从备份文件中恢复数据。①使用 mysql 命令将任务 6.2

（2）创建的备份文件 studentscorebak.sql 恢复到学生成绩数据库中。②使用 SOURCE 命令将任务 6.2（1）创建的备份文件 stuscoretb.sql 恢复到学生成绩数据库中。③使用 SOURCE 命令将备份文件 studentscorebak.sql 恢复到学生成绩数据库中。

【任务分析与知识储备】恢复是与备份相对应的系统维护和管理操作。系统在进行恢复操作时，要先执行一些系统安全性的检查，包括检查所要恢复的数据库是否存在、数据库是否变化及数据库文件是否兼容等，然后才会根据所使用的数据库备份类型采取相应的恢复措施。

如果在数据库正常状态下，已经使用 mysqldump 命令将数据库中的表及其数据备份成.sql 文件，则当数据丢失需要还原时，可以使用 MySQL 的恢复命令来还原备份的数据。对于使用 mysqldump 命令备份后形成的.sql 文件，既可以使用 mysql 命令导入.sql 文件进行数据库的恢复，也可以使用 SOURCE 命令导入.sql 文件进行数据库的恢复。

1. 使用 mysql 命令恢复数据库

备份的.sql 文件中包含 CREATE TABLE、INSERT 语句，也可能包含 DROP 语句。mysql 命令可以直接执行文件中的这些语句。其语法格式如下：

```
mysql -h 主机名 -u 用户名 -p [数据库名]<[文件路径]文件主名.sql
```

格式说明：①数据库名为可选项，指定数据库名时，表示恢复该数据库中的表；不指定数据库名时，表示恢复特定的数据库。②如果服务器中不存在要恢复的数据库，则执行该命令时将会报错，须先创建数据库。③如果表的结构损坏，也可能恢复，但是表中原有的数据将全部被清空。④与 mysqldump 命令类似，如果备份文件不在默认的存储位置上，则要指定其具体路径。

2. 使用 SOURCE 命令恢复数据库

如果已登录 MySQL 服务器，可以使用 SOURCE 命令导入.sql 备份文件以恢复整个数据库或某张表。其语法格式如下：

```
SOURCE [文件路径]文件主名.sql;
```

格式说明：①使用 SOURCE 命令必须进入到待恢复的数据库。如果数据库已删除，可以先建一个同名的空数据库，然后用 USE 命令选择该数据库，再用 SOURCE 命令进行恢复。②在导入数据前，可以先确认编码，如果不设置可能会出现乱码。

【任务实现】

（1）在 Windows 的 CMD 命令模式下输入并执行如下命令代码：

```
mysql -uroot -p studentscore<D:\backup\studentscorebak.sql
Enter password:******
```

说明：命令执行前，必须先在 MySQL 服务器中创建了 studentscore 数据库，如果不存在，在数据恢复过程中会出错。命令执行成功后，studentscorebak.sql 文件中的语句就会在指定的数据库中恢复以前的数据。

（2）在客户端命令窗口中输入并执行如下命令代码：

```
USE studentscore
SOURCE D:/backup/stuscoretb.sql;
```

（3）在客户端命令窗口中输入并执行如下命令代码：

```
USE studentscore
SOURCE D:/backup/studentscorebak.sql;
```

【任务总结】对于 InnoDB 表，使用 mysqldump 命令将其备份，然后再使用 mysql 命令恢复到目标服务器上，是 MySQL 中最常用和最安全的备份与恢复方法，不仅可以用于相同版本的 MySQL 数据库之间的迁移，也可以用于不同版本的 MySQL 数据库之间的迁移。SOURCE 语句也是 MySQL 常用的数据库导入命令，常常用于数据库的恢复。

 # 任务 6.4　数据的导出

【任务描述】连接 MySQL 数据库服务器，将学生成绩数据库中数据表里的数据分别导出到 xls 文件、xml 文件和 txt 文件中。

【任务分析与知识储备】在数据库的日常维护中，经常需要进行表的导出和导入的操作。需要注意的是，这里的导出和导入与前面介绍的数据备份与恢复的区别在于，导出或导入的是数据的内容，不包括表的结构。MySQL 数据库中的数据可以导出为 txt 文件、xls 文件、xml 文件或 html 文件。常用的数据导出工具有 SELECT…INTO OUTFILE 语句、mysqldump 命令和 mysql 命令，下面通过 **3 个子任务**介绍它们的使用方法。

任务 6.4.1　使用 SELECT…INTO OUTFILE 语句导出文件

【任务描述】①从 MySQL 中将学生成绩数据库的 bscore 表中的成绩记录分别导出到 score.xls 文件和 score.xml 文件中，并存放于 D:\backup 文件夹下。②将 bstudent 表中男生的记录导出到 D:\backup 文件夹下的 studman.txt 中，要求字段值之间使用逗号 "," 间隔，所有字段值用双引号括起来，并保证每一条记录占用一行。

【任务分析】在 MySQL 中，可以使用 SELECT 语句的 INTO 子句将从表中查询的结果记录导出到各种格式的文件中，如 txt 文件、xls 文件、xml 文件或 html 文件。INTO 子句不能单独使用，它必须包含在 SELECT 语句中。该语句的语法格式如下：

```
SELECT 列名列表 FROM 表名 [WHERE 条件] INTO OUTFILE '[文件路径]文件名' [选项];
```

格式说明：

（1）该语句将表中通过 SELECT 语句查询的行写入一个文件中，文件默认在服务器主机的当前数据库目录下创建，也可以指定文件的绝对路径，但文件名不能是已经存在的文件名，否则将会出现文件已存在的错误提示信息。

（2）在导出的文件中，数据行以一定的形式存入，空值用 "\N" 表示。

（3）选项为可选参数项，该部分包含两个可选的子句：FIELDS 子句和 LINES 子句，其作用是决定数据行在导出文件中存放的格式。选项的语法格式如下：

```
FIELDS
    [TERMINATED BY '字符串']
```

```
        [[OPTIONALLY] ENCLOSED BY '字符']
        [ESCAPED BY '转义字符']
    LINES
        [STARTING BY '字符串']
    [TERMINATED BY '字符串']
```

各子句的作用及其参数可能的取值介绍如下。

- FIELDS TERMINATED BY '字符串'：设置字段值之间的分隔符号，默认为制表符“\t”。例如，“TERMINATED BY ','”指定了逗号作为两个字段值之间的分隔符。
- FIELDS [OPTIONALLY] ENCLOSED BY'字符'：设置字段值的符号，默认不使用任何字符。如果使用了关键字 OPTIONALLY，则只能使用 Char 和 Varchar 等字符字段值。例如，“ENCLOSED BY ' " '”表示导出文件中的所有字段值用双引号括起来。
- FIELDS ESCAPED BY '转义字符'：设置转义字符的字符符号，默认为反斜杠“\”。例如，“ESCAPED BY '*'”将“*”指定为转义字符，取代“\”。
- LINES STARTING BY'字符串'：设置每行开始的标志，默认不使用任何字符。如“LINES STARTING BY '!'”表示一行以“!”作为开始标志。
- LINES TERMINATED BY '字符串'：设置每行结束的标志，默认为回车换行符“\n”。如“LINES TERMINATED BY '?'”表示一行以“?”作为结束标志。

注： FIELDS 和 LINES 两个子句都是可选的，但如果两个都被指定了，则 FIELDS 必须位于 LINES 之前。另外，如果指定了 FIELDS 子句，则其 3 个子项中至少要指定一个；同样，如果指定了 LINES 子句，则其 2 个子项中至少要指定一个。

【任务实现】

（1）在客户端命令窗口中输入并执行如下命令代码：

```
USE studentscore
SELECT * FROM bscore INTO OUTFILE 'D:/backup/score.xls';
SELECT * FROM bscore INTO OUTFILE 'D:/backup/score.xml';
```

执行结果如图 6-2 所示。

```
mysql> SELECT * FROM bscore INTO OUTFILE 'D:/backup/score.xls';
Query OK, 14 rows affected (0.02 sec)

mysql> SELECT * FROM bscore INTO OUTFILE 'D:/backup/score.xml';
Query OK, 14 rows affected (0.01 sec)
```

图 6-2　导出 bscore 表中数据的执行结果

说明： 由于 MYSQL 中表的默认编码是 utf8mb4，而 Excel 默认编码格式是 gbk，所以如果表中包含中文字符，则要在语句中的文件名后加上 CHARACTER SET gbk，否则 Excel 文件中会出现乱码。

（2）在客户端命令窗口中输入并执行如下命令代码：

```
SELECT * FROM bstudent WHERE stud_sex='男'
INTO OUTFILE 'D:/backup/studman.txt'
FIELDS TERMINATED BY ',' ENCLOSED BY '"'
LINES TERMINATED BY '\r\n';
```

其中，FIELDS TERMINATED BY ','表示逗号分隔字段；ENCLOSED BY '"'表示字段用双引号括起来；LINES TERMINATED BY '\r\n'表示每行以回车换行符结尾，以保证每一条记录占用一行。

命令执行成功后，会在目录 D:\backup\下生成一个 studman.txt 文件，打开文件，内容如图 6-3 所示。可以看到，每一条记录都占用一行，其中字段值用双引号括起来，字段值之间用逗号 "," 隔开，记录中空值的表示形式为 "\N"。

图 6-3　导出的文本文件内容

任务 6.4.2　使用 mysqldump 命令导出文件

【任务描述】①使用 mysqldump 命令将学生成绩数据库所有表中的记录导出到 D:\backup\studentscore 文件夹下的文本文件中。②使用 mysqldump 命令将 bcourse 表中的记录导出到 D:\backup 文件夹下的文本文件中，要求字段值之间使用逗号 "," 间隔，所有字段值用双引号括起来，并保证每一条记录占用一行。

【任务分析】mysqldump 命令不仅可用来将数据库备份为包含 CREATE、INSERT 语句的 sql 文件，还可以导出文本文件。因为 mysqldump 命令实际调用的就是 SELECT…INTO OUTFILE 语句的接口，并在其上添加了新的功能。其导出文本文件的命令格式如下：

```
mysqldump -u用户名 -p -T|--tab=文件路径 数据库名 [表名1 [表名2…]] [选项]
```

格式说明：

（1）--tab，-T：为每个表在给定文件路径下分别创建存储由 tab 分割数据内容的.txt 文件和包含创建表结构的 SQL 语句的.sql 文件。该选项不能与--databases 或--all-databases 同时使用，并且 mysqldump 必须运行在服务器主机上。

（2）文件路径：为存放导出数据的文件路径。

（3）表名：指定要导出的表的名称，如果不指定，将导出数据库中的所有表。

（4）选项：为可选项，其参数需要结合--tab 或-T 使用。常用的参数有如下几个。

● --fields-terminated-by=字符串：设置字段值之间的分隔字符，默认为制表符 "\t"。

● --fields[-optionally]-enclosed-by=字符：设置字段值的包围字符，如果使用了-optionally，则只能包围 Char 和 Varchar 等字符字段值，默认不使用任何字符。

● --fields-escaped-by=字符：设置转义字符的字符符号，默认为反斜杠 "\"。

● --lines-terminated-by=字符串：设置每行结束的标志，默认为回车换行符 "\n"。

提示： 与 SELECT…INTO OUTFILE 语句中选项各个参数的设置有所不同的是，这里的各个选项等号后面的字符或字符串不要用引号括起来。另外，如要进一步了解 mysqldump 命令的使用，可通过 mysqldump --help 查看其选项的内容和作用。

【任务实现】

（1）在 Windows 的 CMD 命令模式下输入并执行如下命令代码：

```
mysqldump -uroot -p --tab=D:\backup\studentscore studentscore
Enter password:******
```

说明： 执行该命令语句前，不仅需要在 D:\backup 下创建 studentscore 文件夹，而且还要在 MYSQL 配置文件 my.ini 的[mysqld]中加入"secure_file_priv ="后重启服务器，否则会出现如图 6-4 所示的错误提示。

```
C:\Windows\System32>mysqldump -uroot -p --tab=D:\backup\studentscore studentscore
Enter password: ******
mysqldump: Got error: 1290: The MySQL server is running with the --secure-file-priv
option so it cannot execute this statement when executing 'SELECT INTO OUTFILE'
```

图 6-4　未在 my.ini 的[mysqld]中配置 secure_file_priv 项时的错误提示

命令执行成功后，会在 D:\backup\studentscore 文件夹中生成学生成绩数据库中每个表所对应的.sql 文件和.txt 文件，前者包含创建 studentscore 表的 CREATE 语句，后者包含表中的数据。

（2）在 Windows 的 CMD 命令模式下输入并执行如下命令代码：

```
mysqldump -uroot -p -T D:/backup studentscore bcourse
--fields-terminated-by=, --fields-enclosed-by=\"
--lines-terminated-by=\r\n
```

说明： 上面的命令要在一行中输入，且--fields-enclosed-by=后面的包围字符"前要加上\，否则会出现如图 6-5 所示的错误提示。

```
C:\Windows\System32>mysqldump -uroot -p -T D:\backup studentscore bcourse --fields-t
erminated-by=, --fields-enclosed-by=" --lines-terminated-by=\r\n
Enter password: ******
mysqldump: Got error: 1083: Field separator argument is not what is expected; check
the manual when executing 'SELECT INTO OUTFILE'
```

图 6-5　未在--fields-enclosed-by=后面的包围字符"前要加上\时的错误提示

命令执行成功后，会在 D:\backup 文件夹中生成两个文件，分别为 bcourse.sql 和 bcourse.txt。前者包含创建 bcourse 表的 CREATE 语句，后者包含表中的数据。

任务 6.4.3　使用 mysql 命令导出文本文件

【任务描述】 使用 mysql 命令将学生成绩数据库的 bclass 表中的记录分别导出到 D:\backup 文件夹下的 bclass.txt 和 bclass.xml 文件中。

【任务分析】 与 mysqldump 命令一样，mysql 命令不但可用来登录 MySQL 服务器和还原备份文件，也可以导出文本文件，而且可以进行远程操作。其命令格式如下：

```
mysql -h 主机名 -u 用户名 -p [选项] -e|--execute="SELECT 语句" 数据库名>[文件路径]
文件名
```

　　格式说明：① "-e|--execute=" 表示执行该选项后面的语句并退出，后面的语句必须用双引号括起来，这两个参数任选其一。②导出的文件中不同列之间默认使用制表符分隔，第 1 行包含了各个字段的名称。③选项为可选项，其常用的参数有如下几个。

- -E|--vertical：文本文件中每行显示一个字段内容；
- -H|--html：导出的文件为 HTML 文件；
- -X|--xml：导出的文件为 XML 文件；
- -t|--table：以表格的形式导出数据。

【任务实现】

在 Windows 的 CMD 命令模式下输入并执行如下命令代码：

```
mysql -uroot -p --execute="SELECT * FROM bclass;" studentscore>D:/backup/
bclass.txt
    Enter password:******
    mysql -uroot -p --xml -e "SELECT * FROM bclass;" studentscore>D:/backup/
bclass.xml
    Enter password:******
```

　　命令执行成功后，会在 D 盘的 backup 文件夹中生成 bclass.txt 和 bclass.xml 文件。

　　【任务总结】数据导出是常用的数据库操作，SELECT…INTO OUTFILE 语句和 mysqldump 命令的数据导出原理本质上是一样的，而 mysql 命令可以用于远程导出数据，且导出数据的第 1 行包含了各个字段的名称。

 # 任务 6.5　数据的导入

　　【任务描述】在学生成绩管理系统刚刚上线使用时，学生成绩数据库中需要录入一些基础数据。现要求将原先已经存在的 Excel 文件和文本文件中的数据导入到学生成绩数据库中。

　　【任务分析与知识储备】MySQL 数据库表中的数据可以导出为 txt、xls、xml 或者 html 格式的文件。相应地，这些导出文件也可以导入到 MySQL 数据库中。常用的数据导入工具有 LOAD DATA INFILE 语句和 mysqlimport 命令，下面通过 **2 个子任务**介绍它们的使用方法。

任务 6.5.1　使用 LOAD DATA INFILE 语句导入文件

　　【任务描述】①使用 LOAD DATA…INFILE 语句将 D:\backup\score.xls 工作簿的 score 工作表中的数据导入到 MySQL 的学生成绩数据库的 bscore 表中。②使用 LOAD DATA… INFILE 语句将 D:\backup\studman.txt 文件中的数据导入到学生成绩数据库的 bstudent 表中，已知文本文件中每一条记录占用一行，字段之间使用逗号 "," 间隔，所有字段值都用双引号括起来了。

　　【任务分析】在 MySQL 中，与 SELECT…INTO OUTFILE 语句相对应的语句是 LOAD DATA…INFILE 语句，该语句用于高速地从一个文件中读取行，并装入数据库的一个表中。其语法格式如下：

```
LOAD DATA [LOW_PRIORITY | CONCURRENT] [LOCAL] INFILE '[文件路径]文件名'
```

```
[REPLACE | IGNORE]
INTO TABLE 表名
[选项]
[IGNORE 行数 LINES]
[(列名/用户变量名,...)]
[SET 列名=表达式,...)]
```

格式说明：

（1）LOW_PRIORITY | CONCURRENT：若指定 LOW_PRIORITY，则延迟该语句的执行。若指定 CONCURRENT，则当 LOAD DATA 正在执行的时候，其他线程可以同时使用该表的数据。

（2）LOCAL：若指定了 LOCAL，则文件会被服务器主机上的客户端读取，并被发送到服务器。若未指定 LOCAL，则文件必须位于服务器主机上，并且被服务器直接读取。与服务器直接读取文件相比，使用 LOCAL 速度略慢，这是因为文件的内容必须通过客户端发送到服务器上。

（3）[文件路径]文件名：必须是一个字符串，文件中保存了待存入数据库的数据行。导入文件时可以指定文件的绝对路径。若不指定文件路径，则服务器在默认数据库目录中读取；若指定为 "./文件名"，则服务器直接在数据目录下读取，即 MySQL 的 data 目录。**注意**：这里使用正斜杠指定 Windows 路径名称，而不是使用反斜杠。

（4）REPLACE | IGNORE：如果指定了 REPLACE，则当导入文件中出现与数据库中原有行相同的主键值时，输入行会替换原有行；如果指定为 IGNORE，则将与原有行有相同的主键值的输入行跳过。

（5）表名：需要导入数据的表名，该表在数据库中必须存在，表结构必须与导入文件的数据行一致。

（6）选项：其语法格式与含义和 SELECT…INTO OUTFILE 语句中类似。

（7）IGNORE 行数 LINES：该选项可以用于忽略导入文件的前几行。例如，可以使用 IGNORE 1 LINES 来跳过第一行。

（8）列名/用户变量名：如果需要导入一个表的部分列，或者导入文件中列顺序与原表中列的顺序不同时，则必须指定一个列清单，其中可以包含列名或用户变量。例如：

```
LOAD DATA INFILE 'D:/backup/studman.txt' INTO TABLE bstudent(stud_id,stud_
name,stud_sex);
```

（9）SET 子句：SET 子句可以在导入数据时修改表中列的值。

另外，需要注意的是，如果执行 LOAD DATA INFILE 语句时出现 "ERROR 1148 (42000): The used command is not allowed with this MySQL version" 错误提示，说明 MySQL 客户端 local_infile 这个功能没有打开（默认禁止），此时需要在 MySQL 配置文件 my.ini 中的[mysqld]下面添加：loose-local-infile=1。

【任务实现】

（1）在客户端命令窗口中进行如下步骤的操作。

先用 DELETE 语句删除 bscore 表中的全部数据。

```
DELETE FROM bscore;
```

然后使用 LOAD DATA INFILE 语句导入数据。

```
LOAD DATA INFILE 'D:/backup/score.xls' INTO TABLE bscore;
```

执行结果如图 6-6 所示。

```
mysql> LOAD DATA INFILE 'D:/backup/score.xls' INTO TABLE bscore;
Query OK, 14 rows affected (0.29 sec)
Records: 14  Deleted: 0  Skipped: 0  Warnings: 0
```

图 6-6 导入 score.xls 文件中数据的执行结果

说明： ①如果表结构损坏，则不能用 LOAD DATA INFILE 导入数据，要先修复表结构。②如果只是删除了表中部分数据，为避免主键冲突，可根据实际需要使用 REPLACE 或 IGNORE 选项。但需要注意的是，REPLACE 不能用于有外键关联的行中。③如果 xls 文件中含有中文字符，则不能直接导入，需要先转换成 txt 文件，再进行导入。

最后用 SELECT 语句查看导入的数据是否正确。

```
SELECT * FROM bscore;
```

（2）在客户端命令窗口中输入并执行如下命令代码：

```
LOAD DATA INFILE "D:/backup/studman.txt" REPLACE INTO TABLE bstudent
FIELDS TERMINATED BY ',' ENCLOSED BY '\"'
LINES TERMINATED BY '\r\n';
```

执行结果如图 6-7 所示。

```
mysql> LOAD DATA INFILE "D:/backup/studman.txt" REPLACE INTO TABLE bstudent
    -> FIELDS TERMINATED BY ',' ENCLOSED BY '\"'
    -> LINES TERMINATED BY '\r\n';
Query OK, 10 rows affected (0.17 sec)
Records: 5  Deleted: 5  Skipped: 0  Warnings: 0
```

图 6-7 导入 studman.txt 文件中数据的执行结果

由执行结果可知，使用 REPLACE 选项后，bstudent 表中有 5 条记录进行了替换。

任务 6.5.2 使用 mysqlimport 命令导入文本文件

【任务描述】 ①首先将任务 6.4.1（1）导出的 score.xls 文件改名为 bscore.xls，然后使用 mysqlimport 命令将其中的数据导入到 studentscore 数据库的 bscore 表中。②使用 mysqlimport 命令将 D:\backup\bcourse.txt 文件中的数据导入到 studentscore 数据库的 bcourse 表中，已知文本文件中每一条记录占用一行，字段之间使用逗号 "," 间隔，所有字段值都用双引号括起来了。

【任务分析】 mysqlimport 命令与 mysqldump 命令一样，也是 MySQL 提供的一个客户端工具，使用它不需要登录 MySQL 的客户端。由于该命令提供了 LOAD DATA INFILE 语句的一个命令行接口，通过发送一条 LOAD DATA INFILE 命令到服务器来运作，所以具有许多与 LOAD DATA INFILE 语句相同的功能，大多数选项直接对应 LOAD DATA INFILE 语句。其命令格式如下：

```
mysqlimport -u 用户名 -p 数据库名 ［文件路径］文件主名 ［选项］
```

格式说明：

（1）mysqlimport 命令不导入数据库的表名称，数据库的表名称由导入的文件主名确定，即导入文件的主名作为表名，所以备份的文件主名应根据需要恢复的表进行命名，且导入数据前该表必须存在。

（2）由于 mysqlimport 是通过执行 LOAD DATA INFILE 语句来导入数据的，所以其文件路径的指定与 LOAD DATA INFILE 语句相同。

（3）选项：为可选项，其常用参数与 mysqldump 命令基本相同，可参见任务 6.4.2。另外，mysqlimport 还支持下面常用的几个选项。

- --delete，-d：在导入文本文件前清空表格。
- --low-priority，--local，--replace，--ignore：分别对应 LOAD DATA INFILE 语句的 LOW_PRIORITY，LOCAL，REPLACE，IGNORE 关键字。
- --ignore-lines=n：忽略导入文件的前 *n* 行。
- --force，-f：忽略错误。如某个文本文件的表不存在，就继续处理其他文件；若不使用该选项，则当表不存在时，由 mysqlimport 退出。

【任务实现】

（1）首先将 score.xls 文件改名为 bscore.xls，然后在 Windows 的 CMD 命令模式下输入并执行如下命令代码：

```
mysqlimport -uroot -p --replace studentscore D:\backup\bscore.xls
```

执行结果如图 6-8 所示。

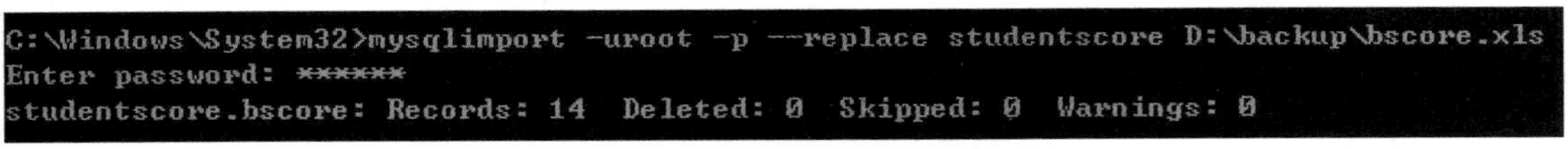

图 6-8　导入 bscore.xls 文件中数据的执行结果

说明：①与 LOAD DATA INFILE 语句一样，如果表结构损坏或不存在，则不能用 mysqlimport 导入数据，且导入文件的第 1 行不能包含字段的名称。②为避免主键冲突，如果使用了--replace 选项，则被替换的行不能有外键关联。

（2）在 Windows 的 CMD 命令模式下输入并执行如下命令代码：

```
mysqlimport -uroot -p --ignore studentscore D:\backup\bcourse.txt
--fields-terminated-by=, --fields-enclosed-by=\"
--lines-terminated-by=\r\n
```

执行结果如图 6-9 所示。

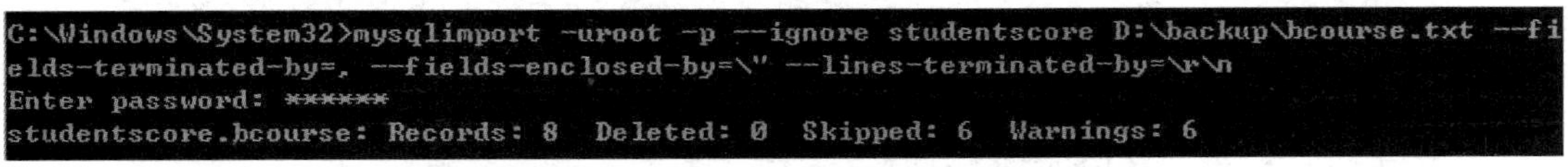

图 6-9　导入 bcourse.txt 文件中数据的执行结果

说明：①与 mysqldump 导出数据一样，命令语句要在一行中输入，且--fields-enclosed-by=后面的包围字符"前要加上\；②因为命令中含有--ignore 选项，所以命令执行成功后，将与bcourse 表中原有行有相同主键值的 6 个输入行跳过了，只导入了 2 行记录。

【任务总结】若想将存储在 txt、xml 等文本文件中的数据导入到 MySQL 数据库表中，可以使用 LOAD DATA INFILE 语句，也可以使用 mysqlimport 命令。并且在导入数据时，需要注意根据导出文件中数据行的格式来指定相应的符号。

 # 任务 6.6　使用 MySQL 日志恢复数据

【任务描述】假设用户在星期一 18 点使用 mysqldump 工具进行 studentscore 数据库的完整备份，备份文件为 studentscore.sql。从星期一 18 点开始启用日志，bin_log.000001 文件保存了从星期一 18 点到星期二 18 点的所有更改；在星期二 18 点通过刷新日志生成 bin_log.000002文件。在星期三 18 点时数据库崩溃，现要将数据库恢复到星期三 18 点时的状态。

【任务分析与知识储备】在实际操作中，用户和系统管理员不可能随时进行数据库的完整备份，特别是当数据库中的数据量非常大时，每次备份的数据量都会很大，速度也很慢。另外，当数据丢失或者数据库目录中的文件损坏时，如果只采用完整备份的方式，就只能恢复到最近完整备份文件的那一刻，而在这之后更新的数据就无法用备份文件来恢复了。要解决这个问题，就需要使用 MySQL 的二进制日志文件进行增量备份，以实现时间点恢复（将数据库从完整备份时起逐步恢复到发生故障前的那一刻的正常状态）。

二进制日志文件以"事件"的形式实时记录所有更新了数据或者已经潜在更新了数据的语句，如表的创建、数据的增删改，以及每个更新数据库语句的执行时间信息，其目的就是最大可能地恢复数据库。

（一）修改二进制日志文件的存储路径

在 MySQL 8.0 中，二进制日志功能默认是开启的。如果要查看二进制日志的开启情况，可用下面的语句：

```
SHOW VARIABLES LIKE 'log_bin%';
```

执行结果如图 6-10 所示。

```
mysql> SHOW VARIABLES LIKE 'log_bin%';

Variable_name                       Value

log_bin                             ON
log_bin_basename                    D:\MySQLData\SC-201812121523-bin
log_bin_index                       D:\MySQLData\SC-201812121523-bin.index
log_bin_trust_function_creators     OFF
log_bin_use_v1_row_events           OFF

5 rows in set, 1 warning (0.74 sec)
```

图 6-10　查看二进制日志的开启情况

从图 6-10 中的执行结果可看到，log_bin 变量的值为 ON，表明二进制日志已打开；从图中还可查看到二进制日志文件的存储路径为 D:\MySQLData（因为在项目 1 任务 1.7 中已经将MySQL 数据库目录的默认路径由 C:\ProgramData\MySQL\MySQL Server 8.0\data 修改为当前路径）。在该目录下有两种类型的文件，一种是形如 SC-201812121523-bin 文件名的就是二进制日志文件，用于保存数据库更新信息；另一种是以.index 为扩展名的是服务器自动创建的二进制日志索引文件，包含所有使用的二进制日志文件的文件名。

如想改变二进制日志文件的目录和名称，可以通过修改 my.ini 配置文件中的 log_bin 参数实现，方法为：打开 my.ini 文件，找到[mysqld]下 log-bin 所在行，将其参数按照下面的格式进行修改：

```
log-bin[=路径/[文件名]]
```

格式说明：①若不指定日志文件所在的目录路径，则默认在 MySQL 的数据库目录下自动创建二进制日志文件；②如果不指定文件名，则默认为主机名后面跟-bin。如果文件名包含扩展名，则扩展名被忽略。因为 MySQL 服务器会自动为每个二进制日志文件名添加一个六位数的数字扩展名，如 000001。每次启动服务器或刷新日志（FLUSH LOGS;）产生日志滚动（关闭当前文件，重新打开一个新的日志文件）时该数字增加 1。

提示：二进制日志文件最好不要与数据库文件放在同一个磁盘上，这样，当数据库文件所在的磁盘损坏时，可以使用另一个磁盘上的二进制日志文件来恢复数据库文件。

本任务将二进制日志文件的目录和名称修改为：

```
log-bin = D:/MySQLLog/bin_log
```

修改后，重启 MySQL 服务使设置生效。此时，新的二进制日志文件将出现在 D:/ MySQLLog 文件夹下面。

如果需要关闭二进制日志，在 my.ini 的[mysqld]部分添加 skip-log-bin，然后重启 MySQL 即可。

另外，在 my.ini 文件的[mysqld]中还有如下 2 个与二进制日志有关的配置项：expire_logs_days 和 max_binlog_size。前者用于设置日志的过期天数，即在指定的天数后日志将会被自动删除，默认值为 30，表示自动删除超过 30 天的二进制日志文件；后者用于定义单个日志文件的大小限制，如果超过指定值，日志就会发生滚动，默认值为 1GB。

（二）查看二进制日志文件

二进制日志采用二进制格式保存，使用二进制格式可以存储更多的信息，并且可以使写入二进制日志的效率更高。但其不能直接打开并查看二进制日志内容，需要使用 MySQL 的相关命令工具进行查看。

1. 查看二进制日志文件个数及其文件名

可以使用 SHOW 语句查看当前二进制日志文件个数及其文件名，其语法格式如下：

```
SHOW {MASTER | BINARY} LOGS;
```

格式说明：MASTER 和 BINARY 是同义词。

另外，如果要查看当前正在使用的二进制日志及其位置，则可用"SHOW MASTER STATUS;"语句。

2. 查看二进制日志文件的内容

可以使用 mysqlbinlog 命令查看二进制日志文件的内容，其语法格式如下：

```
mysqlbinlog 路径\文件名
```

格式说明：路径为二进制日志文件所在目录路径，必须指明。

例如，执行下面命令可以查看 bin_log.000001 的内容：

```
mysqlbinlog D:\MySQLLog\bin_log.000001
```

另外，由于二进制数据可能非常庞大，无法在屏幕上延伸，此时可以将其保存到文本文件中进行查看：

```
mysqlbinlog D:\MySQLLog\bin_log.000001>D:\backup\bin-log000001.txt
```

（三）利用二进制日志恢复数据库

前已述及，二进制日志记录了用户对数据库中数据的改变，如 CREATE、INSERT、UPDATE、DELETE 等语句都会记录到二进制日志中。一旦数据库遭到破坏，可以使用二进制日志来还原数据库。还原时，首先要使用最近的完整备份文件来还原数据库；然后再使用二进制日志来还原在完整备份之后更新了的数据。

利用二进制日志恢复数据库的命令格式如下：

```
mysqlbinlog [选项] 路径\文件名 | mysql -u用户名 -p
```

格式说明：①选项是一些可选参数选项，常用的参数有以下两对：--start-date 和--stop-date，用于指定数据库恢复的起始时间和结束时间；--start-position 和--stop-position，用于指定数据库恢复的开始位置和结束位置。②使用该命令进行恢复操作时，编号小的日志文件必须先恢复，如 bin_log.000001 必须在 bin_log.000002 之前恢复。

例如，执行下面命令可以将 MySQL 数据库恢复到 2020 年 7 月 12 日 18:00:00 时的状态：

```
mysqlbinlog --stop-date="2020-07-12 18:00:00" D:\MySQLLog\bin_log.000006 |
-uroot -p
Enter password: ******
```

（四）删除二进制日志文件

由于二进制日志文件记录了大量的数据库变化信息，会占用许多硬盘空间，所以要及时将没用的日志文件清除掉。在 MySQL 中，除了前面介绍的可以在 my.ini 文件中配置自动清除二进制日志文件的方法，还提供了 3 种手动删除二进制日志的方法：删除所有二进制日志、根据编号来删除二进制日志及根据创建时间来删除二进制日志。

1. 删除所有二进制日志

使用 RESET MASTER 语句可以删除所有二进制日志文件，其语法格式如下：

```
RESET MASTER;
```

说明： 删除所有二进制日志后，MySQL 将会重新创建新的二进制日志文件，且文件名从 000001 开始。

2. 根据编号来删除二进制日志

每个二进制日志文件以一个六位数的编号作为扩展名，使用 PURGE MASTER LOGS 语句可以删除编号小于指定二进制日志的所有二进制日志文件，其语法格式如下：

```
PURGE {MASTER | BINARY} LOGS TO '文件名';
```

格式说明： ①MASTER 和 BINARY 二者选其一。②文件名为指定二进制日志的文件名。
例如，执行下面命令可以删除创建时间比 bin_log.000003 早的所有日志文件：

```
PURGE MASTER LOGS TO 'bin_log.000003';
```

3. 根据创建时间来删除二进制日志

使用 PURGE MASTER LOGS 还可以删除指定时间之前创建的二进制日志文件，其语法格式如下：

```
PURGE {MASTER | BINARY} LOGS BEFORE 'date'
```

格式说明： date 为指定的日期时间，其格式可为 MySQL 支持的日期时间格式，如 2020 年 7 月 2 日可表示为 2020-07-02 或 20200702。
例如，执行下面命令可以删除 2020 年 7 月 2 日前创建的所有日志文件：

```
PURGE MASTER LOGS BEFORE '20200702';
```

【任务实现】
首先将数据库恢复到星期一 18 点时的状态，在 CMD 窗口中输入如下命令：

```
mysqldump -uroot -p studentscore<studentscore.sql
Enter password: ******
```

再使用如下命令将数据库恢复到星期二 18 点时的状态：

```
mysqlbinlog D:\MySQLLog\bin_log.000001|mysql -uroot -p
Enter password: ******
```

最后使用以下命令即可将数据库恢复到星期三 18 点时的状态：

```
mysqlbinlog D:\MySQLLog\bin_log.000002|mysql -uroot -p
Enter password: ******
```

【任务总结】 MySQL 二进制日志是记录 MySQL 数据库变化情况的文件。如果 MySQL 数据库遭到意外发生数据丢失，则可通过二进制日志文件查看用户执行了哪些操作、对数据库文件做了哪些修改，并可通过二进制日志文件的记录来恢复数据库。

项目小结： 本项目紧紧围绕数据库备份与恢复这个主题，以学生成绩数据库的备份与恢复任务为主线，介绍了如何根据实际需求选择合适的备份方法，制定切实可行的备份计划和恢复方案，以及数据库备份与恢复、数据的导入与导出的具体实施方法及其注意事项。同时还介绍了备份与恢复的基本知识。

习题六

一、选择题

1. 在数据库的使用过程中，下面（　　）属于造成数据丢失的原因。

    A. 系统故障   B. 介质故障   C. 事务故障   D. 以上都是

2. 在下列情况下，MySQL 可以进行数据库备份的是（　　）。

    A. 创建或删除数据库文件时   B. 创建索引时

    C. 执行非日志操作时   D. 在非高峰活动时

3. 在下列（　　）情况下，可以不使用二进制日志备份的策略。

    A. 数据非常重要，不允许任何数据丢失

    B. 数据量很大，而提供备份的存储设备相对有限

    C. 数据不是很重要，更新速度也不是很快

    D. 数据更新速度很快，要求精确恢复到意外发生前几分钟

4. 可以将下列（　　）类型的数据文件导入到 MySQL 数据库中。

    A. Excel 文件   B. 文本文件   C. XML 文件   D. 以上均可

5. 不能将 MySQL 数据库中的数据导出到下列（　　）格式或类型的文件中。

    A. Excel 文件   B. Word 文件   C. TXT 文件   D. XML 文件

6. 在（　　）情况下，不会引起二进制日志文件递增。

    A. MySQL 服务重新启动   B. 达到 max_binlog_size

    C. 执行 FLUSH LOGS 语句   D. 执行 FLUSH PRIVILEGES 语句

7. 使用（　　）语句可以查看当前二进制日志文件个数及其文件名。

    A. PURGE BINARY LOGS   B. SHOW BINARY STATUS

    C. SHOW MASTER STATUS   D. SHOW MASTER LOGS

8. 如果很长时间不清理二进制日志，将会浪费很多的磁盘空间。删除二进制日志的方法不包括（　　）。

    A. 删除所有二进制日志   B. 删除指定编号的二进制日志

    C. 根据创建时间来删除二进制日志   D. 删除指定时刻的二进制日志

二、填空题

1. 数据库管理系统必须具有把数据库从错误状态恢复到某一已知的正确状态的功能，这种功能是通过数据库的_____与_____机制实现的。

2. 数据库备份是指_____的过程。

3. 按备份时服务器是否在线划分，数据库备份类型可分为_____、_____和_____ 3 种。

4. 按备份涉及的数据范围划分，数据库备份类型可分为_____、_____和_____ 3 种。

5. 数据库恢复是指_____。能够恢复到什么状态是由_____决定的。

6. MySQL 提供了 3 种保证数据恢复的方法，它们是_____、_____和_____。

三、判断题

1. 差异备份只能将数据库恢复到上一次差异备份结束的时刻，而无法恢复到出现意外前的某一指定时刻。   （   ）

2. 使用二进制日志文件恢复数据库之前至少要进行一次完整备份的恢复。   （   ）

3. "mysql" 命令既可以用来登录 MySQL 服务器，也可以用来还原备份文件，同时还可以导出文本文件。   （   ）

4. mysqlimport 命令具有许多与 LOAD DATA INFILE 语句相同的功能，其大多数选项直接对应 LOAD DATA INFILE 语句。   （   ）

四、简答题

1. MySQL 提供了哪几种数据库备份方式？简要说明其优缺点。

2. MySQL 提供了哪几种数据库恢复语句？简要说明其语法格式。

3. 某企业的数据库每周五晚 12 点进行一次全库备份，每天晚 12 点进行一次刷新日志。如果数据库在 2020-8-1（星期六）5:30 崩溃，应如何将其恢复，使得损失最小？

4. 简述采用 SELECT…INTO OUTFILE 和 LOAD DATA INFILE 语句进行数据导出和导入的特点。

五、项目实践（训）题

1. 使用 mysqldump 命令备份 people 数据库中的 bemployee 表和 bsalary 表，备份文件取名为 empsalarytb.sql，存放在 D:\backup 文件夹下，并查看该备份文件。

2. 使用 mysqldump 命令对 people 数据库进行完整备份，备份文件取名为 peoplebak.sql。

3. 使用 mysql 命令从上题的备份文件 peoplebak.sql 中还原 people 数据库。

4. 使用 SOURCE 命令将备份文件 empsalarytb.sql 恢复到 people 数据库中。

5. 将 people 数据库的 bleave 表中的考勤记录分别导出到 bleave.xls 文件和 bleave.xml 文件中，并存放于 D:\backup 文件夹下。

6. 将上题导出的考勤记录导入到 people 数据库的 bleave 表中。

项目 7 学生成绩数据库的安全管理

知识目标： ①了解数据库安全性的基本概念、采用的主要技术及 MySQL 权限机制；②熟悉 MySQL 权限的工作原理；③掌握 MySQL 用户、角色和权限的概念。

技能目标： ①会根据系统的需求进行数据库安全策略的选择；②会创建和管理数据库用户；③会创建和管理数据库角色，能进行权限的设置。

素质目标： ①形成勤奋踏实、好学上进的学习态度；②提高学生保护数据安全的意识；③养成分析和解决问题的思维习惯；④培养学生良好的心理素质。

[项目描述与任务分解]

数据库的一大特点就是数据可以共享。但是，数据共享会带来多方面的干扰和破坏问题，如因系统故障或人为破坏而造成的数据丢失问题，因多用户并发使用和访问数据库引起的数据不一致问题，以及输入的数据本身就是错误的等问题。所以，数据库管理系统必须能够针对上述不同的情况，在技术上采取不同的解决措施，使得数据库中的数据安全可靠、正确有效，以保证整个数据库系统的正常运转，这就是数据库的保护。对数据库的保护可通过 4 个方面的技术来实现，即安全性控制、完整性控制、并发控制和数据库的恢复。由于完整性控制、数据库的恢复已在前面的项目中详细介绍过，而并发控制一般是通过事务实现的，这将在项目 8 中介绍，因此本项目主要介绍安全性控制方面的技术。在 MySQL 中，数据库系统的安全性控制主要是通过用户权限管理来实现的。按照 MySQL 安全设置的管理内容，将项目分解成以下几个任务：

任务 7.1 学生成绩数据库安全策略的选择

任务 7.2 认识 MySQL 的权限系统

任务 7.3 创建和查看用户

任务 7.4 修改和删除用户

任务 7.5 管理用户权限

任务 7.6 管理角色及其权限

 任务 7.1 学生成绩数据库安全策略的选择

【任务描述】 根据学生成绩管理系统使用单位的要求，本系统将分为三级用户使用，一级用户为教务处熟悉教务工作及本系统的管理人员；二级用户为授予权限的院系级用户，如熟悉院系教学工作及本系统的教学秘书和教师；三级用户是在校学生，在得到初始密码后可以查询自己的信息。试为该系统选择合适的数据库安全策略。

【**任务分析与知识储备**】数据库的安全性是指保护数据库以防止因非法使用数据库造成数据泄露、篡改或破坏。例如，用户编写一段合法的程序绕过 DBMS 及其授权机制，通过操作系统直接存取、修改或备份数据库中的数据；又如，用户编写应用程序执行非授权操作，通过多次合法查询数据库，从中推导出一些保密数据。在数据库系统中，如何应对这些非法使用数据库的现象？数据库系统提供的安全管理措施及技术主要有以下几种：用户标识与口令鉴别、存取控制、审计功能、数据加密及视图机制。由于视图机制在项目 4 中已介绍，并且其更主要的功能在于提供数据独立性，而安全保护功能往往不能达到应用系统的要求，所以下面仅对前 4 种技术与措施做一介绍。

1. 用户标识与口令鉴别

用户在使用数据库前，必须由数据库管理员为其在系统目录中注册一个用户。当用户登录到数据库系统时，数据库系统首先要进行用户标识鉴别和口令核对，即让用户输入用户名及回答口令来验证其身份，只有通过了身份验证的用户才能进入数据库系统。

2. 存取控制

用户被获准进入数据库系统后，当用户提出操作请求时，DBMS 还要根据预定义的用户权限进行存取控制，以达到保护数据、防止非法操作的目的。数据库系统对用户权限的控制包括规定用户使用哪些数据库系统资源，对这些资源可以进行何种级别的操作等。为此，数据库管理员必须根据用户的角色和应用需求，为用户分配适当的权限，并将其登记到数据字典中。

3. 审计功能

审计功能就是把用户对数据库的所有操作自动记录下来并放入审计日志文件中，一旦发生数据被非法存取，数据库管理员可以利用审计跟踪的信息，重现导致数据库现有状况的一系列事件，从中找出非法存取数据的人、时间和内容等。

4. 数据加密

为了更好地保证数据库的安全性，可用密码存储口令和数据，用密码传输，防止远程信息中途被非法截获等方法。数据加密是根据一定的算法将原始数据（明文）变换为不可直接识别的格式（密文），使得不知道解密算法的人无法获得数据的内容。目前，对一般数据库而言，涉及到的加密对象常常是用户的登录口令，常用的加密技术是 MD5。

由于学生成绩管理系统中的学生成绩数据库是用来存储与管理学生成绩的，其安全性控制措施主要采用前两种技术：用户标识与口令鉴别，以及存取控制。为了简化授权管理，可将各级用户按组进行角色分配，对应的角色分为学生角色（student_role）、教师角色（teacher）、院系教学秘书角色（officer）、教务处管理人员角色（manager），每个角色赋予不同的访问权限。

【**任务实现**】

1. 学生登录

由于对学生角色 student_role 限制较多，即它的权限较少，只允许有查看个人信息、成绩及修改个人密码的权限。所以，对学生可以单独开放一个 IP 地址，采用匿名访问 Web 服务器的方式。当访问 MySQL 时，学生提供用户名和密码，然后通过应用程序验证数据库表中是否存在该用户。若存在，则允许其访问；否则返回非法用户信息。

2. 院系教学秘书及教师登录

院系教学秘书及教师的权限较大，除了与学生一样具有修改个人密码的权限，还可以在一定时间内查看或添加学生的成绩，所以宜采用 Web 服务器与 MySQL 共同验证的方式。首先，登录 Web 服务器时由操作系统进行验证；然后，院系教学秘书提供用户名和密码，由应用程序验证数据库表中是否存在该用户。若存在，则允许其访问；否则，返回非法用户信息。

3. 教务处管理人员登录

这类人员可以对系统中所有用户的账号和权限进行管理，考虑到其工作的频繁性和地点的集中性，可为管理人员另开一个 IP 地址，不向外公开。又考虑到安全性，仍要求其提供用户名和密码，并通过应用程序验证数据库表中是否存在该用户。若存在，则允许其访问；否则，返回非法用户信息。

【任务总结】数据库的安全性在实际应用中十分重要。如果安全性得不到保证，数据库将面临各种各样的威胁，如数据丢失，严重时甚至会导致系统瘫痪。为了保证数据库应用系统的安全，有必要为其选择合适的数据库安全策略，使不同安全级别的用户具有不同的权限，且仅提供其所需要的访问权限。

任务 7.2 认识 MySQL 的权限系统

【任务描述】①查询 user 表的相关用户字段。②查看 user 表 localhost 主机下用户的 SELECT、INSERT、UPDATE 权限。③查询 db 表的相关用户字段。④用 DESC 查看历史密码表 password_history 的表结构。

【任务分析与知识储备】由任务 7.1 数据库安全策略的实现中可以看出，数据库系统的安全性管理可归纳为两方面的内容：一是用户能否登录系统和如何登录的管理；二是用户能否使用数据库中的对象和执行相应操作的管理。与之相应地，MySQL 的数据安全机制也包括两个部分，即身份验证机制和权限许可机制。前者决定了用户能否连接到 MySQL 服务器，主要通过用户（账户）管理实现；后者决定了经过身份验证后的用户连接到 MySQL 服务器可以执行的具体操作，如服务器上的操作和具体数据库上的操作，主要通过角色管理和权限管理来实现。而要实现上述管理以确保数据库的安全性，首先要了解 MySQL 的访问控制机制，熟悉 MySQL 权限系统的工作原理，掌握其权限操作。

MySQL 的访问控制机制是很灵活的，它能够针对不同的用户设置不同的权限。如可以为一部分用户设置创建表的权限，为另一部分用户设置更新现有的表的权限，再为其他用户设置只能查询表的权限。另外，MySQL 还允许以多种不同方式设置用户权限。如可以使用 SQL 语句直接对用户进行授权管理，也可以通过角色间接对用户进行权限管理。下面针对 MySQL 权限表及其权限系统的工作原理进一步探讨 MySQL 的访问控制机制。

（一）权限表

MySQL 服务器通过其**权限表**来控制用户对数据库的访问。MySQL 安装成功后，会自动创建多个系统数据库，MySQL 权限表就存放在名为 mysql 的数据库中。当 MySQL 服务启动时，首先会读取 mysql 中的权限表，并将表中的数据装入内存。用户通过网络连接服务器后，MySQL 会根据这些权限表的内容来控制每个用户访问系统的权限。这些权限表中最重要的是 user 表和 db 表。除此之外，还有 tables_priv 表、columns_priv 表、procs_priv 表等。

1. user 表

user 表是 MySQL 中最重要的一个权限表，记录允许连接到服务器的账户信息（如可以连接服务器的用户名、密码及其拥有的全局权限）。可以使用 DESC 语句来查看 user 表的基本结构，表中的列主要分为 4 类：用户列、权限列、安全列和资源控制列。

（1）用户列。user 表的用户列包括 Host 和 User 两个字段，分别表示主机名和用户名，为表的联合主键。当用户和服务器之间建立连接时，只有输入的用户名和主机名与 user 表中对应的字段值完全匹配后，才会检测该表安全列中的 authentication_string 字段的值是否与用户输入的密码相匹配，只有三项都匹配，才允许建立连接。这 3 个字段的值是在创建用户时保存的账户信息。

（2）权限列。user 表的权限列包括 Select_priv、Insert_priv、Update_priv 等以 priv 结尾的字段，这些字段决定了用户有哪些全局权限，即描述了用户在全局范围内对数据库及其数据能够进行的操作，包括查询、修改和添加等**普通权限**，还包含关闭服务器、加载用户等超级用户拥有的**高级权限**。普通权限用于操作数据库，高级权限用于管理数据库。

需要说明的是，在 user 表中启用的任何权限均是全局权限，并适用于所有数据库。这些权限字段的类型为 ENUM，可以取的值只有 Y 或 N，前者表示该权限可以用到所有数据库上（如某用户的 Select_priv 字段取值为 Y，则该用户可以查询所有数据库中的表），后者表示用户没有该权限。从安全角度考虑，这些字段的默认值都是 N。如果要修改权限，可以使用 GRANT 语句或 UPDATE 语句更改 user 表的相应字段值来修改用户对应的权限。

（3）安全列。user 表的安全列包含与 SSL、x509、认证插件、用户密码及账户锁定等有关的字段。其中，与 ssl 有关的字段用于加密；与 x509 标准有关的字段用于标识用户；与认证插件有关的字段为 plugin，用于验证用户身份（在 MySQL 8.0 中，其默认值更新为 caching_sha2_password）；与用户密码有关的字段主要有如下几个：authentication_string 用于保存用户的密码，password_expired 用于标识密码过期时间，password_last_changed 用于标识密码最近一次的修改时间，password_lifetime 用于标识密码的有效时间，Password_reuse_history 用于标识密码是否能跟指定数量的最近使用过的密码相同，Password_reuse_time 用于标识密码是否能跟指定最近时间使用过的密码相同，Password_require_current 用于标识是否需要提供当前密码；与账户锁定有关的字段为 account_locked，用于标识账号是否锁定。

需要说明的是，上述 Password_reuse_history、Password_reuse_time 和 Password_require_current 字段值的设置都与 mysql 数据库中的**历史密码表** password_history 有关，该表包含 4 个字段：Host、User、Password_timestamp 和 Password，分别表示主机名、用户名、密码创建时间和密码，前 3 个字段为表的联合主键。password_history 表用于保存已使用过的历史密码，

MySQL 可以利用这些历史密码限制重复使用以前的密码，以及规定用户在修改密码时是否要提供当前密码。

（4）资源控制列。资源控制列的字段用来限制用户使用的资源，包含如下 4 个字段：max_questions、max_updates、max_connections、max_user_connections。这些字段的默认值为 0，表示没有限制。

2. db 表

db 表也是 MySQL 数据库中非常重要的权限表。db 表中存储了用户对某个数据库的操作权限，决定用户能从哪个主机存取哪个数据库。db 权限表对给定主机上数据库级操作权限进行更细致的控制。可以使用 DESC 语句来查看 db 表的基本结构，其列大致可以分为两类：用户列和权限列。

（1）用户列。db 表的用户列包括 Host、Db 和 User，分别表示主机名、数据库名和用户名，这 3 个字段的组合构成了 db 表的主键，标识从某个主机连接的某个用户对某个数据库的操作权限。

（2）权限列。前已述及，user 表中的权限是针对所有数据库的。如果希望用户只对某个数据库有操作权限，则需要将 user 表中对应的权限设置为 N，然后在 db 表中设置对应数据库的操作权限。例如，当要为某用户设置只能在学生成绩数据库中进行查询的权限时，应该将 user 表的 Select_priv 字段值设置为 N，而将 db 表的 Select_priv 字段值设置为 Y。这样，用户先根据 user 表的内容获取权限，然后再根据 db 表的内容获取权限。在该层级的 SELECT 权限允许用户查看指定数据库的所有表的数据。

3. tables_priv 表、columns_priv 表和 procs_priv 表

（1）tables_priv 表。tables_priv 表可以对单个表进行权限设置，用来指定表级权限，即指定的权限适用于一个表的所有列。可以用 DESC 语句来查看 tables_priv 的表结构，表中包含 8 个字段：Host、Db、User、Table_name、Grantor、Timestamp、Table_priv 和 Column_priv。其中 Host、Db、User、Table_name 四个字段分别表示主机名、数据库名、用户名和表名；Grantor 字段表示修改该记录的用户；Timestamp 字段表示修改该记录的时间；Table_priv 字段表示对表进行操作的权限，这些权限包括 SELECT、INSERT、UPDATE、DELETE、CREATE、DROP、GRANT、REFERENCES、INDEX 和 ALTER；Column_priv 字段表示对表中的列进行操作的权限，这些权限包括 SELECT、INSERT、UPDATE 和 REFERENCES。

（2）columns_priv 表。columns_priv 表可以对表中的某一列进行权限设置。columns_priv 表包含 7 个字段，分别是 Host、Db、User、Table_name、Column_name、Timestamp 和 Column_priv。其中，Column_name 用来指定对哪些数据列具有操作权限。

（3）procs_priv 表。procs_priv 表可以对存储过程和存储函数进行权限设置。procs_priv 表包含 8 个字段：Host、Db、User、Routine_name、Routine_type、Grantor、Proc_priv 和 Timestamp 等。其中 Routine_name 字段表示存储过程或存储函数的名称；Routine_type 字段表示存储过程或存储函数的类型，该字段有两个值：function 和 procedure，前者表示一个存储函数，后者表示一个存储过程；Proc_priv 表示拥有的权限，包括 EXECUTE、ALTER ROUTINE 和 GRANT 三种。

4. default_roles 表和 role_edges 表

（1）default_roles 表。default_roles 表用来存储用户默认拥有的角色信息。表中包含 4 个字段：HOST、USER、DEFAULT_ROLE_HOST 和 DEFAULT_ROLE_USER。这 4 个字段共同构成该表的主键。其中 DEFAULT_ROLE_HOST 字段表示用户默认拥有的角色的主机名称；DEFAULT_ROLE_USER 表示用户默认拥有的角色名称。

（2）role_edges 表。role_edges 表用来存储已创建角色的用户授予信息。表中包含 5 个字段：FROM_HOST、FROM_USER、TO_HOST、TO_USER 和 WITH_ADMIN_OPTION，前 4 个字段为该表的联合主键。其中 FROM_HOST 和 FROM_USER 分别表示已创建的角色的主机名称和角色名称；TO_HOST 和 TO_USER 分别表示该角色授予的用户的主机名和用户名；WITH_ADMIN_OPTION 表示，该字段的类型为 enum，取值为 Y 或 N，前者表示用户可将此角色授予其他用户或角色，后者则不能。其默认值为 N。

（二）MySQL 权限系统的工作原理

为了确保数据库的安全性与完整性，系统并不希望每个用户可以执行所有的数据库操作。当 MySQL 判断一个用户是否可以执行某种操作时，它将首先核实用户向 MySQL 服务器发送的连接请求，然后确认用户的操作请求是否被允许。

MySQL 的访问控制分为两个阶段：连接核实阶段和请求核实阶段。

1. 连接核实阶段

当用户试图连接 MySQL 服务器时，服务器基于用户提供的信息来验证用户身份。如果不能通过身份验证，服务器会拒绝该用户的访问；如果能够通过身份验证，则服务器接收连接，并进入第 2 个阶段等待用户请求。

用来进行身份验证的信息为 user 表中的 3 个字段：Host、User 和 authentication_string。服务器只有在用户提供主机名、用户名和密码并与 user 表中对应的字段值完全匹配时才接受连接。

（1）指定 Host 值。Host 值可以是一个主机名或一个 IP 地址，如果 Host 值设置为 localhost，则说明是本地主机。也可以在 Host 字段中使用通配符"%"和"_"，这两个通配符的含义与 LIKE 运算符的模糊匹配操作相同。

（2）指定 User 值。在 User 字段中不允许使用通配符，但可以指定空白的值，表示匹配任何名字。此时，该用户被认为是匿名用户（没有名字的用户），而非客户实际指定的名字。

（3）指定 authentication_string 值。authentication_string 值可以是空值，但这并不表示匹配任何密码，而是表示用户在连接时不能指定任何密码。如果 authentication_string 值非空，则表明其是经过加密的用户密码，即 MySQL 不以任何可见的纯文本格式存储密码，而以通过散列算法变换后的加密格式存储密码。

2. 请求核实阶段

一旦连接得到许可，服务器进入请求核实阶段。在这一阶段，MySQL 服务器对当前用户的每个操作都进行权限检查，判断用户是否有足够的权限来执行它。用户的权限保存在 user、db、tables_priv 或 columns_priv 权限表中。

MySQL 中权限的分配是按照 user 表、db 表、table_priv 表和 colums_priv 表的顺序进行分配的。这几个表的权限依次递减，全局权限覆盖局部权限。即顶层为全局级的 user 表，其次是数据库级的 db 表，然后是表级的 tables_priv 表，最后才是列级的 columns_priv 表。而在确认权限时，MySQL 也是按照向下层级的顺序检查权限表（从 user 表到 columns_priv 表）的，但并不是所有的权限都要执行该过程。即 MySQL 先检查 user 表中的值是否为 Y，如果 user 表中的值是 Y，就不再检查后面的表了；如果 user 表中的值为 N，则依次检查 db 表、table_priv 表和 colums_priv 表。如果所有权限表都检查完毕，依旧没有找到允许的权限操作，MySQL 服务器将返回错误信息，用户操作不能执行，请求失败。

【任务实现】

（1）在客户端命令窗口中输入并执行如下语句：

```
USE mysql
SELECT Host,User FROM user;
```

执行结果如图 7-1 所示。

图 7-1　user 表的相关用户字段

（2）在客户端命令窗口中输入并执行如下语句：

```
SELECT User,Select_priv,Insert_priv,Update_priv,Delete_priv
FROM user
WHERE Host='localhost';
```

执行结果如图 7-2 所示。

图 7-2　user 表 localhost 主机下用户的 SELECT、INSERT、UPDATE 和 DELETE 权限

由图中结果可见，root 用户拥有全局的增删改和查询权限，可以对服务器上所有数据库中的表进行操作。

（3）在客户端命令窗口中输入并执行如下语句：

```
SELECT Host,Db,User FROM db;
```

执行结果如图 7-3 所示。

```
mysql> SELECT Host,Db,User FROM db;
+-----------+--------------------+---------------+
| Host      | Db                 | User          |
+-----------+--------------------+---------------+
| localhost | performance_schema | mysql.session |
| localhost | sys                | mysql.sys     |
+-----------+--------------------+---------------+
2 rows in set (0.00 sec)
```

图 7-3　db 表的相关用户字段

（4）在客户端命令窗口中输入并执行如下语句：

```
DESC password_history;
```

执行结果如图 7-4 所示。

```
mysql> DESC password_history;
+--------------------+--------------+------+-----+----------------------+-------------------+
| Field              | Type         | Null | Key | Default              | Extra             |
+--------------------+--------------+------+-----+----------------------+-------------------+
| Host               | char(255)    | NO   | PRI |                      |                   |
| User               | char(32)     | NO   | PRI |                      |                   |
| Password_timestamp | timestamp(6) | NO   | PRI | CURRENT_TIMESTAMP(6) | DEFAULT_GENERATED |
| Password           | text         | YES  |     | NULL                 |                   |
+--------------------+--------------+------+-----+----------------------+-------------------+
4 rows in set (0.00 sec)
```

图 7-4　历史密码表 password_history 的表结构

【任务总结】系统安全保护措施是否有效是数据库系统主要的性能指标之一，MySQL 通过系统数据库 mysql 中的权限表及其灵活的权限管理手段实现了其安全可靠的访问控制机制，而了解其权限表的结构、熟悉其权限系统的工作原理是开始操作 MySQL 数据库必须要走的第一步。

 任务 7.3　创建和查看用户

【任务描述】①创建两个新用户，用户名分别为 user1 和 user2，主机名和密码均相同，分别为 localhost 和 123456。完成后查看新创建的用户。②创建一个用户，用户名是 admin，主机名默认，密码为 123456，且 60 天后需要重新设置。

【任务分析与知识储备】由任务 7.2 可知，MySQL 的用户信息存储在 mysql 数据库的 user 表中。在安装 MySQL 后，系统会自动创建 root 用户，它是 MySQL 系统管理员账户，可以执行服务器范围内的任何操作。在平时的日常管理和实际操作中，为了避免恶意用户冒名使用

root 账号操控数据库，通常需要创建一系列具备适当权限的用户，而尽可能地不用或少用 root 账号登录系统，以此来确保数据库的安全访问。

（一）创建用户

在 MySQL 中，可以使用 CREATE USER 语句创建一个或多个用户，并设置相应的密码，其语法格式如下：

```
CREATE USER 用户 [IDENTIFIED BY '密码']
    [,用户 [IDENTIFIED BY '密码']][,…n] [密码选项];
```

格式说明：

（1）用户。表示用户的名称，其格式为'用户名'@'主机名'。这里主机名为用户连接 MySQL 时所在的主机名字。如果用户名和主机名中包含特殊符号如"_"，或者通配符"%"，则需要用单引号将其括起来。如果只指定用户名，则主机名默认为"%"，即对所有主机开放权限。如果将本地主机作为用户连接 MySQL 所在的主机，则主机名为 localhost。

（2）IDENTIFIED BY。为可选项，用来设置用户的密码。如不设置，则用户登录时不需要密码，但从安全的角度，不推荐这种做法。

（3）用户名和密码可由字母和数字组成，区分大小写。

（4）如果同时创建多个用户，则各用户之间用英文逗号分隔。

（5）密码选项。为可选项，用来设置用户使用密码时的限制，其语法格式如下：

```
PASSWORD EXPIRE [DEFAULT | NEVER | INTERVAL 天数 DAY]
| PASSWORD HISTORY {DEFAULT |次数}
| PASSWORD REUSE INTERVAL {DEFAULT |天数 DAY}
| PASSWORD REQUIRE CURRENT [DEFAULT | OPTIONAL]
```

参数说明：

● PASSWORD EXPIRE：设置密码过期时间，其有 3 个可选项，DEFAULT 表示使用系统默认的全局设置；NEVER 表示永不过期；"INTERVAL 天数 DAY"表示经过指定的天数后密码自动过期。如果这 3 个可选项都没有，则表示密码立即过期。

● PASSWORD HISTORY：设置密码是否能跟最近几次使用过的密码相同。DEFAULT 表示使用系统默认的全局设置；"次数"用于指定密码不能相同的最近次数，例如，取值为 3，表示不能跟最近 3 次使用过的密码相同。

● PASSWORD REUSE INTERVAL：设置密码是否能跟最近天数使用过的密码相同。DEFAULT 表示使用系统默认的全局设置；"天数"用于指定密码不能相同的最近天数，例如，取值为 30，表示不能跟最近 30 天使用过的密码相同。

● PASSWORD REQUIRE CURRENT：设置是否需要提供当前密码。其有 2 个可选项，DEFAULT 表示使用系统默认的全局设置；OPTIONAL 表示不需要当前密码。如果这 2 个可选项都没有，则表示需要当前密码。

需要说明的是，上述 DEFAULT 遵从的全局密码管理策略可由相应的系统全局变量来设置，它们依次为 default_password_lifetime、password_history、password_reuse_interval 和 password_require_current。前 3 个变量的默认值为 0，最后 1 个变量的默认值为 OFF，表示都不限制。系统管理员可通过 my.ini 配置文件或 SET PERSIST 语句来修改这些变量的全局设置。此外，创建或修改用户时的设置会覆盖系统全局变量的设置，但 root 用户不受限制。

提示：CREATE USER 语句会在 mysql 数据库的 user 表中添加新记录。如果账户已经存在，则出现错误。要使用 CREATE USER 语句，必须拥有 mysql 数据库的全局 CREATE USER 权限或 INSERT 权限。本项目中，如果不加说明，则都是在 root 用户下进行的操作。

（二）查看用户

查看已创建的用户可以使用 SELECT 语句，其语法格式如下：

```
SELECT Host,User,authentication_string FROM mysql.user [WHERE <条件表达式>];
```

格式说明：①Host，User，authentication_string 分别为主机名、用户名和密码字段；②WHERE 子句为可选项。

【任务实现】

（1）创建 user1 和 user2 用户，在客户端命令窗口中输入并执行如下语句：

```
CREATE USER
  'user1'@'localhost' IDENTIFIED BY '123456',
  'user2'@'localhost' IDENTIFIED BY '123456';
```

完成后可切换到 mysql 数据库，从 user 表中查看新添加的两个用户记录。

```
USE mysql
SELECT Host,User,authentication_string FROM user WHERE User LIKE 'u%';
```

执行结果如图 7-5 所示。

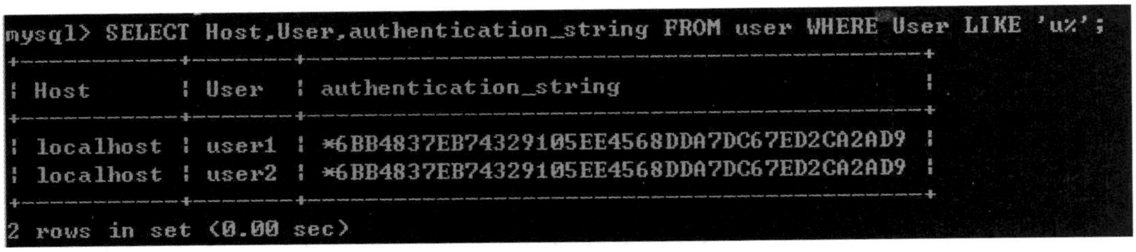

图 7-5　查看新创建的 user1 和 user2 用户

说明：

● 如果两个用户具有相同的用户名但主机不同，则 MySQL 将其视为不同的用户，允许为这两个用户授予不同的权限集合。

● 新创建的用户拥有的权限很少，他们可以登录到 MySQL 服务器上，并进行一些不需要权限的操作，如可以修改自己的密码、用 SHOW 语句查询所有存储引擎和字符集的列表，但无法访问数据库和表。

（2）创建 admin 用户，在客户端命令窗口中输入并执行如下语句：

```
CREATE USER 'admin' IDENTIFIED BY '123456' PASSWORD EXPIRE INTERVAL 60 DAY;
```

创建后，可用下面的 SELECT 语句查看是否创建成功，结果如图 7-6 所示。

```
SELECT Host,User,authentication_string FROM user WHERE User='admin';
```

```
mysql> SELECT Host,User,authentication_string FROM user WHERE User='admin';
+------+-------+-------------------------------------------+
| Host | User  | authentication_string                     |
+------+-------+-------------------------------------------+
| %    | admin | *6BB4837EB74329105EE4568DDA7DC67ED2CA2AD9 |
+------+-------+-------------------------------------------+
1 row in set (0.00 sec)
```

图 7-6　查看新创建的 admin 用户

【任务总结】创建用户是进行 MySQL 安全管理的重要一步，创建时不仅要指定用户名及其所在的主机名，最好还要为其设置相应的密码，以及密码管理策略。

 任务 7.4　修改和删除用户

【任务描述】①将用户 user1 的用户名修改为 student_user，将用户 user2 的主机名修改为默认。②修改用户 user2 的密码为 abc123，并设置修改密码时需要提供当前密码。③将用户 admin 自己的密码修改为 abc123；④删除 student_user 用户后再重新创建该用户。

【任务分析与知识储备】用户创建后可以修改其账户名或密码，也可以删除该用户。

（一）修改用户

修改用户主要包括修改用户的名称和修改密码两部分内容。

1. 修改用户的名称

可以使用 RENAME USER 语句修改一个或多个已经存在的 MySQL 用户的名称。其语法格式如下：

```
RENAME USER 旧用户 TO 新用户[,旧用户 TO 新用户] [,…n];
```

其中，旧用户和新用户均为用户的名称，其格式为'用户名'@'主机名'。用法与 CREATE USER 语句相同。

提示： RENAME USER 语句用于对原有 MySQL 用户进行重命名。如果旧用户不存在或者新用户已存在，则会出现错误。另外，要使用 RENAME USER 语句，必须拥有全局 CREATE USER 权限或 mysql 数据库的 UPDATE 权限。

2. 修改密码

在 MySQL 中，用户密码至关重要，一旦密码泄露给非法用户，非法用户就可能获得或者破坏数据库中的数据。所以平时要养成定期修改密码的习惯，而当密码丢失时，就应该立即修改密码。root 用户是系统管理员用户，其不仅可以修改自己的密码，还可以修改普通用户的密码；而普通用户只能修改自己的密码。

要修改某个用户的密码，可以使用 ALTER USER 语句或 SET PASSWORD 语句来实现。

（1）使用 ALTER USER 语句修改密码。可以使用 ALTER USER 语句修改一个或多个用户的密码。其语法格式如下：

```
ALTER USER 用户 IDENTIFIED BY '新密码' [REPLACE '当前密码']
      [,用户 [IDENTIFIED BY '新密码' [REPLACE '当前密码']]][,…n] [密码选项];
```

格式说明：①该语句中的用户、IDENTIFIED BY 和密码选项的用法均与 CREATE USER 语句相同；②REPLACE 为可选项，当设置了 PASSWORD REQUIRE CURRENT 为需要提供当前密码时，用户必须用该子句指定当前密码，当前密码为原来的旧密码。③当用户修改自己的密码时，该语句可简化为下面的格式：

```
ALTER USER USER() IDENTIFIED BY '新密码' [REPLACE '当前密码'];
```

（2）使用 SET 语句修改密码。如要修改某个用户的密码，还可以使用 SET PASSWORD 语句。其语法格式如下：

```
SET PASSWORD [FOR 用户]= '新密码' [REPLACE '当前密码'];
```

格式说明："FOR 用户"为可选项，表示修改当前主机上的特定用户的密码，用户名必须以'用户名'@'主机名'的格式给定。如果不加"FOR 用户"，则表示修改当前用户的密码。

（二）删除用户

在 MySQL 数据库中，可以使用 DROP USER 语句删除用户，也可以使用 DELETE 语句从 mysql.user 表中删除对应的记录来删除用户。

1. 使用 DROP USER 语句删除用户

使用 DROP USER 语句删除用户的语法格式如下：

```
DROP USER 用户 [,用户] [,…];
```

其中，用户表示用户的名称，其格式为'用户名'@'主机名'。

DROP USER 语句用于删除一个或多个 MySQL 账户，并取消其权限。要使用 DROP USER，必须拥有 mysql 数据库的全局 CREATE USER 权限或 DELETE 权限。

2. 使用 DELETE 语句删除用户

使用 DELETE 语句删除用户的语法格式如下：

```
DELETE FROM mysql.user WHERE Host='主机名' AND User='用户名';
```

其中，Host 和 User 为 user 表中的两个字段。

【任务实现】

（1）修改 user1 用户名和 user2 主机名，在客户端命令窗口中输入并执行如下语句：

```
RENAME USER 'user1'@'localhost' TO 'student_user'@'localhost','user2'@
'localhost' TO 'user2';
```

修改后可用 SELECT 语句进行查看是否修改成功，结果如图 7-7 所示，修改成功。

```
mysql> SELECT Host,User FROM user WHERE User LIKE '%u%';
+-----------+--------------+
| Host      | User         |
+-----------+--------------+
| %         | user2        |
| localhost | student_user |
+-----------+--------------+
2 rows in set (0.00 sec)
```

图 7-7　查看用户名和主机名是否修改成功

（2）修改 user2 用户的密码，在客户端命令窗口中输入并执行如下语句：

```
ALTER USER 'user2' IDENTIFIED BY 'abc123' PASSWORD REQUIRE CURRENT;
```

修改后，该用户以新的密码登录，并尝试修改自己的密码：

```
mysql -uuser2 -p
Enter password: ******
ALTER USER 'user2' IDENTIFIED BY '123';
```

执行后，出现如图 7-8 所示的错误提示。

```
mysql> ALTER USER 'user2' IDENTIFIED BY '123';
ERROR 3892 (HY000): Current password needs to be specified in the REPLACE clause
 in order to change it.
```

图 7-8　用户修改自己密码时的错误提示

此时该用户必须通过 REPLACE 子句指定当前密码才能修改自己的密码：

```
ALTER USER 'user2' IDENTIFIED BY '123' REPLACE 'abc123';
```

执行后，修改密码成功，结果如图 7-9 所示。

```
mysql> ALTER USER 'user2' IDENTIFIED BY '123' REPLACE 'abc123';
Query OK, 0 rows affected (0.07 sec)
```

图 7-9　使用 REPLACE 子句后用户修改自己密码成功

（3）用户 admin 修改自己的密码。首先以 admin 用户登录，然后在客户端命令窗口中输入并执行如下语句：

```
ALTER USER USER() IDENTIFIED BY 'abc123';
```

或：

```
SET PASSWORD = 'abc123';
```

（4）在客户端命令窗口中按照下面的步骤进行操作。首先以 root 用户登录，然后删除 student_user 用户：

```
DROP USER student_user@localhost;
```

或：

```
DELETE FROM mysql.user WHERE Host='localhost' AND User='student_user';
```

说明：删除后可以用 SELECT 语句进行查看。如果被删除的用户已经创建了表、索引或其他数据库对象，它们将继续保留，因为 MySQL 并没有记录是谁创建了这些对象。

最后重新创建该用户：

```
CREATE USER 'student_user'@'localhost' IDENTIFIED BY '123456';
```

【任务总结】在数据库的日常维护中，修改用户主要针对的是用户密码的修改，MySQL 提供了丰富的密码管理策略，以提高系统的安全性。需要注意的是，本任务所提到的都是用户修改自己的密码的策略，而如果是一个有权限的用户去修改其他用户的密码是不受这些策略影响的。

任务 7.5　管理用户权限

【任务描述】①将学生成绩数据库所有数据表的 SELECT、INSERT 和 UPDATE 权限授予 admin 用户。②将学生成绩数据库中 bscore 表的 SELECT 权限授予 student_user 用户。③将学生成绩数据库中 bscore 表的 stud_id 列和 score 列的 SELECT 与 UPDATE 权限授予 user2 用户，并允许其将这些权限授予其他用户。④收回 user2 用户对学生成绩数据库中 bscore 表的 score 列的 UPDATE 权限。

【任务分析与知识储备】权限是用来指定授权用户或角色可以使用的数据库对象和这些授权用户或角色可以对这些数据库对象执行的操作。用户在登录到 MySQL 之后，其所被赋予的权限决定了该用户能够对哪些数据库对象执行哪种操作，以及能够访问、修改哪些数据。MySQL 数据库中有多种类型的权限，这些权限都存储在 mysql 数据库的权限表中。在 MySQL 启动时，服务器将这些权限表中的权限信息读入内存。

（一）MySQL 的权限类型

在任务 7.3 中已提及，新创建的用户拥有的权限很少，他们可以登录到 MySQL 服务器上，并进行一些不需要权限的操作，但无法访问数据库和表。他们必须被授权才能执行相关操作。授权就是为某个用户或角色授予权限，可以授予的权限分为以下 5 种级别。

（1）全局级。全局权限作用于一个给定服务器中的所有数据库。常用的权限有 CREATE USER、GRANT、SELECT、INSERT、UPDATE、DELETE、CREATE、ALTER、DROP、INDEX、CREATE VIEW、SHOW VIEW、CREATE ROUTINE、ALTER ROUTINE、EXECUTE、LOCK TABLES 及 ALL 等。例如，创建一个新用户或为其他用户授权的权限。这些权限存储在 mysql.user 表中。

（2）数据库级。数据库权限作用于一个给定数据库中的所有表。常用的权限有 SELECT、INSERT、UPDATE、DELETE、CREATE、ALTER、DROP、INDEX、CREATE VIEW、SHOW VIEW、CREATE ROUTINE、ALTER ROUTINE、EXECUTE ROUTINE、LOCK TABLES 及 ALL。例如，创建一个新的数据库及其表（在已有的学生成绩数据库中创建新表的权限）或者删除已有的数据库的权限。这些权限存储在 mysql.db 表中。

（3）表级。表权限作用于一个给定表中的所有列。常用的权限有 SELECT、INSERT、UPDATE、DELETE、CREATE、ALTER、DROP、INDEX 及 ALL。例如，使用 SELECT 语句查询表 bstudent 的所有数据的权限。这些权限存储在 mysql.tables_priv 表中。

（4）列级。列权限作用于一个给定表中的单个列。该级别的权限只能指定为 SELECT、

INSERT 和 UPDATE。例如，使用 UPDATE 语句更新表 bstudent 中学生学号列的值的权限。这些权限存储在 mysql.columns_priv 表中。

（5）子程序级。CREATE ROUTINE、ALTER ROUTINE、EXECUTE 和 GRANT 等权限作用于已存储的子程序。这些权限可以被授予为全局级和数据库级。而且，除了 CREATE ROUTINE，这些权限可以被授予为子程序级，并存储在 mysql.procs_priv 表中。

提示： 数据库的安全很大程度上依赖于用户权限的管理。在数据库的日常维护管理中，数据库管理员需要针对不同用户对数据库的实际操作要求，分别授予不同级别的权限。如对特定数据库、特定表、特定表的特定字段的权限。

（二）用户权限的授予

给用户或角色授予权限可以使用 GRANT 语句，但执行该语句必须拥有 GRANT 权限。有关角色的授权将在任务 7.6 中介绍，下面仅说明给用户授权的语法格式：

```
GRANT 权限[(列名列表)] [,权限[(列名列表)]] [,…n]
    ON [对象类型] 权限级别
    TO 用户[,用户] [,…n]
    [WITH GRANT OPTION];
```

格式说明：

（1）权限。用于指定权限的名称，具体权限详见前面介绍的权限类型。如 SELECT、INSERT、UPDATE、ALL 等数据库级别的操作权限。

（2）列名列表。为可选项，用于指定权限作用的列。如果有多个列，则列名与列名之间用逗号隔开。如果不指定该参数，则作用于整个表。

（3）对象类型。为可选项，用于指定权限授予的对象类型，包括表、函数和存储过程，分别用关键字 TABLE、FUNCTION 和 PROCEDURE 标识。

（4）权限级别。用于指定权限的级别，可以有以下几种格式。

- *：如果未选择数据库，则其含义同*.*；否则为当前数据库的所有表。
- *.*：全局权限，表示所有数据库中的所有表。
- 数据库名.*：数据库权限，表示指定数据库中的所有表。
- 数据库名.表名：表权限，表示指定数据库中的指定表或视图。
- 表名：表权限，表示指定表或视图中的所有列。
- 数据库名.子程序名：表示指定数据库中的指定存储过程或函数。

提示： 如果在 ON 子句使用"数据库名.表名"或"表名"形式指定了一个表，则可以在列名列表子句中指定一个或多个用逗号分隔的列，用于对它们定义权限。

（5）用户。用于指定一个或多个用户的名称，其格式为'用户名'@'主机名'。

（6）WITH GRANT OPTION。为可选项，用于实现权限的转移。如果有该选项，则表示 TO 子句中指定的所有用户都具有把自己所拥有的权限授予其他用户的权利；否则，不能将其拥有的权限授予其他用户。

（三）用户权限的查看

在 MySQL 中，可以使用 SHOW GRANTS 语句查看指定用户的权限信息。其语法格式如下：

```
SHOW GRANTS [FOR 用户];
```

格式说明：①用户表示用户的名称，其格式为'用户名'@'主机名'。②[FOR 用户]为可选项，用户如要查看自己的权限则不需要指定 FOR 子句。

（四）用户权限的撤销（回收）

用户权限的撤销就是取消已经赋予用户的某些权限。撤销用户不必要的权限在一定程度上可以保证数据库的安全性。权限撤销后，用户账户的权限记录将从 db、tables_priv 和 columns_priv 表中删除，但是用户账户记录仍然在 user 表中保存。撤销权限可用 REVOKE 语句实现，其语法格式有两种，一种是撤销用户的指定权限，另一种是撤销用户的所有权限。要使用 REVOKE 语句，用户必须拥有 mysql 数据库的全局 CREATE USER 或 UPDATE 权限。

1. 撤销指定权限

撤销指定权限的语法格式如下：

```
REVOKE 权限[(列名列表)] [,权限[(列名列表)]] [,…n]
    ON [对象类型] 权限级别
    FROM 用户[,用户] [,…n];
```

其中，各参数的说明与 GRANT 语句相同。

2. 撤销所有权限

撤销所有权限的语法格式如下：

```
REVOKE ALL [PRIVILEGES],GRANT OPTION
FROM 用户[,用户] [,…n];
```

其中，ALL PRIVILEGES 表示所有权限，PRIVILEGES 可省；GRANT OPTION 表示授权权限。

【任务实现】

（1）给 admin 用户授权，在客户端命令窗口中输入并执行如下语句代码：

```
GRANT SELECT,INSERT,UPDATE ON studentscore.* TO 'admin';
```

执行结果显示成功。用 SHOW GRANTS 语句查看该用户的权限，如图 7-10 所示。

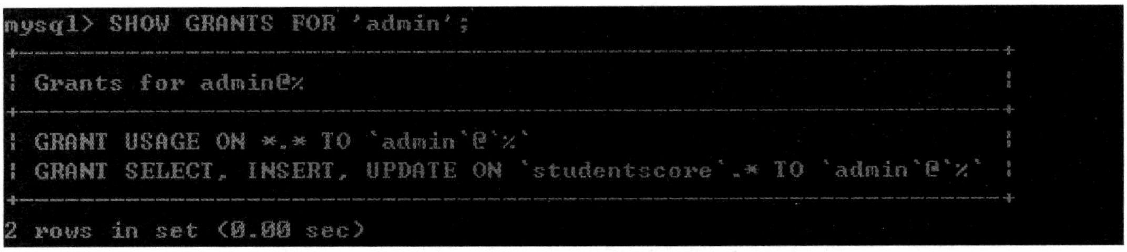

```
mysql> SHOW GRANTS FOR 'admin';
+------------------------------------------------------------------+
| Grants for admin@%                                               |
+------------------------------------------------------------------+
| GRANT USAGE ON *.* TO `admin`@`%`                                |
| GRANT SELECT, INSERT, UPDATE ON `studentscore`.* TO `admin`@`%`  |
+------------------------------------------------------------------+
2 rows in set (0.00 sec)
```

图 7-10 查看 admin 的权限以验证是否对其授权成功

说明：授权成功后，用户 admin 就可以使用 SELECT、INSERT 和 UPDATE 语句来操作 studentscore 数据库的所有表了，而不管是由谁创建的这些表。

（2）给 student_user 用户授权，在客户端命令窗口中输入并执行如下语句代码：

```
GRANT SELECT ON studentscore.bscore TO 'student_user'@'localhost';
```

执行结果显示成功。用 SHOW GRANTS 语句查看该用户的权限，如图 7-11 所示。

```
mysql> SHOW GRANTS FOR  'student_user'@'localhost';
+-----------------------------------------------------------------------+
| Grants for student_user@localhost                                     |
+-----------------------------------------------------------------------+
| GRANT USAGE ON *.* TO `student_user`@`localhost`                      |
| GRANT SELECT ON `studentscore`.`bscore` TO `student_user`@`localhost` |
+-----------------------------------------------------------------------+
2 rows in set (0.00 sec)
```

图 7-11　查看 student_user 的权限以验证是否对其授权成功

说明：授权成功后，用户 student_user 就可以使用 SELECT 语句来查询 studentscore 数据库中的 bscore 表了，而不管是由谁创建的这个表。

（3）给 user2 用户授权，在客户端命令窗口中输入并执行如下语句：

```
GRANT SELECT(stud_id,score),UPDATE(stud_id,score)
ON studentscore.bscore TO 'user2' WITH GRANT OPTION;
```

说明：①对于列权限，权限的值只能取 SELECT、INSERT 和 UPDATE，并且权限的后面需要加上列名列表。②授权成功后，用户 user2 不但可以使用 SELECT 和 UPDATE 语句来操作 studentscore 数据库中 bscore 表的 stud_id 和 score 列，而且可以将其拥有的权限（不限于这里的 SELECT 和 UPDATE 权限）转授予其他用户。假设现在要将更新 bscore 表的 score 列的权限转授给已经存在的 teacher_user@localhost 用户，可以进行如下操作。

首先以 user2 用户登录（经任务 7.4(2)的操作，密码已改为 123），然后在客户端命令窗口中输入并执行如下语句：

```
GRANT UPDATE(score) ON studentscore.bscore TO 'teacher_user'@'localhost';
```

（4）收回 user2 用户的部分权限，在客户端命令窗口中输入并执行如下语句：

```
REVOKE UPDATE(score) ON studentscore.bscore FROM 'user2';
```

说明：由于 user2 用户对 bscore 表的 UPDATE 权限被撤销了，所以直接或间接地依赖于它的所有权限也被回收了，在该例子中，teacher_user 也失去了对 bscore 表的 UPDATE 权限。但上面语句执行之后 WITH GRANT OPTION 还保留，当再次授予 user2 对于同一个表的权限时，它会立即将这个权限传递给 teacher_user。

【任务总结】权限管理主要是对登录到 MySQL 的用户进行权限验证。GRANT 和 REVOKE 命令对于谁可以操作服务器及其内容的各个方面提供了多层级细粒度的控制，从谁可以关闭服务器，到谁可以修改特定表字段中的信息都能控制。合理的权限管理能够保证数据库系统的安全，不合理的权限设置会给 MySQL 服务器带来安全隐患。

任务 7.6　管理角色及其权限

【**任务描述**】①创建两个角色，角色的名称分别为 student_role 和 teacher_role。②给角色 student_role 授予查询 studentscore 数据库中 bstudent 表的权限，并查看该角色的权限。③给角色 teacher_role 授予 studentscore 数据库中 bstudent 表的查询、插入、修改和删除数据的权限。④将 teacher_role 角色分配给 **user2** 用户，并查看其通过角色 teacher_role 得到的权限。⑤启用 **user2** 用户的 teacher_role 角色。⑥撤销授予 teacher_role 角色的所有权限。

【**任务分析与知识储备**】**角色**是一种权限许可机制，如果数据库有很多用户，且这些用户的权限各不相同，那么单独授权给某个用户的话，不便于集中管理，如当权限变化时，管理员可能需要逐个修改用户的权限，非常麻烦。为此，从 MySQL 8.0 开始就引进了"角色"这种用来集中管理用户权限的概念。

将操作数据库的权限赋予角色，然后再将连接数据库的用户设置为某一角色，使其拥有相应的权限。当若干个用户都被赋予同一个角色时，它们就都继承了该角色拥有的权限，若角色的权限变化了，这些相关的用户权限也都会发生相应的变化。因此，通过角色可将用户分为不同的类，同一类用户（具有相同角色）赋予相同的操作权限，从而方便管理员集中管理用户的权限。

（一）创建角色并授予角色权限

1. 创建角色

可使用 CREATE ROLE 语句创建角色，但必须拥有 CREATE ROLE 或 CREATE USER 的全局权限。该语句的语法格式如下：

```
CREATE ROLE 角色[,角色] [,…n];
```

其中，角色表示角色的名称，其格式与用户的名称类似，由角色名和主机名两部分组成，即'角色名'@'主机名'。如果省略主机名，则默认为%；角色名和主机名也可以不加引号，除非它们包含特殊字符。但与用户名称不同的是，角色名称中的角色名不能为空。

注：创建一个角色后，该角色的记录也存储在 mysql 数据库的 user 表中，所以查看已创建的角色也可以通过 SELECT 语句查询 mysql.user 表实现。

2. 授予角色权限

与用户账户一样，新创建的角色还不具有任何权限，只有给其赋予了一定的权限它才能发挥作用。授予角色权限，使用与授予用户权限相同的语法格式：

```
GRANT 权限[(列名列表)] [,权限[(列名列表)]] [,…n]
    ON [对象类型] 权限级别
    TO 角色[,角色] [,…n]
    [WITH GRANT OPTION];
```

其中，角色表示角色的名称，格式为'角色名'@'主机名'；其余各参数的说明与授予用户权限的语句相同。

3. 角色的分配

角色的分配就是将角色授予一个或多个已存在的用户或角色，使之拥有相应的角色权限。其语法格式如下：

```
GRANT 角色[,角色] [,…n]
    TO 用户|角色 [,用户|角色] [,…n]
    [WITH ADMIN OPTION];
```

其中，角色和用户分别表示角色的名称和用户的名称，名称中如果省略主机名，则默认为%；**WITH ADMIN OPTION** 为可选项，表示被授予角色的用户或角色可将此系统权限授予其他用户或角色，但撤销该用户或角色的此系统权限时，该用户或角色已经授予其他用户或角色的此系统权限不会被同时撤销。

提示： 使用 GRANT 授权权限的语法和分配角色的语法不同：由 ON 来区分是授予权限还是授予角色，**有 ON 的**为授予权限，而**没有 ON 的**用来分配角色。所以不能在同一语句中混合授予权限和分配角色。

（二）查看角色或角色权限

1. 查看角色的权限或授予用户的角色

要查看角色的权限或授予用户的角色，可以使用 SHOW GRANTS 语句，语法格式如下：

```
SHOW GRANTS [FOR 用户|角色];
```

其中，用户和角色的说明与角色分配语句相同；[FOR 用户|角色]为可选项，FOR 后如为角色，则为查看角色的权限或角色；FOR 后如为用户，则为查看用户的权限或角色，当用户查看自己的权限或角色时不需要指定 FOR 子句。

提示： 该语句不能查看通过角色分配给用户或角色的权限。

2. 查看通过角色授予给用户的权限

如果要查看角色所代表的权限（通过角色授予给用户的权限），则要添加一个 USING 子句，语法格式如下：

```
SHOW GRANTS FOR 用户|角色 USING 角色[,角色] [,…n];
```

其中，用户和角色的说明与角色分配语句相同；USING 子句指定需要显示的角色权限。

（三）启用角色

为用户分配了角色，如果不启用该角色，则用户登录的时候，依旧没有该角色的权限。在 MySQL 中，如果要启用角色，有两种方式：一种是通过 SET DEFAULT ROLE 语句为用户设置默认角色；另一种是通过 SET ROLE 语句设置当前会话（用户）的活动角色。

1. 为用户设置默认角色

可以通过 SET DEFAULT ROLE 语句为用户设置默认角色，以启用角色。执行该语句需要有 CREATE USER 全局权限，或对 mysql.default_roles 表的更新权限。其语法格式如下：

```
SET DEFAULT ROLE {NONE | ALL | 角色[,角色] [,…n]}
    TO 用户[,用户] [,…n];
```

其中，NONE 表示没有角色；ALL 表示分配给用户的所有角色；角色表示指定的角色。

　　注：如果已有存在的角色，则也可以在创建用户时将该角色设置为用户的默认角色。

2. 设置当前会话的活动角色

可以通过 SET ROLE 语句设置当前会话中的活动角色，以启用角色。其语法格式如下：

```
SET ROLE {DEFAULT | NONE | ALL | ALL EXCEPT 角色[,角色] [,…n]
    | 角色[,角色] [,…n]};
```

其中，DEFAULT 为默认角色；NONE 表示没有角色；ALL 表示分配给用户的所有角色；ALL EXCEPT 子句表示除了其后指定的角色；角色表示指定的角色。

　　提示：如要查询当前会话已激活的角色，可用 "SELECT CURRENT_ROLE();" 语句。

（四）撤销角色或角色权限

正如可以授予某个用户的角色一样，也可以从用户中撤销这些角色。其语法格式如下：

```
REVOKE 角色[,角色] [,…n] FROM 用户|角色[,用户|角色] [,…n];
```

其中，用户和角色的说明与角色分配语句相同。

另外，也可以用 REVOKE 撤销授予角色的权限，其语法格式与用户权限的撤销一样，只需将 FROM 子句中的用户修改为角色即可。

（五）删除角色

要删除角色，可以使用 DROP ROLE 语句，其语法格式如下：

```
DROP ROLE 角色[,角色] [,…n];
```

其中，角色的说明与创建角色语句相同。

　　提示：删除角色会从被分配该角色的每个用户账户中撤销该角色。

【任务实现】

（1）创建 student_role 和 teacher_role 角色：

```
CREATE ROLE 'student_role', 'teacher_role';
```

（2）授予 student_role 角色查询 bstudent 表的权限，并查看其权限：

```
GRANT SELECT ON studentscore.bstudent TO 'student_role';
```

语句执行成功后，用 SHOW GRANTS 语句查看该角色的权限，如图 7-12 所示。

```
mysql> SHOW GRANTS FOR 'student_role';
+------------------------------------------------------------------------+
| Grants for student_role@%                                              |
+------------------------------------------------------------------------+
| GRANT USAGE ON *.* TO `student_role`@`%`                               |
| GRANT SELECT ON `studentscore`.`bstudent` TO `student_role`@`%`        |
+------------------------------------------------------------------------+
2 rows in set (0.00 sec)
```

图 7-12　查看 student_role 角色的权限

（3）授予 teacher_role 角色对 bstudent 表的查询、插入、修改和删除数据的权限：

```
GRANT SELECT,INSERT,UPDATE,DELETE ON studentscore.bstudent TO 'teacher_role';
```

（4）将 teacher_role 角色分配给 **user2** 用户，并查看其通过该角色得到的权限：

```
GRANT 'teacher_role' TO 'user2';
SHOW GRANTS FOR 'user2' USING 'teacher_role';
```

说明：查看通过角色 teacher_role 授予用户的权限，需要 USING 子句指定需要显示的角色权限，且不能省去 FOR 子句，语句执行如图 7-13 所示。

```
mysql> SHOW GRANTS FOR 'user2' USING 'teacher_role';
+------------------------------------------------------------------------------------------------------------+
| Grants for user2@%                                                                                         |
+------------------------------------------------------------------------------------------------------------+
| GRANT USAGE ON *.* TO `user2`@`%`                                                                          |
| GRANT SELECT (`score`, `stud_id`), UPDATE (`stud_id`) ON `studentscore`.`bscore` TO `user2`@`%` WITH GRANT OPTION |
| GRANT SELECT, INSERT, UPDATE, DELETE ON `studentscore`.`bstudent` TO `user2`@`%`                           |
| GRANT `teacher_role`@`%` TO `user2`@`%`                                                                    |
+------------------------------------------------------------------------------------------------------------+
4 rows in set (0.00 sec)
```

图 7-13　查看通过角色 teacher_role 授予用户 user2 的权限

另外，需要注意的是，给角色赋予权限后，被分配该角色的用户将自动继承该角色的权限。当用户权限、角色权限发生冲突时，用户权限将优于角色权限。

（5）启用 **user2** 用户的 teacher_role 角色。

首先在 root 用户会话下，输入并执行如下语句：

```
SET DEFAULT ROLE 'teacher_role' TO 'user2';
```

然后在 user2 用户会话下，通过“SELECT CURRENT_ROLE();”语句查看当前会话已激活的角色，如图 7-14 所示。

```
mysql> SELECT CURRENT_ROLE();
+----------------------+
| CURRENT_ROLE()       |
+----------------------+
| `teacher_role`@`%`   |
+----------------------+
1 row in set (0.00 sec)
```

图 7-14　查看当前会话已激活的角色

说明：一旦启用了角色，用户通过该角色授予的权限即可生效。现在 user2 就可以对学生成绩数据库的 bstudent 表进行 SELECT、INSERT、UPDATE 和 DELETE 操作了，如图 7-15 所示的删除操作就是以 user2 用户登录 studentscore 数据库进行的。

```
mysql> DELETE FROM bstudent WHERE stud_id='3032133103';
Query OK, 1 row affected (0.08 sec)
```

图 7-15　以 user2 用户登录 studentscore 数据库对 bstudent 表进行删除操作

（6）撤销授予 teacher_role 角色的所有权限：

```
REVOKE SELECT,INSERT,UPDATE,DELETE ON studentscore.bstudent
FROM 'teacher_role';
```

或：REVOKE ALL FROM 'teacher_role';

说明： 撤销授予角色的部分或全部权限后，不仅影响角色本身的权限，还影响任何被授予该角色的用户权限。即当该语句执行成功后，用户 user2 也不再具有 teacher_role 角色被撤销的权限。除非在角色分配时设置了 WITH ADMIN OPTION 选项。

如要恢复角色的权限，只需重新授予它们即可：

```
GRANT SELECT,INSERT,UPDATE,DELETE ON studentscore.bstudent TO 'teacher_role';
```

现在 user2 用户再次具有对 studentscore.bstudent 表的查询、插入、修改和删除权限。

另外，如要从 user2 用户撤销 teacher_role 角色，则可用下列语句：

```
REVOKE 'teacher_role' FROM 'user2';
```

此时 user2 用户从 teacher_role 角色继承的权限也随之消失。

【任务总结】 角色是 MySQL 用来集中管理用户权限的重要机制，类似操作系统中的组用来批量管理用户，不同用户在同一角色下有共同的权限。本任务通过角色的创建、授权、分配、启用及撤销介绍了角色的使用方法。

项目小结： 本项目紧紧围绕数据库安全这个命题，以学生成绩数据库的安全管理任务为主线，介绍了数据库安全策略的选择、MySQL 数据库的权限表、用户管理、权限管理及角色管理的内容。其中，密码管理、授权、撤销权限及角色等内容涉及 MySQL 数据库的安全，在实际应用中非常重要。

习题七

一、选择题

1. 下列（　　　）技术不属于数据库所采用的安全控制措施。

    A. 口令鉴别　　　　B. 数据约束　　　　C. 数据加密　　　　D. 视图机制

2. MySQL 自带数据库中，（　　　）存储了系统的权限信息。

    A. information_schema　　　　　　　　B. mysql

    C. performance_schema　　　　　　　　D. sys

3. MySQL 权限表中决定是否允许用户连接到服务器的权限表是（　　　）。

    A. user　　　　　　B. db　　　　　　　C. tables_priv　　　　D. procs_priv

4. 在 MySQL 中，可以使用（　　　）语句创建用户。

    A. REVOKE　　　　B. GRANT　　　　　C. INSERT　　　　　D. CREATE

5. 以下账户命名错误的是（　　　）。

    A. "@"　　　　　　　　　　　　B. 'u c'@'localhost'

    C. dept_manager@%　　　　　　　D. test@localhost

6. 查看指定用户的权限信息可以使用（　　）语句查看。

    A. SELECT GRANT　　　　　　　B. GRANT

    C. SET GRANT　　　　　　　　　D. SHOW GRANT

二、填空题

1. 数据库系统的安全性管理包括两方面的内容，一是_____的管理，二是_____的管理。

2. MySQL 服务器通过_____来控制用户对数据库的访问。

3. MySQL 的访问控制分为两个阶段：_____阶段和_____阶段。

4. 用户连接 MySQL 服务器时，服务器首先判断用户提供的_____、_____和_____是否与_____表中对应的 3 个字段值完全匹配，只有完全匹配后才接受连接。

5. MySQL 授予用户权限时，在 GRANT 语句中，ON 子句使用_____表示所有数据库的所有数据表。

6. 在 MySQL 中，使用_____语句回收权限，使用_____语句或者_____语句删除普通用户。

三、判断题

1. 在安装 MySQL 后，系统会自动创建一个特殊的用户 root，它拥有最高的权限。（　　）

2. 通配符"%"和"_"都可以不受限制地使用在用户的主机名中。（　　）

3. root 用户密码丢失后不能再找回，只能重新安装 MySQL。（　　）

4. USER()函数表示当前登录的用户名及其对应的主机名，即当前的登录账户。（　　）

5. 在 MySQL 中，如要修改某个用户的密码，可以使用 ALTER USER 语句或 SET PASSWORD 语句。（　　）

6. 使用 GRANT 语句授予权限时，如果使用了 WITH GRANT OPTION 子句，则表示 TO 子句中指定的所有用户都有把自身所拥有的权限授予其他用户的权限。（　　）

四、简答题

1. 在 MySQL 中可以授予的权限有哪几个级别？

2. 在 MySQL 的权限授予语句中，可以用于指定权限级别的值有哪几类格式？

3. 为什么说角色可以方便管理员集中管理用户的权限？

4. 简述 MySQL 中启用角色的两种方式，并写出其语法格式。

五、项目实践（训）题

1. 创建 MySQL 登录账户，用户名为 dbuser，主机名为 localhost，密码自设，但不能跟最近 3 次使用过的密码相同，完成后查看新创建的用户。

2. 修改用户 dbuser 的密码为 123456，并设置修改密码时需要提供当前密码。

3. 将 people 数据库所有数据表的 SELECT、INSERT 和 UPDATE 权限授予 dbuser 用户。

4. 创建一个名为 emp_role 的角色，给其授予查询 people 数据库中 bemployee 表的权限，并查看该角色的权限。

5. 首先创建 emp_user 用户，主机名和密码分别为 localhost 和 123456，然后将 emp_role 角色分配给该用户，并查看其通过角色 emp_role 得到的权限。

6. 启用 emp_user 用户的 emp_role 角色，并验证其通过该角色的权限是否生效。

7. 撤销 emp_user 用户的所有权限。

项目 8　学生成绩数据库的设计

知识目标：①了解数据库系统的基本概念和组成，掌握数据库管理系统的主要功能；②了解数据与数据联系的描述方法，理解概念数据模型和结构数据模型的概念，掌握关系数据模型的结构特点和约束机制；③掌握关系数据库设计的方法与步骤。

技能目标：①能根据数据库系统的应用背景进行系统的功能分析和数据分析；②会用规范设计法进行中、小型数据库系统的概念设计、逻辑设计和物理设计。

素质目标：①形成勤奋踏实、好学上进的学习态度；②培养学生规范的系统设计能力；③提高分析和解决实际问题的能力；④培养学生团队协作精神。

[项目描述与任务分解]

在前面的项目中，我们以 MySQL 为平台对数据库系统环境的建立及其数据管理的各个方面进行了详细的介绍，并从中了解到数据库管理系统能够提供强大的数据管理功能。但在实际的应用中，它主要是由专业的数据库管理人员来维护、管理的，普通的计算机用户对后台的数据库不熟悉，不能并且也不应该直接使用数据库管理系统操作数据库，这就要使用其他的开发环境为应用系统设计处理逻辑和前台用户界面，以便普通数据库用户不必了解复杂的数据库概念和学习数据库管理系统的操作，就能通过数据库管理系统管理数据，完成相应的功能。为此，本项目将以**学生成绩管理系统**为研究对象，介绍数据库应用系统的设计内容、方法及过程。按照数据库设计的步骤，将项目主要分解成以下几个任务。

任务 8.1　项目设计背景描述

任务 8.2　确定数据库设计的内容和方法

任务 8.3　系统的需求分析

任务 8.4　系统的概念设计

任务 8.5　系统的逻辑设计

任务 8.6　系统的物理设计

 任务 8.1　项目设计背景描述

【任务描述】试述学生成绩管理系统的设计背景，并说明其设计目标。

【任务分析】本任务是设计一个数据库应用系统的提前，需说明项目的设计背景和设计目标。其内容主要包括现有系统存在的问题，需要解决什么问题，提出该项目的目的，目前所具备的条件，以及待开发数据库的名称和使用此数据库的软件系统的名称。

【任务实现】项目设计背景：某校教学管理组织主要有 8 个二级学院、32 个专业，全日制在校学生 10000 余人，现还在改革建设发展中。目前学校在管理模式上采用校、院两级管理，即学校教务处和各二级学院教务办公室共同完成教学事务的管理。教务处是学校学籍管理的核心部门，下辖教材科、教学科、教学实践科、综合科及各二级学院教务秘书，主要负责学生学籍、成绩信息、教学计划、教室信息、课程信息、排课等事务的综合管理，其中成绩管理涉及大量学生数据的输入、查询、统计、报表输出等工作。由于各高校管理规范程度不同，实际运行情况也有很大的差异，市面上目前很难找到一个比较通用的、能够适合各高校使用的学生成绩管理系统。为进一步利用计算机校园网络，实现学生成绩管理的计算机网络化、标准化、规范化，提高工作效率和质量，迫切需要开发一个方便管理和使用的网络版学生成绩管理系统。

项目设计目标：建立一个基于校园网络应用平台的、面向学校教务部门及各二级学院教学管理科室等层次用户的学生成绩管理系统，以满足学校日常的学生成绩管理需要，实现学生成绩管理的计算机网络化、标准化，提高信息处理的准确性和高效性。该系统应能以成绩管理决策部门为中心，对所涉及数据进行集中的、统一的管理，包括与成绩信息相关的学生基本信息、专业信息、班级信息、课程信息等的录入、修改、删除、查询、统计、报表输出与分析几部分，其他部门在学校教务部门的授权下可以对成绩数据进行录入、修改、查询、统计、打印等操作。由此建立的学生成绩数据库应具有较高的数据独立性、安全性和完整性，并保证多个并发用户同时访问数据库时的响应速度。

【任务总结】项目背景描述是进行应用系统设计的第一步，它客观地描述了项目提出的原因、项目环境背景、要解决的问题及项目设计目标。

任务 8.2　确定数据库设计的内容和方法

【任务描述】根据学生成绩管理系统的设计背景和目标，确定其数据库设计的内容和方法。

【任务分析与知识储备】由于用数据库管理信息具有数据量大、保存时间长，数据关联复杂及用户要求多样化的特点，所以在了解了项目设计的背景和目标后，必须选择一种合适的数据库设计方法，使得开发设计人员能够方便地使用这个方法表达用户的要求，构造最优的数据结构，并据此建立数据库及其应用系统。从整个系统设计的角度来说，可以将其分为两个部分：一是进行数据库服务器端数据库结构的设计；二是进行数据处理的客户端应用程序的开发。有关客户端应用程序的开发将在项目 9 中完成，本项目只讨论数据库结构的设计。而要进行数据库结构的设计还得从数据库系统及其体系结构说起。

（一）数据库系统及其体系结构

1．数据库系统

数据库系统（Database System，DBS）是指具有管理和控制数据库功能的计算机应用系统，它是一个实际可运行的、按照数据库方法存储、维护和向应用系统提供数据支持的系统，主要由计算机支持系统、数据库（DB）、数据库管理系统（DBMS）、建立在该数据库之上的应用程序集合及有关人员组成。

- 计算机支持系统：主要有硬件支持环境和软件支持系统（如操作系统、开发工具）。
- 数据库：是按一定数据模型组织，长期存放在外存上可共享的、与一个企业组织各项应用有关的全部数据的集合。
- 数据库管理系统：为一个管理数据库的软件，它是数据库系统的核心部件。
- 数据库应用程序：指可满足用户功能需求的操纵和访问数据库的程序。
- 人员：包括数据库系统分析员、系统程序员、数据库用户等。而数据库用户又可分为两类：一类是应用程序用户，该类用户使用程序设计语言编写的应用程序，对数据进行检索、插入、修改和删除等操作；另一类是联机终端用户，他们使用终端命令或查询语言直接对数据库进行操作，这类用户通常是数据库管理员或系统维护人员。

2. 数据库系统的体系结构

数据库系统的体系结构是数据库系统的一个总的框架，虽然实际的数据库系统种类各异，但它们基本上都具有 3 级模式的结构特征，即外模式（External Schema）、概念模式（Conceptual Schema）和内模式（Internal Schema）。这个 3 级结构有时也称为"数据抽象的 3 个级别"，在数据库系统中，不同的人员涉及不同的数据抽象级别，具有不同的数据视图（Data View），如图 8-1 所示。

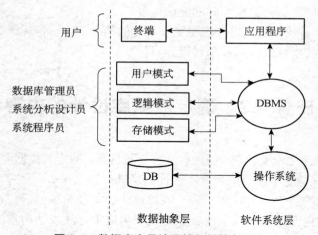

图 8-1　数据库人员涉及的数据抽象层次

（1）外模式：又称用户模式，是用户用到的那部分数据的描述，即数据库用户看到的数据视图。它是用户与数据库系统的接口。

（2）概念模式：又称逻辑模式，简称模式，是数据库中全部数据的整体逻辑结构的描述，是所有用户的公共数据视图。

（3）内模式：又称存储模式，是对数据库中数据的物理结构和存储方式的描述。

数据库系统的 3 级模式结构是对数据的 3 个抽象层次，它把数据的具体组织留给 DBMS 去管理，用户只要根据业务需求处理数据，而不必关心数据在计算机中的表示和存储，从而减轻了用户使用系统的负担。由于业务需求的不同，数据的显示方式会多种多样，因此，一个数据库可以有多个外模式，而概念模式和内模式则只有一个。

另外，3 层模式的数据结构可能不一致，每层关心的重点也不同。所以，为了实现这 3 个抽象层次的联系和转换，数据库系统在这 3 层模式中提供了两级映象。

（1）概念模式/内模式映象：用于定义概念模式和内模式间的对应关系。当内模式（即数据库的存储设备和存储方式）改变时，概念模式/内模式映象也要做相应的改变，以保证概念模式保持不变，从而使数据库达到物理数据独立性。此映象一般是放在内模式中描述的。

（2）外模式/概念模式映象：用于定义外模式和概念模式间的对应关系。当概念模式改变（如增加数据项）时，外模式/概念模式的映象也要做相应的改变，以保证外模式保持不变，从而使数据库达到逻辑数据独立性。此映象一般是放在外模式中描述的。

正是由于数据库系统的 3 级结构间存在着两级映象功能，才使得数据库系统具有较高的数据独立性、逻辑数据独立性和物理数据独立性。

说明： 上述数据库系统的 3 级模式结构是从数据库管理系统的角度来考察的，这是数据库系统内部的体系结构；如果从数据库最终用户的角度看，数据库系统的结构则可分为集中式结构、客户/服务器结构和分布式结构，这是数据库系统外部的体系结构。

（二）数据库设计的内容和方法

数据库设计 是信息系统开发和建设中的核心技术，它是指根据一个单位或部门的信息需求、功能需求及数据库支持环境（包括硬件、操作系统和 DBMS），建立一个结构合理、使用方便、运行效率较高的数据库及其应用系统的过程。

由数据库设计的概念可知，数据库设计主要包括两方面的内容：一是数据库的结构设计，即设计数据库的结构模式（包括用户模式、逻辑模式和存储模式）；二是数据库的行为设计，即设计相应的应用程序、事务处理等。

人们经过探索提出了各种数据库设计方法。如根据对信息需求和功能需求侧重点的不同，可将数据库设计分为两种不同的方法：面向过程的设计方法和面向数据的设计方法。前者以功能需求为主，后者以信息需求为主。根据设计思想和手段的不同，可将数据库设计分为 3 种不同的方法：规范设计法、计算机辅助设计法和自动化设计法。规范设计法是目前比较完整并具权威性的一种设计法，它运用软件工程的思想和方法，提出了各种设计准则和规程。而其中基于 E-R 模型的设计方法、基于 3NF（第三范式）的设计方法、基于抽象语法规范的设计方法等，则是在数据库设计的不同阶段上支持实现的具体技术和方法，是常用的规范设计法。

按规范设计方法，数据库设计包括需求分析、概念设计、逻辑设计、物理设计、数据库实施及运行维护 6 个阶段。其中，需求分析阶段又称为系统分析阶段，它是整个数据库设计过程的基础，要收集数据库所有用户的信息需求和处理要求，并加以分析和规格化，最后需要提交数据字典、数据流程图及系统功能划分等设计文档。概念设计、逻辑设计、物理设计又统称为系统设计阶段，它是数据库逻辑结构和物理结构的设计阶段。数据库实施阶段则是原始数据装入和应用程序设计的阶段，是系统开发的最后一个阶段。本项目主要介绍系统分析和系统设计阶段所使用的技术和方法，数据库实施阶段的应用程序设计将在项目 9 中介绍，数据库运行维护的技能在前面的项目中已介绍过。

说明： 上述数据库系统设计的不同阶段也与数据库系统的 3 级模式结构相吻合。概念设计阶段形成独立于机器特点的概念模式；逻辑设计阶段首先生成与 DBMS 支持的数据模型

（如关系模型）相关的逻辑模式，然后根据用户数据处理及其安全性要求，在逻辑模式上建立必要的视图，形成数据库的外模式；物理设计阶段根据具体数据库产品的特点和处理要求，进行物理存储结构设计，创建索引，形成数据库的内模式。

【任务实现】由于规范设计法是目前比较完整和成熟的一种设计方法，其设计过程中贯穿的软件工程思想和方法有利于提高软件的质量和开发效率，E-R 模型的设计方法又比较直观，适合于初学人员，所以在学生成绩数据库系统结构的设计中采用规范设计法中的 E-R 模型方法。

与之相应的工作内容及其步骤为：①进行系统的需求分析；②进行数据库的概念设计，即将用户的需求转换为概念模型；③进行数据库的逻辑设计，即将概念模型转换为相应的逻辑结构；④逻辑模型的物理实现，如选定 MySQL 8.0 作为本项目的数据库管理系统，则应在 MySQL 8.0 上创建数据库、表及其他数据库对象；设计和实现数据库的完整性、安全性。

【任务总结】本任务从数据库系统及其体系结构出发，通过对数据库设计的不同阶段的设计内容与方法的比较，确定了学生成绩数据库结构设计的方法和相应的实施步骤。

 # 任务 8.3　系统的需求分析

【任务描述】①根据对现行系统进行详细调查的结果，确定系统的功能需求，以保证开发的新系统功能与用户的所有操作要求相吻合。②根据系统功能需求分析的结果，确定系统的数据需求，以保证数据库中能够完整地存储完成系统全部功能需求所需要的所有原始数据。③根据系统功能需求和数据需求分析的结果，确定系统的性能需求，以保证数据库中数据的安全性、完整性和正确性，以及系统必须满足的运行速度。

【任务分析与知识储备】要使一个新的数据库应用系统的开发取得成功，取决于很多因素。其中，严格遵循数据库应用系统的开发步骤，准确了解与分析用户需求是保证系统开发成功的前提。下面对需求分析的任务、目标、内容及方法进行详细介绍。

（一）需求分析的任务与目标

开发一个新应用系统，总是以收集、分析用户需求作为起点的。需求分析的任务是通过详细调查现实世界要处理的对象，如组织、部门、企业等，充分了解原系统工作状况，明确用户的各种数据处理需求，建立新系统的功能框架。其目标是通过调查研究，充分了解用户的数据要求和处理要求，并按一定的格式整理形成需求说明书。需求说明书是需求分析阶段的成果，也是以后设计的依据。

（二）需求分析的内容与方法

在一个实际的应用系统中，用户需求主要有如下 3 种类型：功能需求、数据需求和性能需求。

（1）功能需求，是指用户要求完成什么处理功能，即数据库应用系统需要实现哪些操作功能。

（2）数据需求，是指完成系统所有功能需求所需要的所有原始数据，即在数据库中需要存储哪些数据。

（3）性能需求，是指系统必须满足的诸如运行速度、容错能力等要求，主要从以下几个方面考虑。

● 完整性要求：对数据库中存放的数据应满足什么样的约束条件。

● 响应时间要求：用户的使用环境是什么，平均有多少用户同时使用，最高峰时有多少用户同时使用，有无查询响应的时间要求等。

● 安全性要求：对数据库中存放数据的安全保密要求。如系统有几类用户，每一类用户的使用权限如何。

● 可靠性要求：系统在出现运行错误时，需要有什么样的挽救措施，数据需要恢复到什么程度等。

● 适应性要求：系统的可移植性，以及对未来功能、性能和应用访问的可扩充性的要求。

需求分析是整个设计过程的基础，也是最困难、最耗时的一步，一方面，是因为用户缺少计算机方面的知识，开始时无法确定计算机究竟能为自己做什么，不能做什么，因此往往不能准确地表达需求，所提出的需求还会不断地变化；另一方面，设计人员缺少用户的专业知识，不易理解用户的真正需求。而需求分析的结果是否准确反映了用户的实际要求，将直接影响到后面各个阶段的设计，并影响到设计结果是否合理和实用。所以，设计人员必须使用科学的方法来确立用户的实际需求。常用的方法有调查、交流，调查的重点是"数据"与"处理"。其具体步骤如下。

（1）调查组织机构情况，包括该组织机构的部门组成情况、各部门的职责等，为分析数据处理流程做准备。

（2）调查各部门的业务活动情况，包括各个部门输入和使用什么数据，如何加工处理这些数据，输出什么数据，其输出结果的格式是什么等。这是调查的重点。

（3）在熟悉了业务的基础上，协助用户明确对新系统的各种要求，包括数据要求、处理要求、安全性与完整性要求，这是调查的又一个重点。

（4）确定新系统的边界。对前面调查的结果进行初步分析，确定哪些功能由计算机完成或将来准备让计算机完成，哪些功能由人工完成。由计算机完成的功能就是新系统应该实现的功能。

收集、分析用户需求是科学，也是艺术，其中的每一步都可能出现问题。其注意事项是要有充分的沟通，注意在用户不同的意见中把握系统本质性的需求，以及关注系统开发过程中需求的改变。当所有的需求收集完成后，必须对需求进行整理和分析，并和所有的相关人员，如最终用户、项目主管及其他开发人员一起重新审查对需求的理解。

【任务实现】在需求分析阶段，系统设计人员通过深入学校的教学管理部门调查获悉，在新生入学后，学校要为每个学生建立一份新的学生档案信息，内容包括学号、姓名、性别、出生日期、籍贯等。在学期期末，教师要把学生的各门功课成绩登记入库。系统管理员或教师可以查询或统计某个或群体学生的相关信息，查询的关键词可以是学生姓名或课程名称等，可能由于初次的录入失误或事后学生信息的改变，系统管理员要对学生信息做出相应的调整。而学生只允许查询自己的成绩信息。由项目设计背景与目标可知，本系统是基于网络环境下的学生成绩管理系统，要求分 3 级用户使用，一级用户限于教务处熟悉教务工作及本系统的管理人员；二级用户为授予权限的熟悉院系教学工作及本系统操作的二级学院教学秘书和教师；三级用户是学生主体，在得到初始密码后可以进行自己信息的查询。

1. 确定系统的功能需求

系统设计人员根据调查及和用户交流的结果，同时结合系统目标，对用户提出的各种功能需求进行了仔细的研究和分析，经与用户反复讨论后，提炼出本系统应能提供的以下 5 个方面的功能。

（1）数据录入功能。完成系统相关数据的录入，包括院系专业信息的录入、班级信息的录入、课程信息的录入、学生基本情况数据的录入、学生成绩数据及补考成绩数据的录入。

（2）数据查询功能。完成对各种需求数据的查询，包括学生基本情况的查询、课程信息的查询、学生成绩信息的查询及补考成绩的查询等。

（3）数据统计功能。完成对各种需求数据的统计，包括班级人数的统计、专业人数的统计、学生成绩及其学分的统计等。

（4）系统信息的浏览与维护。完成系统相关数据的维护，包括院系专业信息的浏览与维护、班级信息的浏览与维护、课程信息的浏览与维护等。

（5）报表输出。完成所需报表的输出，包括基本情况表、学生成绩表、补考情况表等。

本系统具体的功能如图 8-2 所示。

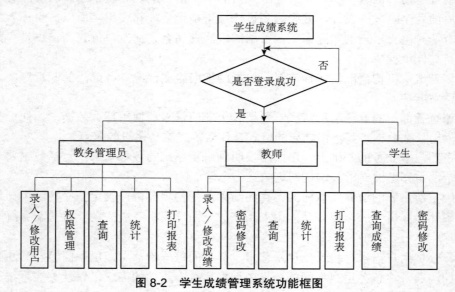

图 8-2　学生成绩管理系统功能框图

2. 确定系统的数据需求

由于学生成绩数据库系统的主要功能是进行学生成绩的管理，如进行成绩的查询、统计和打印等，具体为：①系统管理；②专业信息的插入、删除、修改和查询；③班级信息的插入、删除、修改和查询；④学生信息的插入、删除、修改和查询；⑤课程信息的插入、删除、修改和查询；⑥学生成绩的插入、删除、修改和查询；⑦打印成绩单。所以系统中涉及的主要数据对象有专业、班级、学生、课程和成绩。

系统设计人员根据系统功能需求分析的结果，并与系统使用人员经过多次交流后，对上述数据对象进行了认真的分析，进一步对各个数据对象提出了如下的数据需求：

（1）专业涉及的主要信息有专业代号、专业名称、学制、院部代号、院部名称。

（2）班级涉及的主要信息有班级代号、班级名称、专业代号、院部代号、班级人数。

（3）学生涉及的主要信息有学生学号、学生姓名、学生性别、出生日期、政治面貌、学生籍贯。

（4）课程涉及的主要信息有课程代码、课程名称、课程类型、课时数、学分。

（5）成绩涉及的主要信息有学生学号、课程代号、学期、成绩、补考成绩。

另外，系统的用户包括管理员、教师和学生。由于各自身份的不同，需要设置不同的操作权限，如管理员可以更改学生信息，包括添加、更新或删除等，学生则不能。所以，需要设计用户信息表，主要包括用户账号、密码和用户级别等信息。

3. 确定系统的性能需求

本任务要求系统能适应学校网络的需求，能实现不同用户的权限控制，如果数据库被破坏，能及时恢复，主要包括以下几个方面：①数据完整性要求：本系统要求主要数据均来自基本表，通过导入操作，将数据输入错误减少到最低限度。对用户需手工输入的数据，设定数据完整性约束，进一步减少数据录入错误，提高数据的正确性；②响应时间要求：一是用户导入学生和成绩信息的响应时间应尽量快，在不超过 10 分钟的时间内完成导入；二是查询学生和成绩信息的响应结果应尽量快，在 2 分钟内出现结果；③安全性要求：能实现不同级别用户的权限控制，本系统中主要有教务系统管理员、教学秘书和教师、在校学生 3 级用户；④可靠性要求：软件在出现运行错误时，应有明确提示，并尽可能挽救用户已输入的数据，系统应具有定期的数据备份功能；⑤适应性要求：系统应具备良好的可移植性，对常用的操作系统、浏览器，可以几乎不加修改直接使用；需借助其他软件进行操作的部分，应提供稳定的多于一种的与其他软件的接口。

系统设计人员根据系统功能需求和数据需求分析的结果，与系统使用人员经过多次交流后，对系统进行了认真的分析，整理出如下的性能需求：

（1）本系统内的所有信息输入项的数据约束或来源均依赖于本系统的数据字典。

（2）软件在出现运行错误时，应有明确提示，给出出错类型。例如，用户输入信息类型不对，提示应输入的数据类型；输入数据不能为空时，提示不能为空等。

（3）实施必要的数据库备份和恢复操作，对本系统用到的所有基本表提供维护性操作，用户可对因错误操作毁坏的重要数据进行恢复。

（4）设置数据库安全控制机制。对使用本系统的三级用户设定不同权限，凭用户名及密码进入，教务处工作限定专职人员在教务处局域网内完成。

（5）院系级由院系教学秘书在校园网内部操作，学生信息服务则可在 Internet 上进行，且必须满足各种操作响应时间的要求。

【任务总结】 需求分析是整个项目设计的基础，其结果将直接影响到后面各个阶段的设计，并影响到设计结果是否合理和实用。为此，需要做好以下两点：一是与用户进行充分的沟通，准确把握系统本质性的需求；二是用科学的方法对需求进行整理和分析，并和所有的相关人员一起反复审查对需求的理解。

任务 8.4　系统的概念设计

【任务描述】根据学生成绩管理系统需求分析的结果，得到如下的数据描述：系统中涉及的主要数据对象有专业、班级、学生、课程和成绩。其中，每个专业有若干班级，一个班级只能属于一个专业；每个班级有多名学生，每个学生只能属于一个班级；在教学活动中，每个学生可以选修多门课程，每门课程也可以被多个学生选修。专业属性主要有专业代号、专业名称、二级学院代号、二级学院名称；班级属性主要有班级号、班级名、学制、班级人数；学生属性主要有学号、姓名、性别、出生日期、是否团员、籍贯；课程属性主要有课程号、课程名、课程类型、课时数、学分。在联系中应反映出学生选修课程的所在学期、成绩和获得的相应学分等信息。试为该成绩管理系统设计一个 E-R 模型。

【任务分析与知识储备】系统概念设计的目标是对需求说明书提供的所有数据和处理要求进行抽象与综合处理，按一定的方法构造反映用户环境的数据及其相互联系的概念模型。这种概念模型与具体的 DBMS 无关，是面向现实世界的数据模型，极易为用户所理解。下面首先介绍概念设计中涉及到的数据及其联系的描述，然后介绍常用的概念设计方法 E-R 模型。

（一）概念设计中数据及数据联系的描述

由于从客观事物的特性到计算机中的数据表示，需要对现实生活中的事物进行认识、概念化并逐步抽象至能够存储到计算机中的数据，所以在数据处理中，数据描述将涉及不同的范畴，即需要经历 3 个领域：现实世界、信息世界和机器世界。这里主要介绍概念设计中涉及的如何实现从现实世界到信息世界的抽象。

现实世界是存在于人们头脑之外的客观世界，是数据库设计者接触到的最原始的数据。在现实世界中，一个实际存在可以相互识别的事物称为个体，如一个学生、一台计算机、一门课程等。每个个体都具有自己的具体特征值，如某一个学生叫张山，男，18 岁，计算机应用专业等。相同性质的同一类个体的集合叫总体，如所有的学生是一个总体。并且，每个个体总有一个或几个特征项的组合，根据它们的不同取值，可以将这类事物集合中的某一个具体事物区别开来，这样的特征项的组合叫作标识特征项，如学生的学号。

由此可见，现实世界中的事物之间既有"共性"，又有"个性"。要求解现实问题，就要从中找出反映实际问题的对象，研究它们的性质及其内在联系，从而找到求解方法，这就要实现由现实世界到信息世界的抽象。

信息世界是现实世界在人们头脑中的反映，又称为"概念世界"。人们对现实世界中的客观事物及其联系进行综合分析，形成一套对应的概念，并用文字和符号将它们记载下来，从而实现对现实世界的第一次抽象。在信息世界中，经过抽象描述的现实世界中的个体叫作实体（Entity），总体称为实体集（Entity Set），个体的特征项称为属性（Attribute）。属性有属性名和属性值之分，如学生的学号、姓名、性别、出生日期等均为学生实体的属性名，而3031123101，张山，男，1994 年 8 月 28 日则为相应的属性值。每个属性所取值的变化范围称为该属性的值域（Domain），其类型可以是整型、实型、字符串型等，如属性性别的值域为（男，女），其类型可为字符串型。而其中能唯一标识每个实体的一个属性或一组属性称为实体标识符（Identifier），如属性学号可以作为学生实体标识符。

另外，现实世界中的事物是相互联系的，这种联系反映到信息世界中成为实体间的联系（Relationship）。实体间的联系有两类：一类是实体集内部各属性之间的联系，如在"学生"实体集的属性组（学号、姓名、出生日期等）中，一旦学号被确定，则该"学号"对应的学生"姓名""出生日期"等属性也就被唯一确定了；另一类是实体集与实体集之间的联系，同一实体集实体之间的联系称为一元联系，两个不同实体集实体之间的联系称为二元联系，3个不同实体集实体之间的联系称为三元联系，以此类推。下面重点讨论最常见的两个不同实体集实体之间的联系。

两个不同实体集实体之间的联系有以下 3 种情况。

（1）一对一联系：如果实体集 A 中每个实体至多和实体集 B 中一个实体有联系，反之亦然，则称实体集 A 和实体集 B 具有"一对一联系"，记为 1:1。如"学生"实体集与"教室座位"实体集间的联系。

（2）一对多联系：如果实体集 A 中每个实体与实体集 B 中 N（$N \geqslant 0$）个实体有联系，而实体集 B 中每个实体至多和实体集 A 中一个实体有联系，则称实体集 A 和实体集 B 具有"一对多联系"，记为 1:N。如"班级"实体集与"学生"实体集间的联系。

（3）多对多联系：如果实体集 A 中每个实体与实体集 B 中 N（$N \geqslant 0$）个实体有联系，而实体集 B 中每个实体也与实体集 A 中 M（$M \geqslant 0$）个实体有联系，则称实体集 A 和实体集 B 具有"多对多联系"，记为 $M:N$。如"学生"实体集与"课程"实体集间的联系。

（二）概念设计的方法

概念设计是将用户的信息需求进行综合和抽象，产生一个反映客观现实的不依赖于具体计算机系统、与 DBMS 无关的概念数据模型（Conceptual Data Model），即概念模式。其按用户的观点对信息世界的数据建模，是现实世界的第一层抽象，也是用户和数据库设计人员之间进行交流的工具。一种比较传统的也是目前最简单、常用的建立此类模型的方法是实体-联系图（Entity-Relationship Diagram，E-R 图）。

E-R 图是直接从现实世界中抽象出实体类型及实体间联系类型（在概念模型中所提到的实体类型或实体即为实体集），然后用图形表示的一种模型。在 E-R 图中有 4 个基本成分。

（1）矩形框。表示实体类型，即现实世界的人或物，通常是某类数据的集合，其范围可大可小，如学生、课程、班级等。

（2）菱形框。表示联系类型，即实体间的联系，如学生"属于"班级、学生"选修"课程等句子中的"属于"和"选修"都代表实体之间的联系。

（3）椭圆形框。表示实体类型和联系类型的属性。如学生有学号、姓名、性别、出生日期等属性，班级有班级名称、专业代号、学生人数等属性。除了实体具有属性，联系也可以有属性，如学生选修课程的成绩是联系"选修"的属性。

（4）直线。联系类型与其涉及的实体类型之间以直线连接，并在直线端部标上联系的种类（1:1，1:N，$M:N$）。如班级与学生之间为 1:N 联系，学生与课程之间为 $M:N$ 联系。

利用 E-R 图进行数据库的概念设计，可以分成 3 步进行：首先确定应用系统中所包含的实体类型和联系类型，并把实体类型和联系类型组合成局部 E-R 图；然后将各局部 E-R 图综合为系统的全局 E-R 图；最后对全局 E-R 图进行优化改进，消除数据冗余，得到最终的 E-R 模型，即概念模式。

【任务实现】根据概念设计中数据及其联系的描述方法，以及 E-R 模型的设计方法，本任务需要提炼出学生成绩管理系统中所有的实体类型和联系类型，并用 E-R 图表示出来。

在系统研究的主要数据对象中，由于成绩是在学生选课后才能获得的属性，不属于实体类型，所以系统涉及的实体集主要有 4 个：专业、班级、学生和课程。因为专业与班级之间有"拥有"关系，且一个专业可以有若干班级，一个班级只能属于一个专业，所以专业与班级之间的"拥有"关系为一对多联系；同样，学生与班级之间有"所属"关系，且一个班级可以有多个学生，一个学生只能属于一个班级，所以学生与班级之间的"所属"关系也为一对多联系；而学生与课程之间有"选修"关系，又由于一个学生可以选多门课程，一门课程可被多个学生选，所以学生和课程之间的"选修"关系为多对多的联系。至于各个实体集的属性，在任务描述中已有详细说明，只需在 E-R 图中用椭圆形框表示出即可。需要注意的是，联系也会有属性，如在该任务中，学生选课后才会产生的属性：所在学期、成绩或补考成绩、获得的相应学分等均为"选修"联系的属性。

由上述分析可得到如下结果。

（1）系统的实体类型有专业、班级、学生和课程。

（2）实体间的联系类型有专业与班级之间是 1:N 联系，取名为"拥有"；班级与学生之间也是 1:N 联系，取名为"属于"；学生与课程之间是 M:N 联系，取名为"选修"。

（3）将实体类型和联系类型组合成 E-R 图，并确定实体类型和联系类型的属性及其主键，如图 8-3 所示。

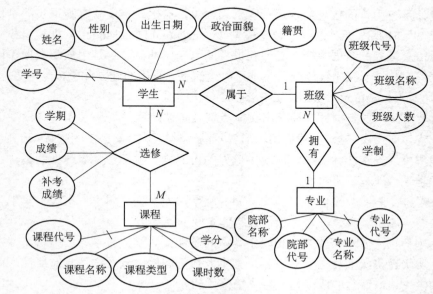

图 8-3 学生成绩管理系统的 E-R 图

说明：有时为了清晰起见，在 E-R 图中通常可以省略属性。

【任务总结】本任务在需求分析的基础上，对学生成绩管理系统中所涉及的数据对象及其之间的联系进行综合和抽象，并用 E-R 图表示出来。它是对信息世界的建模，与具体的 DBMS 无关。

 任务 8.5　系统的逻辑设计

【任务描述】将概念设计阶段得到的如图 8-3 所示的 E-R 模型转换为一组关系模式，完成学生成绩管理系统的逻辑设计。

【任务分析】要完成学生成绩管理系统的逻辑设计，主要有两个步骤：一是 E-R 图向关系模式的转换，二是关系模式的优化。前者又包括两部分，即实体类型向关系模式的转换和联系类型向关系模式的转换。要完成上述两个步骤，首先要了解逻辑设计中涉及到的数据模型及其基本概念，以及逻辑设计的方法。

（一）逻辑设计中的数据模型

数据库的**逻辑设计**是将概念设计阶段设计好的概念结构转换为与具体机器上的 DBMS 所支持的数据模型相符合的逻辑结构的过程，即设计数据库的结构数据模型（Structural Data Model）。其按计算机系统的观点对机器世界的数据建模，是对现实世界的第二次抽象。

由于结构数据模型涉及具体的计算机系统和数据库管理系统，所以这类模型要用严格的形式化定义来描述数据的组织结构、操作方法和约束条件，以便于在计算机系统中实现。按数据组织结构及其之间的联系方式的不同，常把结构数据模型分为层次模型（Hierarchical Model）、网状模型（Network Model）、关系模型（Relational Model）和面向对象模型（Object-Oriented Model）4 种。其中关系模型的存储结构与人们平常使用的二维表格相同，容易为人们理解，是传统数据库系统中最重要、最常用的一种数据模型。以关系模型存储的数据是高度结构化的，它不仅反映数据本身，而且反映数据之间的联系。

（二）关系模型的基本概念

关系模型是以集合论中的关系（Relation）概念为基础发展起来的数据模型，由关系数据结构、关系操作集合和完整性约束 3 部分组成。

1. 关系数据结构

在关系模型中，无论是实体集还是实体集实体之间的联系均由单一的结构类型"关系"来表示。在用户看来，其数据的逻辑结构就是一张二维表，表的每一行称为一个元组（Tuple），每一列称为一个属性（Attribute），元组的集合称为关系或实例（Instance）。在支持关系模型的数据库物理组织中，二维表以文件的形式存储，所以其属性又称为列或字段（Field），元组又称为行或记录（Record）。并且，关系模型的存取路径对用户透明，从而具有更高的数据独立性、更好的安全保密性，也简化了数据库建立和程序员的开发工作。由此可见，关系数据结构简单、清晰、易懂易用。

　　尽管关系与二维表格、传统的数据文件有类似之处，但它们又有区别。严格地说，关系是一种规范化了的二维表格中行的集合。在关系模型中，对关系做了如下规范性限制。

　　（1）关系中每一个属性值都应是不可再分解的数据。

　　（2）每一个属性对应一个值域，不同的属性必须有不同的名称，但可以有相同的值域。

　　（3）关系中任意两个元组（即两行）不能完全相同。

　　（4）由于关系是元组的集合，因此关系中元组的次序可以任意交换。

　　（5）理论上，属性（列）的次序也可以任意交换，但在使用时应考虑在定义关系时属性的顺序。

　　如表 8-1、表 8-2 及表 8-3 就是在学生成绩管理系统中用到的 3 个关系：学生关系、课程关系和选课关系，分别表示关于学生、课程及学生成绩的相关信息，它们构成了一个典型的关系模型实例。

表 8-1　学生信息表

学生学号	学生姓名	学生性别	出生日期	政治面貌	学生籍贯	所在班级
3031123101	张山	男	94/08/28	团员	江苏	30311231
3031123102	武云峰	男	93/05/02	团员	上海	30311231
3031123103	孙玉凤	女	94/12/10	群众	江苏	30311231
1011124101	王加玲	女	94/10/08	团员	山东	10111241
1011124102	周云天	男	92/01/02	党员	上海	10111241
1011124103	东方明亮	女	93/05/01	群众	天津	10111241
1011124201	张洁艳	女	92/06/30	团员	山西	10111242

表 8-2　课程信息表

课程代号	课程名称	课程类型	课时数	学分
10001	电子技术	考试	80	5
10002	机械制图	考查	64	4
10003	数控机床	考试	72	5
20001	商务基础	选修	32	2
20002	国际贸易	考试	64	4
30001	计算机基础	考查	60	4
30002	数据库原理	考试	72	5

表 8-3　学生选课成绩表

学生学号	课程代号	学期	成绩
3031123101	30001	1	69.5
3031123101	30002	2	78.0
3031123103	30001	1	90.5
3031123103	30002	2	81.0
3031123104	30002	2	92.0
1011124101	10001	3	74.5
1011124101	10002	3	80.0

　　在关系数据结构中有两个重要的概念：键与关系模式。

　　（1）键（Key）。键由一个或几个属性组成，在实际应用中，有下列几种键。

　　● 候选键（Candidate Key）。如果一个属性或属性组的值能够唯一地标识关系中的不同元组而又不含有多余的属性，则称该属性或属性组为该关系的候选键。

　　● 主键（Primary Key）。用户选作元组标志的一个候选键。

　　例如，在学生关系中，假定学号与姓名是一一对应的，即没有两个学生的姓名相同，则"学号"和"姓名"两个属性都是候选键。在实际应用中，如果选择"学号"作为插入、删除或查找的操作变量，则就称"学号"是主键。

● 外键（Foreign Key）。如果关系 R_2 的一个或一组属性不是 R_2 的主键，而是另一关系 R_1 的主键，则称该属性或属性组为关系 R_2 的外键。并称关系 R_2 为参照关系（Referencing Relation），关系 R_1 为被参照关系（Referenced Relation）。

例如，选课关系中的"学号"不是该关系的主键，但却是学生关系的主键，因而，"学号"为选课关系的外键，并且选课关系为参照关系，学生关系为被参照关系。

由外键的定义可知，参照关系的外键和被参照关系的主键必须定义在同一个域（Domain，即字段的取值范围）上，从而通过主键与外键提供一个表示关系间联系的手段，这是关系模型的主要特征之一。

（2）关系模式。对关系的描述称为关系模式，它包括关系名、组成该关系的诸属性名、值域名（常用属性的类型、长度来说明）、属性间的数据依赖关系及关系的主键等。关系模式的一般描述形式为：

$$R(A1,A2, \cdots ,An)$$

式中，R 为关系模式名，即二维表名；A1,A2, …,An 为属性名。

关系模式中的主键即为所定义关系的某个属性组，它能唯一确定二维表中的一个元组，常在对应属性名下面用下画线标出。例如，表 8-1～表 8-3 对应的关系模式如下：

学生（<u>学生学号</u>，学生姓名，性别，出生日期，是否团员，学生籍贯，所在班级）

课程（<u>课程代号</u>，课程名称，课程类型，课时数，学分）

成绩（<u>学生学号</u>，<u>课程代号</u>，学期，成绩）

由此可见，关系模式是用关系模型对具体实例相关数据结构的描述，是稳定的、静态的；而关系是某一时刻的值，是随时间不断变化的，是动态的。

通过关系模式可以进一步给出关系数据库的概念：关系数据库（RDBS）是以关系模型为基础的数据库，它利用关系来描述现实世界。一个关系既可以用来描述一个实体集及其属性，也可以用来描述实体集实体之间的联系。一个关系数据库包含一组关系，定义这些关系的关系模式全体就构成了该数据库的模式。

另外，关系模型基本上遵循数据库的 3 级模式结构。在关系模型中，概念模式是关系模式的集合，外模式是关系子模式的集合，内模式是存储模式的集合。

2. 关系操作集合

关系数据模型提供了一系列操作的定义，这些操作称为关系操作。关系操作采用集合操作方式，即操作的对象和结果都是集合。常用的关系操作有两类，一类是查询操作，包括选择、投影、连接、除、并、交、差等；另一类是增、删、改操作。表达（或描述）关系操作的关系数据语言可以分为如下三类。

（1）关系代数语言：用对关系的集合运算来表达查询要求的方式，是基于关系代数的操作语言。

（2）关系演算语言：用谓词来表达查询要求的方式，是基于数理逻辑中的谓词演算的操作语言。

（3）介于关系代数和关系演算之间的结构化查询语言 SQL。这是本教材涉及到的语言，在前面各项目中均有应用。

3. 关系模型的三类完整性规则

为了维护数据库中数据的正确性和一致性，实现对关系的某种约束，关系模型提供了丰富的完整性控制机制。下面介绍关系模型的三类完整性规则。

（1）实体完整性规则（Entity Integrity Rule）。

规则 1　关系中的元组在组成主键的属性上不能有空值或重值。

如果出现空值或重值，则主键值就不能唯一标识关系中的元组了。例如，在学生信息表中，其主键为"学生学号"，此时就不能将一个无学号的学生记录插入到这个关系中。

（2）参照完整性规则（Referential Integrity Rule）。现实世界中的实体集之间往往存在某种联系。在关系模型中，实体集与实体集间的联系都是用关系来描述的，这样就自然存在着关系间的引用。参照完整性规则就是通过定义外键与主键之间的引用规则，以维护两个或两个以上关系的一致性。

规则 2　关系中元组的外键值只允许有两种可能值：空值；被参照关系中某个元组的主键值。

这条规则实际是要求在关系中"不引用不存在的实体"。例如，在选课关系中，"学生学号"是一个外键，它对应学生关系的主键"学生学号"。根据参照完整性规则，选课关系中的"学生学号"取值要么为学生关系中"学生学号"已有的值，要么为空值。但由于"学生学号"是选课关系主键中的属性，根据实体完整性规则，不能为空值。所以，选课关系中的外键"学生学号"只能取学生关系中"学生学号"已有的值。

（3）用户定义的完整性规则（User-defined Integrity Rule）。实体完整性和参照完整性适用于任何关系数据库系统。除此之外，不同的关系数据库系统根据其应用环境的不同，还需要一些特殊的约束条件。用户定义的完整性规则就是针对某一具体应用所涉及的数据必须满足的语义要求而提出的。例如，将选课关系中"成绩"的取值范围限制在 0~100 之间。

（三）逻辑设计的方法

前已述及，逻辑设计的任务是将概念设计阶段产生的概念结构转换为与 DBMS 所支持的数据模型相符合的逻辑结构。对于关系型数据库管理系统，是要将概念设计的 E-R 模型转换为一组关系模式，也就是将 E-R 图中的所有实体类型和联系类型都用关系来表示。

通常，逻辑结构设计包括初步设计和优化设计两个步骤。初步设计就是按照 E-R 图向数据模型转换的规则，将已经建立的概念结构转换为 DBMS 所支持的数据模型。例如，如果选用的 DBMS 是关系型数据库管理系统，则应将概念设计得到的 E-R 模型转换为一组关系模式。优化设计就是从提高系统效率出发，如尽可能减小系统单位时间内所访问的逻辑记录个数、单位时间内传输的数据量字节数及存储空间的占用量，对结构进行修改、调整和改良。一种最常用、最重要的优化方法，就是对记录进行垂直分割（即关系模式中的关系分解），规范化理论和关系分解方法为进行垂直分割提供了指导原则。

应用规范化理论对由 E-R 模型产生的关系模式进行优化设计的目的是，减少乃至消除模式中存在的各种异常，改善完整性、一致性和存储效率。规范化过程一般分为两步：确定规范级别和实施规范化处理。前者主要按照数据依赖的种类和实际应用的需要来确定，由于 3NF 可以消除非主属性对键的部分函数依赖和传递函数依赖，在一般情况下，达到 3NF 的关系已能够清除很大一部分数据冗余和各种异常，具有较好的性能，所以现大多以满足 3NF 作为标准。后者则可利用模式分解算法将不符合规范级别的关系模式规范化，使关系数据库中的每个关系都能满足所确定的规范级别，从而形成合适的数据库模式。

【任务实现】

1. 步骤 1：E-R 图向关系模式的转换

这一步要解决的问题是如何将实体类型和实体之间的联系类型转换为关系模式，以及如何确定这些关系模式的属性和主键。

（1）实体类型向关系模式的转换。

转换方法：将每个实体类型转换成一个与之同名的关系模式，实体的属性即为关系模式的属性，实体标识符即为关系模式的键。

由于图 8-3 所示的 E-R 模型中有 4 个实体，所以可分别转换成以下 4 个关系模式：

专业（<u>专业代号</u>，专业名称，院部代号，院部名称）

班级（<u>班级代号</u>，班级名称，班级人数，学制）

学生（<u>学生学号</u>，姓名，性别，出生日期，政治面貌，籍贯）

课程（<u>课程代号</u>，课程名称，课程类型，课时数，学分）

其中，有下画线者表示是关系模式的主键。

（2）联系类型向关系模式的转换。对于联系类型，则要视 1:1、1:N、M:N 三种不同的情况做不同的处理。

● 若实体间的联系是 1:1 的，可以在两个实体类型转换成的两个关系模式中任意一个关系模式的属性中加入另一个关系模式的键和联系类型的属性。

例如，如果每个班级有一个班主任（其实体标识符为班主任姓名），而每个班主任只能属于一个班级，则班主任和班级之间存在 1:1 联系，此时可修改"班级"关系模式为：

班级（<u>班级代号</u>，班级名称，学制，学生人数，班主任姓名，任职日期）

其中"任职日期"为联系的属性。当然，也可以通过将"班级代号"和"任职日期"加入班主任模式中实现 1:1 联系向关系模式的转换。

由于本任务中无 1:1 联系的情况，所以不必对此进行转换。

● 若实体间的联系是 1:N 的，则在 N 端实体类型转换成的关系模式中加入 1 端实体类型转换成的关系模式的键和联系类型的属性。

例如，从系统的 E-R 模型中可以看出，专业和班级之间、班级和学生之间均存在 1:N 联系，则可通过将"专业代号"加入班级模式、将"班级代号"加入学生模式中实现 1:N 联系向关系模式的转换。即修改"班级"关系模式和"学生"关系模式为：

班级（<u>班级代号</u>，班级名称，学制，学生人数，专业代号）

学生（<u>学生学号</u>，姓名，性别，出生日期，政治面貌，籍贯，班级代号）

● 若实体间的联系是 M:N 的，则将联系类型也转换成关系模式，其属性为两端实体类型的键加上联系类型的属性，而键为两端实体健的组合。

例如，从系统的 E-R 模型中可以看出，学生与课程之间存在 M:N 联系，则其联系类型的关系模式为：

选修（<u>学生学号</u>，<u>课程代号</u>，学期，成绩，补考成绩）

2. 步骤 2：关系模式的优化

由于本系统在概念设计阶段已经把关系规范化的某些思想用作构造实体类型和联系类型的标准，由 E-R 模型得到的关系模式已能满足 3NF 的要求。因此，综合上面得到的实体类型和联系类型的关系模式可得到学生成绩管理系统所具有的关系模式（即数据表），如表 8-4 所示。

表 8-4　学生成绩管理系统涉及的数据表

表　名	含　义	属性定义（主键用下画线标出）
bmajor	专业信息表	<u>专业代号</u>、专业名称、院部代号、院部名称
bclass	班级信息表	<u>班级代号</u>、班级名称、班级人数、学制、专业代号、院部代号
bstudent	学生信息表	<u>学生学号</u>、姓名、性别、出生日期、政治面貌、籍贯、所在班级
bcourse	课程信息表	<u>课程代号</u>、课程名称、课程类型、课时数、学分
bscore	学生成绩表	<u>学生学号</u>、<u>课程代号</u>、学期、成绩、补考成绩

【任务总结】本任务在概念设计的基础上，根据关系模型的基本概念及逻辑设计方法，将概念设计的 E-R 图转换为一组关系模式，从而得到了学生成绩管理系统中数据库的逻辑结构。

 任务 8.6　系统的物理设计

【任务描述】根据系统逻辑设计的结果，为学生成绩数据库选取一个最适合应用环境的物理结构，完成学生成绩管理系统的物理设计。

【任务分析与知识储备】完成数据库逻辑设计后就要着手进行数据库的物理设计，首先要根据数据库的逻辑结构、系统大小、系统需要完成的功能及对系统的性能要求，决定选用哪个数据库管理系统；然后应根据所选数据库管理系统的特点、实现方法完成数据库的物理设计，其中数据表设计的优劣将影响磁盘空间使用效率、数据处理时内存的利用率以及数据的查询效率。

（一）数据库管理系统的功能与组成

在项目 1 中曾提及，数据库通常是由一个称为数据库管理系统的软件进行统一管理和维护的。数据库中，除了存储用户直接使用的数据外，还存储另一类"元数据"，它们是有关数据库的定义信息，如数据类型、模式结构、使用权限等。这些数据的集合称为数据字典（Data Dictionary，DD），它是数据库管理系统工作的依据。数据库管理系统通过 DD 对数据库中的数据进行管理和维护。DBMS 不但能够将用户程序的数据操作语句转换成对系统存储文件的操作；而且像一个向导，可以把用户对数据库的一次访问，从用户级带到概念级，再导向物理级。它是用户或应用程序与数据库间的接口，用户和应用程序不必关心数据在数据库中的物理位置，只需告诉 DBMS 要"干什么"，而无须说明"怎么干"。

1. DBMS 的主要功能

（1）数据定义功能。DBMS 提供了数据定义语言（DDL），数据库设计人员通过它可以方便地对数据库中的相关内容进行定义。例如，对数据库、表、索引及数据完整性进行定义。

（2）数据操纵功能。DBMS 提供了数据操纵语言（DML），用户通过它可以实现对数据库的基本操作。例如，对表中数据的查询、插入、删除和修改。

（3）数据库运行控制功能。这是 DBMS 的核心部分，它包括并发控制（即处理多个用户同时使用某些数据时可能产生的问题）、安全性检查、完整性约束条件的检查和执行、数据库的内部维护（如索引的自动维护）等。所有数据库的操作都要在这些控制程序的统一管理下进行，以保证数据的安全性、完整性及多个用户对数据库的并发使用。

（4）数据库的建立和维护功能。数据库的建立和维护功能包括数据库初始数据的输入、转换功能，数据库的转储、恢复功能，数据库的重新组织功能和性能监视、分析功能等。这些功能通常是由一些实用程序完成的。它是数据库管理系统的一个重要组成部分。

2. DBMS 的组成

数据库管理系统主要由数据库描述语言及其编译程序、数据库操作语言及其翻译程序、数据库管理和控制例行程序三部分组成。数据库描述语言及其编译程序主要完成数据库数据的物理结构和逻辑结构的定义，数据库操作语言及其翻译程序完成数据库数据的检索和存储，而管理和控制例行程序则完成数据的安全性控制、完整性控制、并发性控制、通信控制、数据存取、数据修改及工作日志、数据库转储、数据库初始装入、数据库恢复、数据库重新组织等公用管理。

3. DBMS 与数据模型的关系

前已述及，数据库中的数据是根据特定的数据模型来组织和管理的，与之对应地，数据库管理系统总是基于某种数据模型的，可以把 DBMS 看成是某种数据模型在计算机系统上的具体实现。根据数据模型的不同，DBMS 可以分为层次型、网状型、关系型和面向对象型等，如利用关系模型建立的数据库管理系统就是关系型数据库管理系统。商品化的数据库管理系统主要为关系型的，如 MySQL、Oracle、SQL Server 及 DB2 系列产品。需要说明的是，在不同的计算机系统中，由于缺乏统一的标准，即使同一种数据模型的 DBMS，它们在用户接口、系统功能等方面也常常是不相同的。

（二）物理设计的方法

逻辑设计的结果实际就是确定了数据库所包含的表、字段及其之间的联系。而数据库的**物理设计**是对一个给定的逻辑数据模型选取一个最适合应用环境的物理结构的过程。数据库的物理结构，主要指数据库在物理设备上的存储结构和存取方法，它完全依赖于给定的计算机系统。

物理设计也分为两步：第一步确定数据库的物理结构；第二步对物理结构进行评价。

数据库物理结构的确定是在数据库管理系统的基础上实现的。即确定了数据库的各关系模式，并确定了所使用的数据库管理系统后，接下来才能进行数据存储、访问方式的设计，进行完整性和安全性的设计，并最终在数据库管理系统上创建数据库。具体地说，数据库物理结构设计的主要内容包括以下几个方面。

（1）系统配置的设计。确定数据库的大小，数据文件的存放位置及存取路径的选择和调整。

（2）表设计。确定数据的存储记录结构，如记录的组成、各数据字段的名称、类型和长度。此外还要确定索引、约束，为建立表的关联及数据的存取方法准备条件。

（3）视图设计。为不同的用户设计视图以保证其访问到他应该访问到的数据。

（4）安全性设计。为数据库系统进行安全性设置，以确保数据的安全。

（5）业务规则的实现。通过存储过程和触发器实现特定的业务规则。

为此，设计人员必须了解以下几方面的问题：

（1）全面了解给定的 DBMS 的功能。

（2）了解应用环境。

（3）了解外存设备的特性。

确定了数据库的物理结构后，还要对物理结构进行评价，评价的重点是时间和空间效率。如果评价结果满足原设计要求，则转向系统实施阶段；否则，就重新设计或修改物理结构，有时甚至要返回逻辑设计阶段修改数据模型。

【任务实现】

目前用来帮助用户创建和管理数据库的 DBMS 有许多，由于 MySQL 是一个功能强大、可移植性好的关系型数据库管理系统，它采用客户/服务器的计算模型为用户提供了极强的后台数据处理能力，很多应用程序开发工具都提供了与 MySQL 的接口，所以本项目选择关系型数据库管理系统 MySQL 作为后台环境。

在选择了 MySQL 作为数据库管理系统之后，接下来就应根据 MySQL 的数据库实现方法完成数据库的物理实现。由于本项目物理设计中涉及到的数据字段的类型、长度，表的约束、索引、视图，以及存储过程和触发器等内容已在前面的项目中介绍过，而与业务规则有关的应用程序实现将在项目 9 中介绍，在此不做说明。

说明：对数据库的物理设计初步评价完成后，就可以创建数据库及其表了。设计人员运用 DBMS 提供的数据定义语言将逻辑设计和物理设计的结果严格地描述出来，成为 DBMS 可接受的源代码。经过调试产生目标模式，然后组织数据入库。这在项目 2 中已加以介绍。

【任务总结】本任务在逻辑设计的基础上，选择关系型数据库管理系统 MySQL 作为后台环境，并对物理设计中所涉及到的存储结构和存取方法进行了简要说明。

项目小结：本项目紧紧围绕数据库设计的内容与方法这个主题，以学生成绩数据库的设计步骤为主线，介绍了系统需求分析的任务，数据库概念设计、逻辑设计与物理设计的内容、方法与步骤。同时介绍了数据库及数据库系统的基本概念，数据与数据联系的描述方法，数据模型的概念，关系数据模型的相关知识，以及数据库管理系统的基本概念和基本功能。

习题八

一、选择题

1. DBS 是采用了数据库技术的计算机系统。它是一个集合体，包含计算机软硬件、数据库、数据库管理系统、建立在该数据库之上的应用程序集合和（　　　）。

  A. 系统分析员 B. 系统程序员 C. 数据库用户 D. 以上都是

2. 三级模式结构是（　　　）抽象的 3 个级别。

  A. 数据库系统 B. 数据库 C. 数据 D. 数据库管理系统

3. 在信息世界中，将现实世界中客观存在并可相互识别的事物被称为（　　　）。

  A. 属性   B. 实体   C. 数据   D. 标识符

4. 每个属性所取值的变化范围称为该属性的（　　　）。

  A. 标识符   B. 值域   C. 实体   D. 字段

5. 能唯一标识实体集中各实体的一个属性或一组属性称为该实体的（　　　）。

  A. 值域   B. 字段   C. 标识符   D. 数据

6. 下列实体类型的联系中，属于一对一联系的是（　　　）。

  A. 学生与学生宿舍的所属联系 B. 学生与学生座位的所属联系

  C. 医生与病人之间的医患联系 D. 用户与商品之间的购买联系

7. 绘制 E-R 图的 3 个基本要素是（　　　）。

  A. 实体、属性、关键字 B. 属性、实体、联系

  C. 属性、数据类型、实体 D. 约束、属性、实体

8. 概念设计阶段得到的结果是（　　　）。

  A. 数据字典描述的数据需求 B. E-R 图表示的概念数据模型

  C. 某个 DBMS 所支持的数据模型 D. 存储结构和方法的物理结构

9. 关系数据模型的 3 要素不包括（　　　）。

  A. 关系数据结构 B. 关系操作集合 C. 关系数据类型 D. 完整性约束

10. 在关系数据库的二维表中，任意两个元组（　　　）。

  A. 可以相同   B. 必须完全相同

  C. 必须全不同   D. 不能完全相同

11. 对于某一指定的关系可能存在多个候选键，但只能选其中的一个为（　　　）。

  A. 替代键   B. 候选键   C. 主键   D. 关系

12. 实体完整性规则为：若属性 A 是基本关系 R 主键中的属性，则属性 A（　　　）。

  A. 可取空值 B. 不能取空值 C. 可取某定值 D. 都不对

二、填空题

1. 数据库设计是指根据一个单位或部门的_____需求、_____需求及数据库支持环境，建立一个结构合理、使用方便、运行效率较高的数据库及其应用系统的过程。

2. 按规范化设计方法将数据库设计分为_____、_____、_____、_____、_____和_____等 6 个阶段。

3. 实体间的联系有两类：一类是_____之间的联系；另一类是_____之间的联系。

4. 两个实体集之间的联系一般可分为 3 类，它们分别是_____、_____、_____。

5. 关系模型的特点是把_____和_____都表示为关系。

6. 结构数据模型通常分为_____、_____、_____和_____ 4 种。其中_____模型是目前数据库系统中常用的数据模型。

7. _____是将概念结构转换为与可选用的 DBMS 所支持的数据模型相符合的逻辑结构的过程。

8. 在关系模型中，字段称为_____，记录称为_____，记录的集合称为_____。

9. 关系模型允许定义_____、_____和_____三类完整性。

10. 对于一个给定的逻辑数据模型选取一个最适合应用环境的物理结构的过程称为数据库的_____。

三、判断题

1. 在实际应用中，普通计算机用户不能直接使用数据库管理系统操作数据库。（　　）

2. 联机用户使用程序设计语言编写的应用程序对数据库进行操作，这类用户通常是数据库管理员或系统维护人员。（　　）

3. 以关系模型存储的数据是高度结构化的，它不仅反映数据本身，而且反映数据之间的联系。（　　）

4. 一个关系中可能有多个候选键，但只能选其中的一个为主键。（　　）

5. 关系模式是用关系模型对具体实例相关数据结构的描述，是动态的。（　　）

6. SQL 语言支持数据库 3 级模式结构。在 SQL 中，外模式对应于视图和部分基本表，模式对应于基本表全体，内模式对应于存储文件。（　　）

7. DBMS 是位于用户与操作系统之间的一层数据管理软件，它属于系统软件，它为用户或应用程序提供访问数据库的方法。（　　）

8. 数据库中的数据是根据特定的数据模型来组织和管理的，与之对应地，数据库管理系统总是基于某种数据模型的。（　　）

四、简答题

1. 试用表格说明现实世界、信息世界及机器世界中对信息与数据描述使用的术语之间的对应关系。

2. 试述概念数据模型和结构数据模型的区别和联系。

3. 数据库系统（DBS）由哪几个部分组成？数据库管理系统主要功能包括哪几个方面？

4. 设计一个数据库应用系统主要应关注哪几个方面的内容？

五、项目实践（训）题

由某企业人事管理系统的需求分析可知，该企业有若干部门，每一个部门有一名负责人和多名职工，每个职工只能属于一个部门。在合同期内，一个职工可以有多次请假机会，但每次请假机会只能属于一个职工；职工的工资按月计算，每个职工每月有一份工资，每份工资也只能属于一个职工。而部门属性主要有部门代号、部门名称、部门经理；职工属性主要有职工号、姓名、性别、出生日期、身份证号、籍贯；工资属性主要有工资编号、职工号、基本工资、岗位工资、各种补助、各种扣除；请假属性主要有假条编号、职工号、起始日期、中止日期、请假原因。

（1）用 E-R 图画出此企业人事管理系统的概念模型；

（2）将 E-R 图转换为关系模式，并指出每一个关系的主键。

项目 9　学生成绩管理系统的开发

知识目标：①了解 C/S 和 B/S 两种不同的数据库应用系统体系结构及其适用场合；②了解 Python 和 PHP 的编程特点及其主要的编程技术；③掌握 Python 和 PHP 常用的数据库连接技术及数据库访问方法。

技能目标：①能根据实际业务系统需求选择合适的系统结构及其数据库访问技术；②能使用 PyCharm 开发平台通过 Python 访问 MySQL 数据库；③会利用 WAMPServer 集成开发环境进行 MySQL 数据库应用程序的开发。

素质目标：①形成勤奋踏实、好学上进的学习态度；②提高学生编程能力和业务素质；③养成分析问题和解决问题的思维习惯；④培养学生团队协作精神。

[项目描述与任务分解]

数据库应用系统是在数据库管理系统的支持下运行的计算机应用软件。前已述及，开发数据库应用系统不仅要进行数据库的设计，还要进行应用程序的设计，这也是项目 8 中提到的**系统实施阶段**的主要任务。为了使读者对利用 MySQL 作为后台数据库管理系统进行应用程序设计有个较为全面的认识，本项目依托**学生成绩管理系统**的开发实践，介绍了 C/S 和 B/S 两种不同体系结构下的 Windows 窗体应用程序和 Windows Web 应用程序的开发方法（前者使用 Python 语言开发，后者使用 PHP 语言开发）。按照开发的基本过程和内容，将项目主要分解成以下几个任务：

任务 9.1　确定系统的体系结构及其前台开发工具

任务 9.2　使用 Python 开发 C/S 结构的学生成绩管理系统

任务 9.3　使用 PHP 开发 B/S 结构的学生成绩管理系统

任务 9.1　确定系统的体系结构及其前台开发工具

【任务描述】试根据项目 8 所描述的应用需求确定学生成绩管理系统的体系结构，并选择合适的前台开发工具。

【任务分析与知识储备】数据库应用程序设计的一个关键要素是系统的体系结构。体系结构决定了应用程序的各个部分如何进行交互，同时也决定了每个部分实现的功能。下面简要介绍两种常用的体系结构。

1. C/S 结构

客户机/服务器（Client/Server，C/S）结构是基于局域网技术而实现的。在 C/S 结构中，常将那些运行应用程序并向另一计算机请求服务的计算机称为客户机（Client），而用来接收客户机的请求并将处理结果传送给客户机的计算机称为服务器（Server）。在这种数据库应用系统中，客户程序提供用户界面，通过数据引擎访问远程数据库服务器以获取数据。C/S 结构分为两层和多层的客户机/服务器结构。图 9-1 所示的就是一个两层的 C/S 结构模型。

图 9-1　C/S 结构模型

在两层的 C/S 系统中，客户机通过网络与运行数据库系统的服务器相连，客户机用来完成数据表示和大部分事务逻辑的实现，服务器则完成数据的存储和更新等功能。在这种情况下，客户端是单用户的，运行相应的应用程序，如 Visual C++；而服务器端运行着各种数据库管理系统，如 MySQL。但随着事务处理数量的增加，如把每个请求都传送到服务器，会产生大量的网络流量，势必会影响到整个系统的性能，为此，需在两层之间加上一层或多层用于定义事务规则的商务服务器，形成多层的 C/S 结构。

2. B/S 结构

浏览器/服务器（Browser/Server，B/S）结构是基于 Internet 技术而实现的。在物理结构上，它由 Web 浏览器、Web 服务器和数据库服务器组成（如图 9-2 所示）。在逻辑结构上，B/S 包含三层：用户表示层、业务逻辑层和数据服务层。用户表示层位于 Web 浏览器端，包含系统的显示逻辑。其任务是向网络上的某一台 Web 服务器提出服务请求，并在 Web 服务器通过 HTTP 协议把所需的处理结果传送给浏览器后，将它显示在 Web 浏览器上。业务逻辑层位于 Web 服务器端，包含系统的事务处理逻辑。其任务是接收用户的请求，运行服务器脚本，执行相应的扩展应用程序，并借助于 ODBC、JDBC、PDO 等数据访问接口，通过 SQL 等方式向数据库服务器提出数据处理申请。在获取相关数据后，将结果转化成 HTML 传送给浏览器。数据服务层位于数据库服务器端，包含系统的数据处理逻辑。其任务是接收 Web 服务器对数据库操纵的请求，实现对数据库查询、修改、更新等功能，把运行结果提交给 Web 服务器。

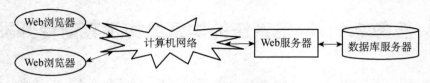

图 9-2　B/S 结构模型

在 B/S 结构中，数据和程序都放在服务器端，客户机上只需安装一个通用的浏览器软件，代替了各种应用软件，从而极大地简化了客户机的工作。同时，由于 B/S 结构可以直接接入 Internet，所以具有良好的可扩展性。

B/S 结构也有三层和多层之分。在基本的三层 B/S 结构中，通过使用一种称为服务器端脚本的技术（如 PHP、JSP），允许开发者将编程逻辑嵌入 Web 页面。在基于组件的多层 B/S 结构中，人们利用组件封装业务逻辑，服务器脚本页面用于将相关信息从客户浏览器的会话层传递给组件层，所有与加强业务逻辑和数据访问相关的处理在组件层中执行。

如何选择系统的体系结构，主要取决于系统的应用需求，如系统的网络环境、可扩展性、安全性及维护管理成本等方面。选择一种合适的前台开发工具，是保证项目开发成败的关键。在学生成绩管理系统中，如果利用学校局域网进行管理，通常采用 C/S 结构，前台开发工具可以选择 Python、Java 等；如果要求与 Internet 互联互通，在外网上也能访问系统，则可以采用 B/S 结构，便于使用浏览器进行学生成绩管理，此时前台开发语言可以选择 PHP、JSP 等。这样，不管选择哪种体系结构，甚至是两者的混合结构，其后台都可以选择一个基于网络的数据库管理系统，如 MySQL、SQL Server、Oracle 等。

【任务实现】根据项目 8 所描述的应用需求，建立一个基于校园网络应用平台的、面向学校教务部门及各系部教学管理科室等层次用户的学生成绩管理系统，所以本系统应在学校校园网的基础上建立。为了使读者能体会到不同系统体系结构的差别，这里假设有两种不同结构的校园网，一种为仅能在学校内部使用的局域网，用户需在客户机上访问学生成绩管理系统；另一种为与外界联通的 Internet 网络，用户只需在客户机上安装一个通用的浏览器软件即可访问校园网。这样，在前者情况下，学生成绩管理系统可以选择 C/S 体系结构；后者情况下，可以使用 B/S 体系结构。另外，在系统开发工具的选择上，C/S 架构前台使用 Python 窗体开发环境；B/S 架构前台使用 PHP 脚本开发环境。它们的后台数据库均建立在 MySQL 8.0 之上。

任务 9.2　使用 Python 开发 C/S 结构的学生成绩管理系统

【任务描述】在 PyCharm Community 2019 集成开发环境中，使用 Python 编程技术设计学生成绩管理系统中的"用户登录"、"专业信息管理"和"学生基本信息管理"功能模块。

【任务分析与知识储备】根据任务 9.1 的实现结果，现需要在 PyCharm Community 2019 集成开发环境中使用 Python 语言开发基于 C/S 结构的数据库应用系统。而要实现本任务的功能，首先要了解利用 Python 开发数据库应用系统的相关知识和技能。由于篇幅所限，这里仅简要介绍 Python 的编程知识，以及在 PyCharm Community 2019 中访问 MySQL 数据库的方法，不再对其程序设计的理论和方法进行系统的介绍，如读者需了解这方面的内容，请查阅相关书籍。

（一）Python 编程知识简介

Python 是一种跨平台的计算机程序设计语言，是一个高层次的结合了解释性、编译性、互动性和面向对象的脚本语言。Python 是由 Guido van Rossum 在 20 世纪 80 年代末和 90 年代初，在荷兰国家数学和计算机科学研究所设计出来的。因其功能强大、简单易学、开发成本低廉，已被广泛应用到各个领域，从简单的文字处理到 Web 应用和游戏开发，再到数据分析等。

1. Python 的编程特点

Python 的设计哲学是"优雅""明确""简单",具有以下编程特点。

(1)简单易学。Python 是一种代表简单主义思想的语言。其不但语法清楚、干净、易读,具有相对较少的关键字,结构简单;而且有极其简单的说明文档,初学者非常容易上手。

(2)免费开源。Python 是 FLOSS(自由/开放源码软件)之一。使用者可以自由地发布该软件的拷贝副本、阅读它的源代码、对它做改动、将它的一部分用于新的自由软件中。

(3)可移植性。Python 具有广泛的可移植性,能被移植到多个平台,包括 Linux、Windows、FreeBSD、Macintosh、Solaris、OS/2、Symbian 等,以及基于 Linux 开发的 Android 平台。

(4)丰富的库。Python 具有一个跨平台、庞大的标准库,可以帮助处理各种工作,包括正则表达式、文档生成、单元测试、线程、数据库、网页浏览器、CGI、FTP、电子邮件、XML、HTML、WAV 文件、GUI(图形用户界面)和其他与系统有关的操作。除了标准库,还有丰富的第三方程序库,如 wxPython、Twisted 和 Python 图像库等。

(5)面向对象。Python 既支持面向过程的编程,也支持面向对象的编程。在"面向过程"的语言中,程序是由过程或仅仅是可重用代码的函数构建起来的。在"面向对象"的语言中,程序是由数据和功能组合而成的对象构建起来的。

(6)可扩展性和可嵌入性。在 Python 程序中,可扩展支持 C 或者 C++编写的程序;也可以将 Python 嵌入到 C/C++程序,从而向程序用户提供脚本功能。

2. Python 的开发环境

Python 可以适用在 Windows 操作系统,也可以适用在 Linux、Mac 等操作系统中,对系统环境的要求不是很高,一般的计算机都能用,支持 Python 的集成开发环境也非常多,包括 PyCharm、VIM、Wing IDE、Spyder Python、Komodo IDE、Eric Python、Sublime Text 3、Pydev + Eclipse 等。PyCharm 是专业的 Python 集成开发环境,有两个版本。一个是免费的社区版本,另一个是面向企业开发者的更先进的专业版本。大部分的功能在免费版本中都是可用的,包括智能代码补全、直观的项目导航、错误检查和修复、遵循 PEP8 规范的代码质量检查、智能重构、图形化的调试器和运行器。它还能与 IPython Notebook 进行集成,并支持 Anaconda 及其他的科学计算包,比如 Matplotlib 和 NumPy。PyCharm 专业版本支持更多高级的功能,如远程开发功能、数据库支持及对 Web 开发框架的支持等。这里仅介绍本项目案例中使用的 PyCharm 社区版集成开发环境。

(1)PyCharm Community 2019 应用程序开发界面。PyCharm Community 2019 启动后,会显示如图 9-3 所示的集成开发环境界面,主要包括标题栏、菜单栏、工具栏、工作区窗口、代码编辑窗口(文档窗口)、消息输出窗口和状态栏等基本元素,其中,菜单栏、工具栏、工作区窗口、代码编辑窗口和信息输出窗口都采用浮动窗口机制,可以根据用户的需要分别进行打开、关闭、移动等操作。

PyCharm Community 2019 集成开发环境窗口的最上端是标题栏,用于显示程序名称和所打开的文件名称。标题栏的下边为菜单栏和工具栏。工具栏下边是工作区窗口和代码编辑窗口,其中工作区窗口主要用来显示开发过程中的类、文件和资源等。而在工作区窗口下边则是信息输出窗口,主要用于显示编译、调试信息及一些其他信息。

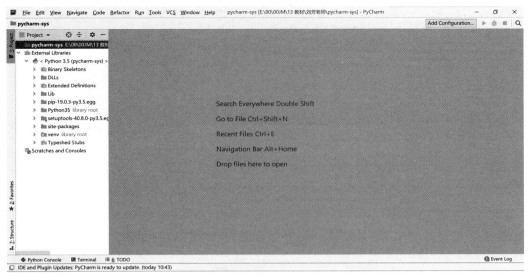

图 9-3　PyCharm Community 2019 集成开发环境界面

（2）PyCharm Community 2019 中的【Settings】对话框。在 PyCharm Community 2019 集成开发环境窗口的菜单栏中，选择【File｜Settings】命令，打开如图 9-4 所示【Settings】对话框。通过该对话框可对项目的代码字体及大小、背景颜色、缩进符、制表符、代码样式等进行设置。以设置代码字体大小为例，在【Settings】对话框中，选择【Appearance & Behavior】中的【Appearance】项，在其选项页中即可对本项目的代码字体及大小根据个人喜好来进行设置，如图 9-5 所示。

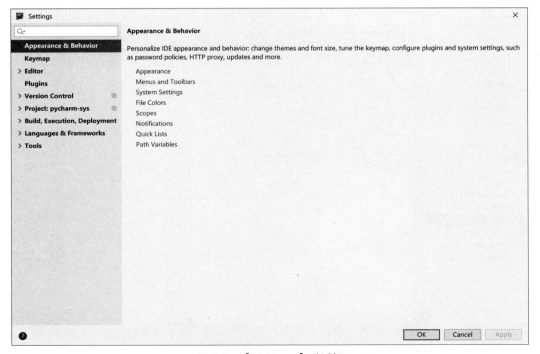

图 9-4　【Settings】对话框

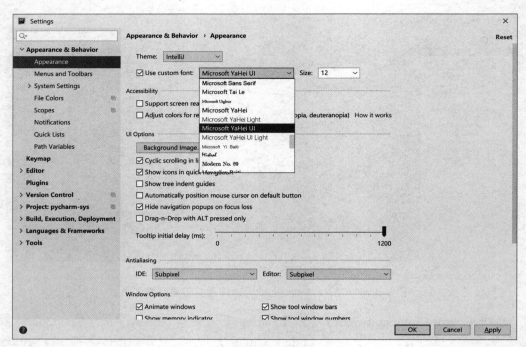

图 9-5　设置代码字体及大小

（3）Python 类库。PyCharm Community 2019 提供支持集成安装 Python 类库，通过【Settings】对话框，选择【Project：pycharm-sys】中的【Project Interpreter】项，如图 9-6 所示。单击右侧窗口中的"+"符号，即可进入安装类库界面，如图 9-7 所示。

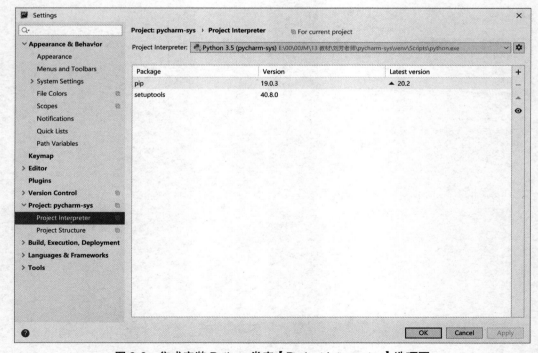

图 9-6　集成安装 Python 类库【Project Interpreter】选项页

244

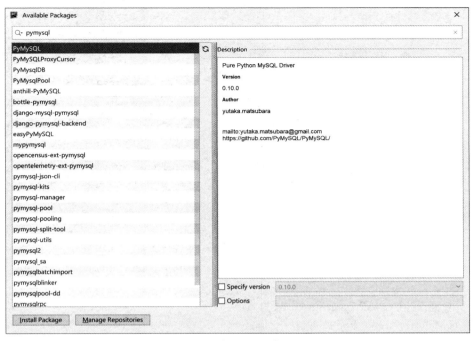

图 9-7　安装 Python 类库界面

（4）GUI 界面开发设置。本书采用 PyCharm Community 2019 结合 PyQT5 来进行 GUI 图形界面的开发，PyQT5 可以直接使用 pip 来进行安装，通过"pip3 install PyQt5""pip install PyQt5-tools"即可安装 PyQt5 及相关工具包。在【Settings】对话框中，选择【Tools】→【External Tools】项，打开【External Tools】选项页，如图 9-8 所示，单击"+"符号，打开【Create Tool】对话框，如图 9-9 所示。这里需要配置如下两个工具。

图 9-8　配置 PyQt5

245

项目 9　学生成绩管理系统的开发

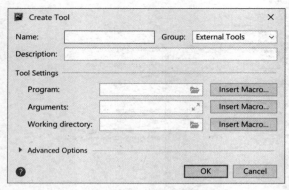

图 9-9　[Create Tool]对话框添加工具

● 配置 Qt Designer，设置 3 个地方。

Name：Qt Designer。

Program：Python 安装路径（Python3.5 及以上）\Lib\site-packages\pyqt5-tools\Qt\bin\designer.exe。

Working directory：$ProjectFileDir$。

● 配置 PyUIC，设置 4 个地方。

Name：PyUIC。

Program：Python 安装路径（python3.5 及以上）\python.exe。

Parameters：-m PyQt5.uic.pyuic　$FileName$ -o $FileNameWithoutExtension$.py。

Working directory：$ProjectFileDir$。

配置好 PyQT5 后，如图 9-10 所示，启动 Qt Designer，即可进入 PyQT 窗口设计界面，如图 9-11 所示。

3. Python 应用程序的开发步骤

PyCharm Community 2019 提供了项目创建向导，新建项目后，该项目的架构也就建立起来了，剩下的过程只需要根据需求向项目中添加相应的类文件完成对应的功能。其具体操作步骤如下所述。

（1）新建项目。从 PyCharm Community 2019 的【File】菜单中选择【New Project】命令，弹出如图 9-12 所示的【Create Project】对话框。在其中输入对应的项目存储路径，单击【Create】按钮即可创建项目。

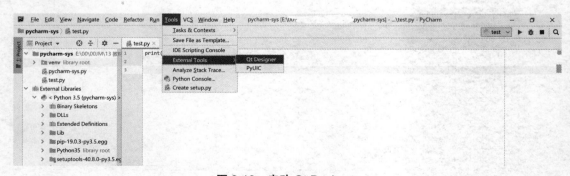

图 9-10　启动 Qt Designer

图 9-11　PyQT 窗口设计界面

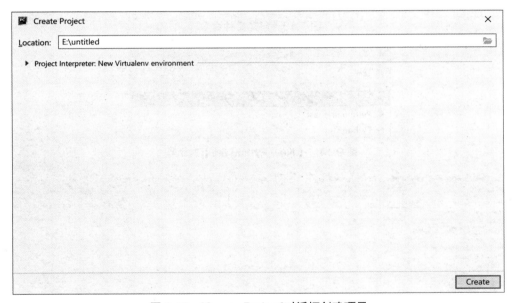

图 9-12　[Create Project]对话框创建项目

（2）新建文件。在 PyCharm Community 2019 界面的项目架构窗口中的空白处或者在项目名称处单击鼠标右键，在弹出的快捷菜单中选择【New】中的【Python File】命令，如图 9-13 所示。在弹出的如图 9-14 所示的【New Python file】对话框中，输入文件名称即可。创建文件后，接下来就可以进行代码编写了。

（3）编写代码。双击刚刚创建好的文件，打开文件编写窗口，进行代码编写，如图 9-15 所示。

（4）运行项目。选择【Run】菜单中的【Run...】命令，选择需要运行的文件，或者单击工具栏中的文件名后面的小绿色箭头 test ▶，即可运行代码，代码运行结果如图 9-16 所示。

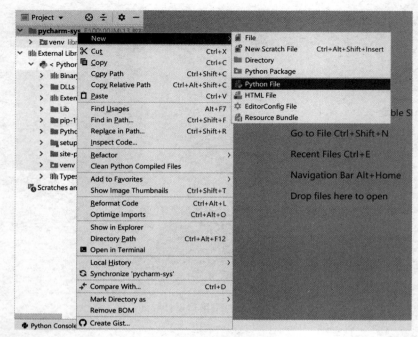

图 9-13　创建文件命令

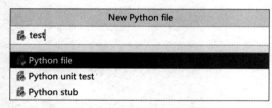

图 9-14　【New Python file】对话框

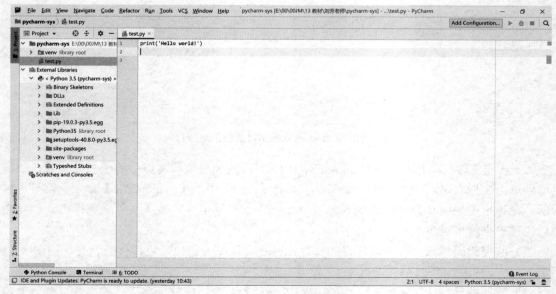

图 9-15　编写代码

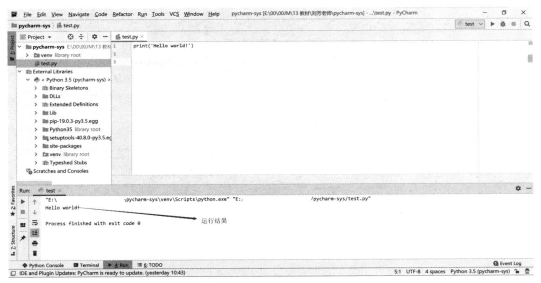

图 9-16　代码运行结果

（二）在 PyCharm Community 2019 中访问 MySQL 数据库

1. PyCharm Community 2019 访问数据库工具安装

　　PyCharm 社区版没有专业版自带的数据库连接工具，需要自行下载安装。选择【File｜Settings】命令，打开【Settings】对话框，选择【Plugins】项，如图 9-17 所示。搜索"database"，选择【Database Navigator】进行安装，如图 9-18 所示。

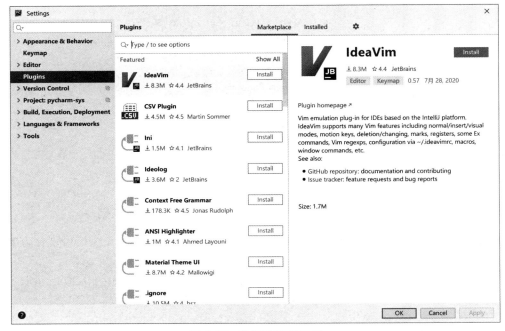

图 9-17　数据库连接工具

图 9-18　安装数据库连接工具

安装完成后，重启 PyCharm 环境，菜单栏会多出【DB Navigator】菜单，如图 9-19 所示。

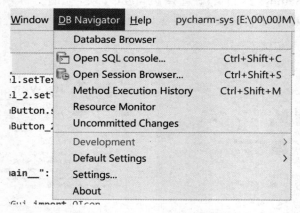

图 9-19　DB Navigator 菜单栏

2. 在 PyCharm Community 2019 中利用 DB Navigator 连接数据库

（1）以可视化方式连接数据库。利用 DB Navigator 连接数据库，可通过可视化方式来进行操作，具体步骤如下：

第 1 步，从【DB Navigator】菜单中选择【Settings】菜单，弹出如图 9-20 所示服务器资源管理器窗口，单击"+"号，选择【MySQL】进行参数设置。

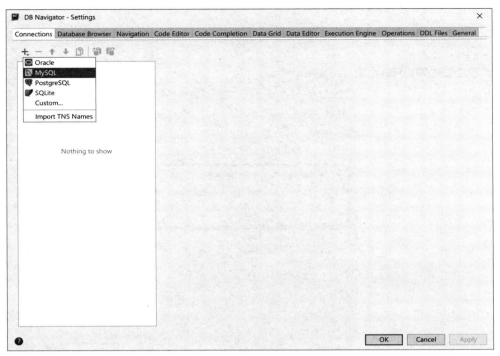

图 9-20　服务器资源管理器窗口

第 2 步，选择 MySQL 后，在弹出的如图 9-21 所示对话框中，依据 MySQL 的安装参数进行设置，参数设置完成后，单击【Test Connection】按钮，显示连接成功，如图 9-22 所示。

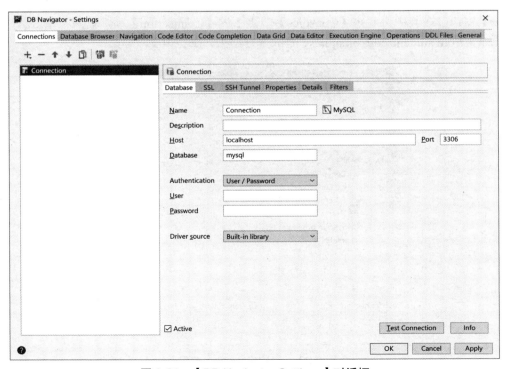

图 9-21　【DB Navigator-Settings】对话框

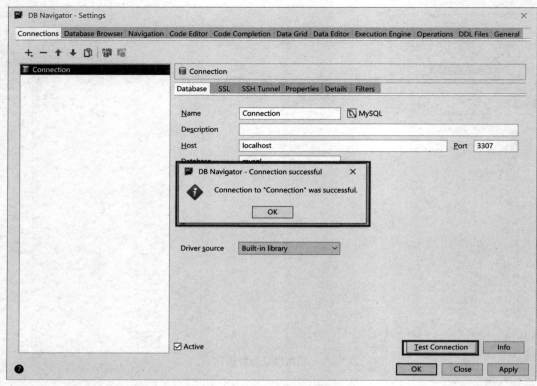

图 9-22 测试连接成功

第 3 步，选择【DB Navigator】菜单中的【DB Browser】命令，弹出如图 9-23 所示【DB Browser】窗口。在其中可双击【Consoles】节点下的【Connection】项，输入一条 SQL 语句，如"select * from studentscore.bmajor"，测试查询结果，如图 9-24 所示。

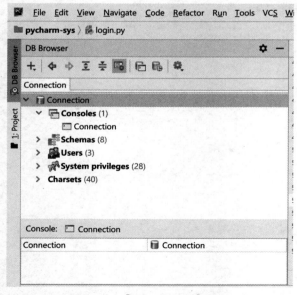

图 9-23 【DB Browse】窗口

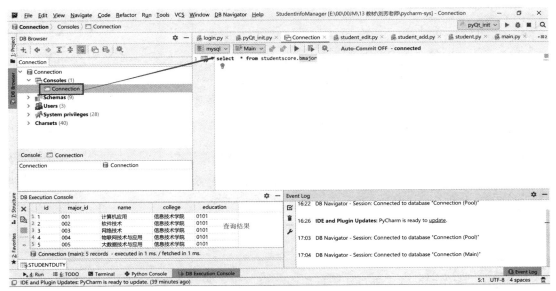

图 9-24   SQL 语句测试查询结果

第 4 步，单击 ▶ 按钮，在结果窗格中出现了查询结果，表明数据库连接成功。

（2）在程序中使用 PyMySQL 模块连接数据库。在 PyCharm Community 2019 中，除了通过可视化方法连接数据库，还可以在程序中通过直接书写连接字符串代码来连接数据库，此方法需要引入 PyMySQL 模块。具体步骤如下：

第 1 步，引入 PyMySQL 模块。使用 "import pymysql" 导入连接 MySQL 数据库的 Python程序库。

第 2 步，设置连接字符串。设置用于连接对象所使用的连接字符串。一般连接字符串用 "host=主机名或主机 IP 地址,port=mysql 数据库端口号,user=账号,passwd=密码,db=数据库名"来描述。可通过下面语句，连接 MySQL 数据库并返回一个参数：

```
mysql_conn = pymysql. connect(host='localhost',port=3306,user='root',passwd=
'****',
            db='studentscore')
```

第 3 步，打开/关闭连接。直接使用 open()/close()方法来进行数据库连接的打开和关闭操作。

```
mysql_conn.open() #打开数据库连接
mysql_conn.close() #关闭数据库连接
```

3. 在 PyCharm Community 2019 中利用 PyMySQL 操作数据库

（1）向数据库发送数据操作命令。在成功连接到数据库后，要想操作数据库中的数据，就必须向数据库发送相关的操作命令，此可通过 PyMySQL 中的命令对象 Connection 实现。通过 Execute 运行数据库指令（如 SQL 语句），并传回由数据库中查询的结果集，或运行不回传结果集的数据库指令（如增、删、改）。使用 PyMySQL 操作数据库对象时，最重要的是要搞清楚所发送的命令是什么及要和已有的数据库连接对象关联。例如，连接的 studentscore 数据库中包含学生表 bstudent，如果要向该数据库发送查询 bstudent 表中所有数据的命令，其程序代码如下所示：

```
mysql_conn = pymysql. connect(host='localhost',port=3306,user='root',
passwd='****')
cur = conn.cursor() #获取指针
usedb_sql='use studentscore;' #使用 studentscore 数据库
cur.execute(usedb_sql) #执行 SQL 语句
select_sql = "select * from bstudent" #查询数据
cur.execute(select_sql) #执行 SQL 语句
myresult = cur.fetchall()
```

（2）在程序中操作数据记录。对数据的操作方式分为增、删、改、查四种，其中前三种都牵涉到更新，最后一种只是查询。对于数据的查询，PyMySQL 提供了 3 个不同获取数据库中数据的方法：

```
fetchone()    #该方法获取下一个查询结果集，结果集是一个对象。
fetchmany()   #获取多行结果。
fetchall()    #获取全部结果。
```

以 bstudent 表作为示例，来讲述数据表中的增、删、改、查操作。

● 增加记录。往该表中新增一条记录代码如下：

```
mysql_conn = pymysql. connect(host='localhost',port=3306,user='root',
passwd='****')
cur = conn.cursor() #获取指针
usedb_sql='use studentscore;' #使用 studentscore 数据库
cur.execute(usedb_sql) #执行 SQL 语句
insert_sql = "insert into bstudent (stud_id, stud_name, stud_sex,birth,
class_id) values ('3031123101','张山','男','1994-08-28','30311231');"#插入一条数据
cur.execute(insert_sql) #执行 SQL 语句
conn.commit() #提交
```

● 删除记录。删除数据表中的记录，代码如下：

```
mysql_conn = pymysql. connect(host='localhost',port=3306,user='root',
passwd='****')
cur = conn.cursor() #获取指针
usedb_sql='use studentscore;' #使用 studentscore 数据库
cur.execute(usedb_sql) #执行 SQL 语句
delete_sql ="delete from bstudent" #删除数据
cur.execute(delete_sql) #执行 SQL 语句
conn.commit()
```

● 修改记录。修改数据表中的记录，代码如下：

```
mysql_conn = pymysql. connect(host='localhost',port=3306,user='root',
passwd='****')
cur = conn.cursor() #获取指针
usedb_sql='use studentscore;' #使用 studentscore 数据库
cur.execute(usedb_sql) #执行 SQL 语句
param ='江苏苏州'
```

```
update_sql = "update bstudent set family_place='%s'" %(param)  #更新数据
cur.execute(update_sql)  #执行 SQL 语句
conn.commit()
```

● 查询记录。查询数据表中的记录，代码如下：

```
mysql_conn = pymysql. connect(host='localhost',port=3306,user='root',
passwd='****')
cur = conn.cursor()  #获取指针
usedb_sql='use studentscore;'  #使用 studentscore 数据库
cur.execute(usedb_sql)  #执行 SQL 语句
select_sql ="select * from bstudent where stud_id like '30311231%' "  #查询数据
cur.execute(select_sql)  #执行 SQL 语句
myresult = cur.fetchall()  #获取所有符合条件的记录
print(myresult)  #将记录集信息进行打印输出
```

对 Python 的编程知识、开发平台及其访问 MySQL 数据库的方法有所了解后，下面将本任务分解为 **3 个子任务**说明其在任务实现中的应用。

任务 9.2.1　学生成绩管理系统中的"用户登录"功能模块的设计

【任务描述】假设已创建基于 C/S 结构的学生成绩管理系统项目 StudentInfoManager，其编程语言为 Python。请在项目中添加"用户登录"功能模块，要求实现不同级别的用户能根据各自的用户名和口令进入系统，其界面如图 9-25 所示。

图 9-25　学生成绩管理系统"用户登录"功能界面

【任务分析】本任务以 PyCharm Community 2019 为开发环境，采用三层架构设计，最上层是 UI 层，实现用户界面的布局；中间是业务逻辑层，实现功能逻辑的处理；最下层是数据访问层，单纯实现数据的访问，在数据访问层使用 PyMySQL 访问数据库。分层的结构可以构建条理清晰的代码架构，易于后续的维护，下面所有功能的实现都按此结构进行。

【任务实现】在项目的解决方案资源管理器中，选择项目名称【StudentInfoManager】，选择【Tools】菜单中的【External Tools|Qt Designer】，启动【Qt Designer】，在打开的模板选择对话框中选择【Widget 窗体】项，在【名称】文本框中输入窗体名称 Login，单击【确定】

按钮，新的窗体即被添加到项目中。

（1）窗体主要属性如表 9-1 所示。

表 9-1　窗体的主要属性

属　　性	设　置　值
Name	Login
Text	用户登录

（2）添加标签、文本框、按钮等元素，各元素属性的设置如表 9-2 所示。

表 9-2　各元素的属性设置

元 素 名	属　　性	设　置　值
标签（共 2 个）	Name	lbl_userName、lbl_password
	Text	用户名、密码
文本框（共 2 个）	Name	txt_userName、txt_password
按钮（共 2 个）	Name	btn_submit、btn_cacel
	Text	登录、取消

（3）将 UI 文件通过【External Tools】中的【PyUIC】转换为 py 文件。

```
from PyQt5 import QtCore, QtGui, QtWidgets
class Ui_widget(object):
    def setupUi(self, widget):
        widget.setObjectName("widget")
        widget.resize(467, 276)
        self. lbl_userName = QtWidgets.QLabel(widget)
        self. lbl_userName.setGeometry(QtCore.QRect(63, 72, 51, 20))
        self. lbl_userName.setObjectName("lbl_userName ")
        self. lbl_password = QtWidgets.QLabel(widget)
        self. lbl_password.setGeometry(QtCore.QRect(63, 130, 51, 20))
        self. lbl_password.setObjectName("lbl_password ")
        self. txt_userName = QtWidgets.QLineEdit(widget)
        self. txt_userName.setGeometry(QtCore.QRect(120, 70, 211, 30))
        self. txt_userName.setObjectName("txt_userName ")
        self. txt_password = QtWidgets.QLineEdit(widget)
        self. txt_password.setGeometry(QtCore.QRect(120, 130, 211, 30))
        self. txt_password.setEchoMode(QtWidgets.QLineEdit.Password)
        self. txt_password.setObjectName("txt_password ")
        self.clickButton = QtWidgets.QPushButton(widget)
        self.clickButton.setGeometry(QtCore.QRect(100, 200, 100, 35))
        self.clickButton.setObjectName("clickButton")
        self.cancelButton = QtWidgets.QPushButton(widget)
        self.cancelButton.setGeometry(QtCore.QRect(230, 200, 100, 35))
        self.cancelButton.setObjectName("cancelButton")
```

```
            self.retranslateUi(widget)
            self.clickButton.clicked.connect(widget.login_click)
            self.cancelButton.clicked.connect(widget.cancel_click)
            QtCore.QMetaObject.connectSlotsByName(widget)
        def retranslateUi(self, widget):
            _translate = QtCore.QCoreApplication.translate
            widget.setWindowTitle(_translate("widget", "用户登录"))
            self.label.setText(_translate("widget", "用户名："))
            self.label_2.setText(_translate("widget", "密码："))
            self.clickButton.setText(_translate("widget", "登录"))
            self.cancelButton.setText(_translate("widget", "取消"))
```

（4）编写事件过程程序代码。

● "登录"按钮事件响应代码：

```
ef login_click(self):
    mysql = mysql_db()
    username = self.txt_userName.text()
    password = self.txt_password.text()
    if(len(username)==0 or len(password)==0):
        print("用户名或密码不能为空")
        return 0
            select_sql = "select * from users where users_name='%s' and
            password='%s'" % (username, password)
    result = mysql.select_sql(select_sql,1)
    if(result):
        print("登录成功")
        return 1
    else:
        print("登录失败")
        return 0
```

● "取消"按钮事件响应代码：

```
def cancel_click(self):
    print("取消登录")
    self.close()
```

任务 9.2.2　学生成绩管理系统中的"专业信息管理"功能模块的设计

【任务描述】在学生成绩管理系统项目中增加"专业信息管理"功能模块，要求实现专业基本信息的显示、新增、修改和删除 4 个功能，其界面如图 9-26 所示。

【任务分析】由于用户从登录模块进入系统后，就要在主窗口模块中选择相应的操作模块，所以本任务就是在前面建立的 StudentInfoManager 项目中添加一个"专业信息管理"功能模块，模块中要实现的 4 个功能的具体开发步骤可参看【任务实现】部分。

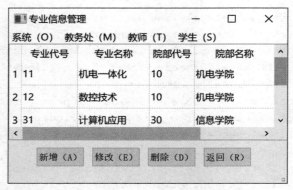

图 9-26 学生成绩管理系统中"专业信息管理"功能模块界面

【任务实现】

（1）主窗体设计，其主要属性如表 9-3 所示。

表 9-3 窗体的主要属性

属　　性	设　置　值
Name	UcMajor
Text	专业信息管理

（2）添加表格、按钮等元素，各元素属性的设置如表 9-4 所示。

表 9-4 各元素的属性设置

元　素　名	属　　性	设　置　值
表格	Name	tableView
按钮（共 4 个）	Name	btn_add、btn_edit、btn_delete、btn_return
	Caption	新增、修改、删除、返回

（3）编写事件过程程序代码。

● 窗体加载。登录成功后，进入系统主界面，如图 9-27 所示。

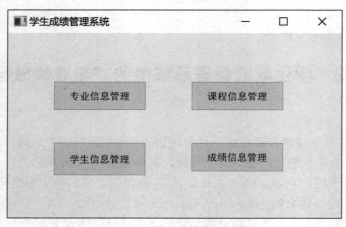

图 9-27 学生成绩管理系统

258

单击"专业信息管理"按钮，即可进入"专业信息管理"模块。

定义 Major_Form 类进行专业信息管理模块的展示及操作：

```
class Major_Form(QtWidgets.QMainWindow, Ui_UcMajor):
    def __init__(self):
        super(Major_Form, self).__init__()
        self.setupUi(self)
        self.showdata()
    def showdata(self):
        # 准备数据模型
        self.sm = QtGui.QStandardItemModel()
        # 设置数据头栏名称
        self.sm.setHorizontalHeaderItem(0, QtGui.QStandardItem("专业代号"))
        self.sm.setHorizontalHeaderItem(1, QtGui.QStandardItem("专业名称"))
        self.sm.setHorizontalHeaderItem(2, QtGui.QStandardItem("院部代号"))
        self.sm.setHorizontalHeaderItem(3, QtGui.QStandardItem("院部名称"))
        # 设置数据条目
        mysql = mysql_db()
        select_sql = "select * from bmajor"
        result = mysql.select_all_sql(select_sql)
        if result:
            count = 0
            for row in result:
                self.sm.setItem(count, 0, QtGui.QStandardItem(row[1]))
                self.sm.setItem(count, 1, QtGui.QStandardItem(row[2]))
                self.sm.setItem(count, 2, QtGui.QStandardItem(row[4]))
                self.sm.setItem(count, 3, QtGui.QStandardItem(row[3]))
                count = count + 1
        # 将数据模型绑定到 QTableView
        self.tableView.setModel(self.sm)
        # QTableView 显示各列表宽度
        self.tableView.setColumnWidth(0, 50)
        self.tableView.setColumnWidth(1, 230)
        self.tableView.setColumnWidth(2, 50)
        self.tableView.setColumnWidth(3, 200)
```

● 由于在系统中存在诸如学生基本信息管理，专业、课程、班级、系统等基本信息管理，这些数据的管理只是数据表不同，采用的表格模板都是相同的，而且都具有增删改查操作。所以，本系统充分利用面向对象中继承和重载的特点，首先在模板中设置虚方法及相应的处理逻辑，然后在具体的模块维护中根据不同的特点重载该虚方法，模板中的虚方法如下定义：

```
from PyQt5 import QtCore, QtGui, QtWidgets
class Ui_UcMajor(object):
    def setupUi(self, UcMajor):
        UcMajor.setObjectName("UcMajor")
        UcMajor.resize(700, 400)
        self.centralwidget = QtWidgets.QWidget(UcMajor)
        self.centralwidget.setObjectName("centralwidget")
```

```python
        self.btn_add = QtWidgets.QPushButton(self.centralwidget)
        self.btn_add.setGeometry(QtCore.QRect(70, 270, 120, 50))
        self.btn_add.setObjectName("btn_add")
        self.btn_edit = QtWidgets.QPushButton(self.centralwidget)
        self.btn_edit.setGeometry(QtCore.QRect(210, 270, 120, 50))
        self.btn_edit.setObjectName("btn_edit")
        self.btn_delete = QtWidgets.QPushButton(self.centralwidget)
        self.btn_delete.setGeometry(QtCore.QRect(350, 270, 120, 50))
        self.btn_delete.setObjectName("btn_delete")
        self.btn_return = QtWidgets.QPushButton(self.centralwidget)
        self.btn_return.setGeometry(QtCore.QRect(490, 270, 120, 50))
        self.btn_return.setObjectName("btn_return")
        self.tableView = QtWidgets.QTableView(self.centralwidget)
        self.tableView.setGeometry(QtCore.QRect(0, 0, 701, 251))
        self.tableView.setObjectName("tableView")
        UcMajor.setCentralWidget(self.centralwidget)
        self.menubar = QtWidgets.QMenuBar(UcMajor)
        self.menubar.setGeometry(QtCore.QRect(0, 0, 700, 22))
        self.menubar.setObjectName("menubar")
        self.menu = QtWidgets.QMenu(self.menubar)
        self.menu.setObjectName("menu")
        self.menu_M = QtWidgets.QMenu(self.menubar)
        self.menu_M.setObjectName("menu_M")
        self.menu_T = QtWidgets.QMenu(self.menubar)
        self.menu_T.setObjectName("menu_T")
        self.menu_S = QtWidgets.QMenu(self.menubar)
        self.menu_S.setObjectName("menu_S")
        UcMajor.setMenuBar(self.menubar)
        self.statusbar = QtWidgets.QStatusBar(UcMajor)
        self.statusbar.setObjectName("statusbar")
        UcMajor.setStatusBar(self.statusbar)
        self.menubar.addAction(self.menu.menuAction())
        self.menubar.addAction(self.menu_M.menuAction())
        self.menubar.addAction(self.menu_T.menuAction())
        self.menubar.addAction(self.menu_S.menuAction())
        self.retranslateUi(UcMajor)
        self.btn_add.clicked.connect(UcMajor.add_click)
        self.btn_edit.clicked.connect(UcMajor.edit_click)
        self.btn_delete.clicked.connect(UcMajor.delete_click)
        self.btn_return.clicked.connect(UcMajor.return_click)
        QtCore.QMetaObject.connectSlotsByName(UcMajor)
    def retranslateUi(self, UcMajor):
        _translate = QtCore.QCoreApplication.translate
        UcMajor.setWindowTitle(_translate("UcMajor", "专业信息管理"))
        self.btn_add.setText(_translate("UcMajor", "新增（A）"))
        self.btn_edit.setText(_translate("UcMajor", "修改（E）"))
        self.btn_delete.setText(_translate("UcMajor", "删除（D）"))
        self.btn_return.setText(_translate("UcMajor", "返回（R）"))
```

```
            self.menu.setTitle(_translate("UcMajor", "系统（O）"))
            self.menu_M.setTitle(_translate("UcMajor", "教务处（M）"))
            self.menu_T.setTitle(_translate("UcMajor", "教师（T）"))
            self.menu_S.setTitle(_translate("UcMajor", "学生（S）"))
```

● 在专业信息管理窗体中继承该窗体：

```
class Major_Form(QtWidgets.QMainWindow, Ui_UcMajor):
        def __init__(self):
                super(Major_Form, self).__init__()
                self.setupUi(self)
if __name__ == "__main__":
        import sys
        app = QtWidgets.QApplication(sys.argv)
        mypyqt_form = MypyQT_Form()
        major_add = MajorAdd_Form()
        mypyqt_form.show()
        sys.exit(app.exec_())
```

● 新增功能的重载实现：

```
def add_click(self):
    major_add.show()  #打开新增专业信息界面
```

● 删除功能的重载实现：

```
def delete_click(self):
    reply = QMessageBox.question(self, "确认", "是否确定删除？",QMessageBox.Yes
| QMessageBox.No)
        if reply == QMessageBox.Yes:
                result = self.tableView.currentIndex().row()
                try:
                        str = self.sm.data(self.sm.index(result,0));
                        mysql = mysql_db()
                        del_sql = "delete from bmajor where major_id ='%s'" % (str)
                        mysql.delete_sql(del_sql)
                        reply = QMessageBox.warning(self, "信息", "信息删除成功！")
                        student.showdata()
                except Exception as e:
                        print(e)
```

● 修改功能的重载实现：

```
            # Major_Form 类中定义"修改"按钮的函数
def edit_click(self):
    result = self.tableView.currentIndex().row()
    str = self.sm.data(self.sm.index(result, 0));
    self.mySignal.emit(str)  # 发射信号
    major_edit.show()
#定义 MajorEdit_Form
class MajorEdit_Form(QtWidgets.QWidget, Ui_Major_Edit):
```

```python
    def __init__(self):
        super(MajorEdit_Form, self).__init__()
        self.setupUi(self)
        self.showdata()

    def showdata(self):
        my = Major_Form()
        my.mySignal.connect(self.getDialogSignal)

    def getDialogSignal(self, connect):
        try:
            mysql = mysql_db()
            select_sql = "select * from bmajor where major_id ='%s'" % (connect)
            result = mysql.select_sql(select_sql,1)
            print(result)
            if result:
                self.txt_ID.setText(result[0])
                self.txt_Name.setText(result[0])
                self. txt_CollegeID.setCurrentText(result[2])
                self. txt_College.setTime(result[3])
        except Exception as e:
            print(e)


    def save_click(self):
        major_id = self.txt_ID.text()
        major_name = self.txt_Name.text()
        depart_id = self.txt_CollegeID.text()
        depart_name = self. txt_College.text()
        if len(major_id) == 0 or len(major_name) == 0 or len(depart_id) ==
0 or len(depart_name) == 0:
                reply = QMessageBox.warning(self, "警告", "输入的信息不能为空！")
                return
        mysql = mysql_db()
        edit_sql = "update bmajor set major_name ='%s', depart_id ='%s',
depart_name ='%s' where major_id ='%s'" % (major_name, depart_id, depart_name,
major_id)
        mysql.edit_sql(edit_sql)
        reply = QMessageBox.warning(self, "信息", "信息修改成功！")
        major.showdata()
        self.close()
```

（4）新增专业信息窗体设计，其主要属性如表 9-5 所示。

表 9-5 窗体的主要属性

属 性	设 置 值
Name	Ui_Major_Add
Text	新增专业信息

（5）添加标签、文本框、组合框、按钮等元素，各元素属性的设置如表 9-6 所示。

表 9-6　各元素的属性设置

元 素 名	属 性	设 置 值
标签（共 4 个）	Name	lbl_ID、lbl_Name、lbl_College、lbl_Education
	Text	专业代号、专业名称、院部代号、院部名称
文本框（共 4 个）	Name	txt_ID、txt_Name、txt_College、txt_Education
按钮（共 1 个）	Name	btn_save
	Text	保存

设置好的窗体如图 9-28 所示。

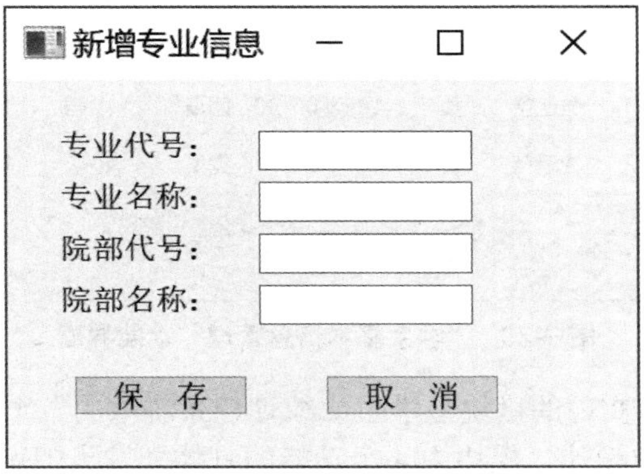

图 9-28　"专业信息添加"功能窗体

（6）编写添加记录事件过程程序代码。

```python
def save_click(self):
    major_id = self.txt_ID.text()
    major_name = self.txt_Name.text()
    depart_id = self.txt_College.text()
    depart_name = self.txt_Education.text()
    if len(major_id) == 0 or len(major_name) == 0 or len(depart_id) == 0 or len(depart_name) == 0:
            reply = QMessageBox.warning(self, "警告", "输入的信息不能为空！")
            return
    mysql = mysql_db()
    insert_sql = "insert into bmajor(major_id,major_name, depart_id ,depart_name) values('%s','%s', '%s', '%s')" % (major_id, major_name, depart_id, depart_name)
    mysql.insert_sql(insert_sql)
    reply = QMessageBox.warning(self, "信息", "信息保存成功！")
    major.showdata()
    self.close()
```

任务 9.2.3 学生成绩管理系统中的"学生基本信息管理"功能模块的设计

【任务描述】在学生成绩管理系统项目中增加"学生基本信息管理"功能模块,要求实现学生基本信息的显示、新增、修改和删除 4 个功能,其界面如图 9-29 所示。

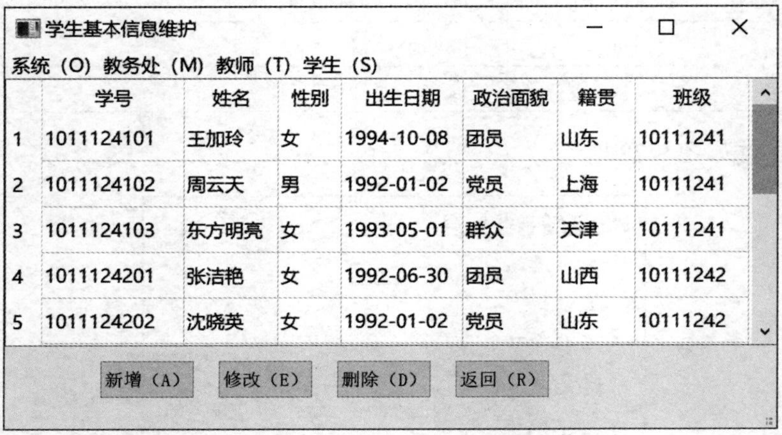

图 9-29 "学生基本信息管理"功能界面

【任务分析】本任务要实现的模块是学生成绩管理系统中的一个主要功能模块,所以仍在 StudentInfoManager 项目中设计。模块中 4 个功能的具体开发步骤可参看【任务实现】部分。

【任务实现】

(1)主窗体设计,其主要属性如表 9-7 所示。

表 9-7 窗体的主要属性

属 性	设 置 值
Name	UcStudent
Text	学生基本信息维护

(2)表格、按钮等元素都来自于父类的继承,各元素属性的设置如表 9-8 所示。

表 9-8 各元素的属性设置

元 素 名	属 性	设 置 值
表格	Name	tableView
按钮(共 4 个)	Name	btn_add、btn_edit、btn_delete、btn_return
	Caption	新增、修改、删除、返回

(3)编写事件过程程序代码。

● 初始化:

```
class Student_Form(QtWidgets.QMainWindow, Ui_UcStudent):
    def __init__(self):
```

264

```
            super(Student_Form, self).__init__()
            self.setupUi(self)
            self.showdata()
    def showdata(self):
            # 准备数据模型
            self.sm = QtGui.QStandardItemModel()
            # 设置数据头栏名称
            self.sm.setHorizontalHeaderItem(0, QtGui.QStandardItem("学号"))
            self.sm.setHorizontalHeaderItem(1, QtGui.QStandardItem("姓名"))
            self.sm.setHorizontalHeaderItem(2, QtGui.QStandardItem("性别"))
            self.sm.setHorizontalHeaderItem(3, QtGui.QStandardItem("出生日期"))
            self.sm.setHorizontalHeaderItem(4, QtGui.QStandardItem("政治面貌"))
            self.sm.setHorizontalHeaderItem(5, QtGui.QStandardItem("班级"))
            self.sm.setHorizontalHeaderItem(6, QtGui.QStandardItem("籍贯"))
            # 设置数据条目
            mysql = mysql_db()
            select_sql = "select * from studentinfo"
            result = mysql.select_all_sql(select_sql)
            if result:
                    count = 0
                    for row in result:
                            self.sm.setItem(count, 0, QtGui.QStandardItem(row[1]))
                            self.sm.setItem(count, 1, QtGui.QStandardItem(row[0]))
                            self.sm.setItem(count, 2, QtGui.QStandardItem(row[2]))
                            self.sm.setItem(count, 3, QtGui.QStandardItem(str(row[3])))
                            self.sm.setItem(count, 4, QtGui.QStandardItem(row[4]))
                            self.sm.setItem(count, 5, QtGui.QStandardItem(row[5]))
                            self.sm.setItem(count, 6, QtGui.QStandardItem(row[6]))
                            count = count + 1
            # 将数据模型绑定到 QTableView
            self.tableView.setModel(self.sm)
            # QTableView
            self.tableView.setColumnWidth(0, 180)
            self.tableView.setColumnWidth(1, 100)
            self.tableView.setColumnWidth(2, 80)
            self.tableView.setColumnWidth(3, 120)
            self.tableView.setColumnWidth(4, 80)
            self.tableView.setColumnWidth(5, 150)
            self.tableView.setColumnWidth(6, 80)
```

● 新增功能：

```
# Student_Form 类中定义"新增"按钮的函数
def add_click(self):
     student_add.show()
#主程序中定义 student_add 变量
if __name__ == "__main__":
     import sys
```

```
        app = QtWidgets.QApplication(sys.argv)
        student_add = StudentAdd_Form()
    #定义 StudentAdd_Form
    class StudentAdd_Form(QtWidgets.QWidget, Ui_Student_Add):
        def__init__(self):
            super(StudentAdd_Form, self).__init__()
            self.setupUi(self)
            def save_click(self):
            print("save_click")
            xh = self.txt_Xh.text()
            name = self.txt_Name.text()
            sex = self.combo_Sex.currentText()
            birth = self.date_Birth.text()
            members = self.combo_Nation.currentText()
            class_id = self.txt_StuClass.text()
            family_place = self.txt_Native.text()
            print(birth)
            if len(name) == 0 or len(xh) == 0 or len(sex) == 0 or len(birth)==
0 or \
                    len(members) == 0 or len(class_id) == 0 or len(family_
place) == 0:
                reply = QMessageBox.warning(self, "警告", "输入的信息不能为空！")
                return
            mysql = mysql_db()
            insert_sql = "insert into bstudent (stud_id, stud_name, stud_sex,
birth, members, class_id, family_place) values('%s', '%s', '%s', " \
                    "'%s', '%s', '%s', '%s')" % (xh,name,sex,birth, members,
class_id, family_place)
            mysql.insert_sql(insert_sql)
            reply = QMessageBox.warning(self, "信息", "信息保存成功！")
            student.showdata()
            self.close()
```

● 删除功能：

```
    def delete_click(self):
        reply = QMessageBox.question(self, "确认", "是否确定删除？",QMessageBox.Yes
| QMessageBox.No)
        if reply == QMessageBox.Yes:
            result = self.tableView.currentIndex().row()
            try:
                str = self.sm.data(self.sm.index(result,0));
                mysql = mysql_db()
                del_sql = "delete from bstudent where stud_id ='%s'" % (str)
                mysql.delete_sql(del_sql)
                reply = QMessageBox.warning(self, "信息", "信息删除成功！")
                student.showdata()
            except Exception as e:
```

```
                print(e)
```

● 修改功能：

```
# Student_Form 类中定义"修改"按钮的函数
def edit_click(self):
    result = self.tableView.currentIndex().row()
    str = self.sm.data(self.sm.index(result, 0));
    self.mySignal.emit(str)  # 发射信号
    student_edit.show()
#定义 StudentEdit_Form
class StudentEdit_Form(QtWidgets.QWidget, Ui_Student_Edit):
    def __init__(self):
        super(StudentEdit_Form, self).__init__()
        self.setupUi(self)
        self.showdata()

    def showdata(self):
        my = Student_Form()
        my.mySignal.connect(self.getDialogSignal)

    def getDialogSignal(self, connect):
        try:
            mysql = mysql_db()
            insert_sql = "select * from bstudent where stud_id='%s'" % (connect)
            result = mysql.select_sql(insert_sql,1)
            print(result)
            if result:
                self.txt_Xh.setText(result[1])
                self.txt_Name.setText(result[0])
                self.combo_Sex.setCurrentText(result[2])
                self.date_Birth.setTime(result[3])
                self.combo_Nation.setCurrentText(result[4])
                self.txt_StuClass.setText(result[5])
                self.txt_Native.setText(result[6])
        except Exception as e:
            print(e)

    def save_click(self):
        xh = self.txt_Xh.text()
        name = self.txt_Name.text()
        sex = self.combo_Sex.currentText()
        birth = self.date_Birth.text()
        nation = self.combo_Nation.currentText()
        stuclass = self.txt_StuClass.text()
        native = self.txt_Native.text()
        print(birth)
        if len(name) == 0 or len(xh) == 0 or len(sex) == 0 or len(birth)== 0 or \
```

```
                    len(nation) == 0 or len(stuclass) == 0 or len(native) == 0:
                    reply = QMessageBox.warning(self, "警告", "输入的信息不能为空！")
                    return
            mysql = mysql_db()
            edit_sql = "update bstudent set stud_name ='%s', stud_sex ='%s',
birth='%s', members ='%s', class_id ='%s', family_place ='%s' where xuehao='%s'" %
(name,sex,birth,nation,stuclass,native,xh)
            mysql.edit_sql(edit_sql)
            reply = QMessageBox.warning(self, "信息", "信息修改成功！")
            student.showdata()
            self.close()
```

【任务总结】在 PyCharm Community 2019 中使用 Python 语言设计学生成绩管理系统中的
"用户登录"、"专业信息管理"和"学生基本信息管理"功能模块，实现了专业信息、学生信
息的新增、修改、删除和显示功能。

 任务 9.3　使用 PHP 开发 B/S 结构的学生成绩管理系统

【任务描述】在 WAMPServer 集成开发环境中，使用 PHP 编程技术设计学生成绩管理系
统中的"学生基本信息管理"、"课程信息管理"和"成绩信息管理"功能模块。

【任务分析与知识储备】要实现本任务的功能，首先要了解 PHP 开发数据库应用系统的
相关知识和技能，下面主要从 PHP 编程知识、PHP 访问 MySQL 数据库两个方面进行简要介绍。

（一）PHP 编程知识简介

PHP 是一种服务器端的脚本编程语言。自 PHP5.0 版本发布以来，PHP 以其方便快速的
风格、丰富的函数功能和开放的源代码，迅速在 Web 系统开发中占据了重要地位，成为世界
上最流行的 Web 应用编程语言之一。

1. PHP 工作原理

PHP 的所有应用程序都是通过 Web 服务器（如 IIS 或 Apache）和 PHP 引擎程序解释执
行完成的，工作过程如图 9-30 所示。

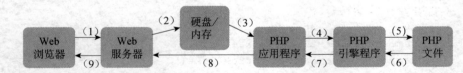

说明：（1）访问PHP文件；（2）取出；（3）调用；（4）发送；（5）扫描、处理数据；（6）返回数据；
（7）动态生成HTML页面；（8）返回数据；（9）返回HTML页面

图 9-30　PHP 工作原理

（1）用户在浏览器地址中输入要访问的 PHP 页面文件名，然后回车就会触发这个 PHP
请求，并将请求传送给支持 PHP 的 Web 服务器。

（2）Web 服务器接收这个请求，并根据其后缀进行判断，如果是一个 PHP 请求，Web 服务器从硬盘或内存中取出用户要访问的 PHP 应用程序，并将其发送给 PHP 引擎程序。

（3）PHP 引擎程序将会对 Web 服务器传送过来的文件从头到尾进行扫描并依据命令从后台读取、处理数据，并动态地生成相应的 HTML 页面。

（4）PHP 引擎程序将生成 HTML 页面返回给 Web 服务器。Web 服务器再将 HTML 页面返回给客户端浏览器。

2. 标记与注释

（1）标记。由于 PHP 是嵌入式脚本语言，它在实际开发中经常与 HTML 内容混编在一起，所以为了区分 HTML 与 PHP 代码，需要使用标记对 PHP 代码进行标识。

对于 PHP7 之前的版本，支持 4 种标记，如表 9-9 所示。而在 PHP7 中，仅支持标准标记（<?php ?>）和短标记（<? ?>）。

表 9-9　PHP 的标记

标记类型	开始标记	结束标记
标准标记	<?php	?>
短标记	<?	?>
ASP 式标记	<%	%>
Script 标记	<script language="php">	</script>

（2）注释。在 PHP 开发中，为了便于大家对代码的阅读和维护，可以使用注释进行解释和说明。它在程序解析时会被 PHP 解析器忽略。PHP 支持的注释风格有 3 种，具体使用如下所示。

● C++风格的单行注释"//"。

```
< ?php
        echo 'Hello, PHP';      //输出一句话
?>
```

上述示例中，"//"后的内容"输出一句话"是一个单行注释，以"//"开始，到改行结束或 PHP 标记结束之前的内容都是注释。

● C 风格的多行注释"/*......*/"。

```
< ?php
    /*
    echo 'Hello, PHP';
    echo 100+200 ;
    */
?>
```

上述示例中"/*"和"*/"之间的内容为多行注释，多行注释以"/*"开始，以"*/"结束。同时，多行注释中可以嵌套单行注释，但不能再嵌套多行注释。

● Shell 风格的注释"#"。

```
< ?php
```

```
        echo 'Hello, PHP';          #输出一句话
    ?>
```

上述示例中"#"是一个 Shell 风格的单行注释。由于"//"注释在 PHP 开发中更加流行，因此推荐大家使用"//"注释，而对"#"注释了解即可。

（3）输出语句。输出语句的使用很简单，它不仅可以输出各种类型的数据，还可以在学习和开发中进行简单的调试。PHP 提供了一系列的输出语句，其中常用的有 echo、print、var_dump() 和 print_r()。下面介绍一下 echo 和 var_dump()。

● echo。echo 可将紧跟其后的一个或多个字符串、表达式、变量和常量的值输出到页面中，多个数据之间使用逗号","。使用示例如下：

```
echo 'true';              //方式1，输出结果：true
echo 'result=',4+3*3;     //方式2，输出结果：result=13
```

● var_dump()。var_dump()不仅可以打印一个或多个任意类型的数据，还可以获取数据的类型和元素个数。示例如下：

```
var_dump(2);                    //输出结果：int(2)
var_dump('PHP', 'c');           //输出结果：string(3) "PHP" string(1) "c"
```

（二）在 PHP 中访问 MySQL 数据库

通过前面的学习，我们了解到，想要完成对 MySQL 数据库的操作，首先要启动 MySQL 数据库服务器，输入用户名和密码；然后选择要操作的数据库，执行具体 SQL 语句，获取到结果。

同样地，在 PHP 应用中，想要完成与 MySQL 服务器的交互，也需要经过上述步骤。PHP 访问 MySQL 的基本步骤具体如图 9-31 所示。

图 9-31　PHP 访问 MySQL 的基本步骤

1. 连接数据库

由于在 PHP 和 MySQL 进行增、删、改、查交互的时候都需要连接数据库，因此可以创建一个专门用于连接数据库的文件 conn.php，代码如下：

```php
<?php
    //连接服务器
    $link=mysqli_connect("localhost","root","") or die('服务器连接失败！');
    //选择数据库
```

```php
    mysqli_select_db($link,'studentscore') or die('数据库连接失败！');
    //设置字符集
    mysqli_set_charset($link,"utf8");
?>
```

2. 执行 SQL 语句

完成 PHP 与 MySQL 服务器的连接后，就可以通过 SQL 语句操作数据库了。在 MySQL 扩展中，通常使用 mysqli_query()函数发送 SQL 语句，获取执行结果。当函数执行 SELECT、SHOW、DESCRIBE 或 EXPLAIN 查询时，返回值是查询结果集；而对于其他查询，执行成功返回 true，否则返回 false。

接下来通过一个查询学生信息的案例 query.php 来演示如何使用 mysqli_query()来执行 SQL 语句，代码如下：

```php
<?php
    require "conn.php";
    $sql="select * from bstudent";
    $result = mysqli_query($link,$sql);
    var_dump($result);
?>
```

该案例的执行结果如图 9-32 所示。从该结果集输出内容可以看出，本次查询结果包含了 7 个字段，15 条记录。

```
D:\wamp64\www\studentscore\query.php:5:
object(mysqli_result)[2]
  public 'current_field' => int 0
  public 'field_count' => int 7
  public 'lengths' => null
  public 'num_rows' => int 15
  public 'type' => int 0
```

图 9-32　结果集输出

3. 处理结果集

由于函数 mysqli_query()在执行 SELECT、SHOW、EXPLAIN 或 DESCRIBE 的 SQL 语句后，返回的是一个资源类型的结果集，因此，需要使用函数从结果集中获取信息。MySQLi 扩展中常用的处理结果集的函数如表 9-10 所示。

表 9-10　MySQLi 扩展处理结果集的函数

标记类型	开始标记
mysqli_num_rows()	获取结果集中行的数量
mysqli_fetch_all()	获取所有的结果，并以数组方式返回
mysqli_fetch_array()	获取一行结果，并以数组方式返回
mysqli_fetch_assoc()	获取一行结果，并已关联数组返回
mysqli_fetch_row()	获取一行结果，并以索引数组返回

271

下面将 query.php 案例进行扩充，将查询到的学生信息提取并显示出来。文件名为 student.php，代码如下：

```php
<?php
    require "conn.php";
    $sql="select * from bstudent";
    $result = mysqli_query($link,$sql);
?>
<table>
    <tr>
        <th>学号</th>
        <th>姓名</th>
        <th>性别</th>
    </tr>
<?php
    while($row=mysqli_fetch_assoc($result))
    {
?>
        <tr>
            <td align="center"><?php echo $row['stud_Id'];?></td>
            <td align="center"><?php echo $row['stud_name'];?></td>
            <td align="center"><?php echo $row['stud_sex'];?></td>
        </tr>
<?php
    }
?>
</table>
```

4. 释放资源与关闭连接

在进行数据库交互获取到结果集，并通过相应函数对结果集进行处理后，可以使用_free_result()来释放结果集，使用 mysqli_close()来释放打开的数据库连接。完善 student.php 代码，具体代码如下：

```php
<?php
    require "conn.php";
    $sql="select * from bstudent";
    $result = mysqli_query($link,$sql);
?>
<table>
    <tr>
        <th>学号</th>
        <th>姓名</th>
        <th>性别</th>
    </tr>
<?php
    while($row=mysqli_fetch_assoc($result))
    {
```

```
?>
        <tr>
            <td align="center"><?php echo $row['stud_Id'];?></td>
            <td align="center"><?php echo $row['stud_name'];?></td>
            <td align="center"><?php echo $row['stud_sex'];?></td>
        </tr>
<?php
    }
    mysqli_free_result($result);
    mysqli_close($link);
?>
</table>
```

对 PHP 的编程知识及其访问 MySQL 数据库的方法有所了解后，下面将本任务分解为 **3 个子任务**说明其在任务实现中的应用。

任务 9.3.1 学生成绩管理系统中"学生基本信息管理"功能的设计

【**任务描述**】使用 PHP 设计并实现学生成绩管理系统中"学生基本信息管理"功能模块，要求实现"学生列表显示""学生信息添加""学生信息修改" 3 个功能。"学生列表显示"页面如图 9-32 所示。

图 9-32 "学生列表显示"页面

【**任务分析**】本任务可以使用多个 PHP 文件来实现上述功能，各个文件的功能如表 9-11 所示，每个功能的具体实现参看任务实现。

表 9-11 "学生基本信息管理"模块文件列表

文 件 名	功 能
student.php	学生列表显示
add_ student.php	学生信息添加
doadd_ student.php	执行学生信息添加
edit_ student.php	学生信息修改
doedit. student.php	执行学生信息修改

【任务实现】

1. 任务准备

本任务是在 WAMPServer 集成环境中加以实现的，首先在 www 文件夹下新建文件夹 studentscore，并且根据需要，将本任务所需要的 css、js、图片，以及第三方类复制到该文件夹。

2. 创建数据库连接文件

由于在学生列表显示、学生信息添加、学生信息修改等功能中都需要连接数据库，因此创建数据库连接文件 conn.php，关键代码如下：

```php
<?php
    //连接服务器
    $link=mysqli_connect("localhost","root","") or die('服务器连接失败！');
    //选择数据库
    mysqli_select_db($link,'studentscore') or die('数据库连接失败！');
    //设置字符集
    mysqli_set_charset($link,"utf8");
?>
```

3. 创建"学生列表显示"页面

（1）"学生列表显示"页面的设计。"学生列表显示"页面的主要功能是以分页显示方式将学生信息显示出来的，同时，提供学生添加、修改功能。此外，为了方便切换课程管理和成绩管理，还提供了相应超链接。

新建一动态网页，保存为 student.php，该文件的关键代码如下：

```html
<!DOCTYPE html>
<html lang="cn">
<head>
    <meta charset="UTF-8">
    <title>学生列表</title>
    <link href="static/css/bootstrap.min.css" type="text/css" rel= "stylesheet" />
    <link href="static/reset.css" type="text/css" rel="stylesheet" />
</head>
<body>
    <div class="container-fluid">
        <div class="row">
            <div class="col-md-12 bg-primary p30" align="center">
```

274

```
                    <h1>学生列表</h1>
                    <hr />
                    <a href="student.php" class="btn btn-default">学生列表页</a>
                    <a href="add_student.php" class="btn btn-default">添加学生</a>
                    <a href="score.php" class="btn btn-primary">成绩管理</a>
                    <a href="course.php" class="btn btn-primary">课程管理</a>
            </div>
        </div><!--END row-->
        <div class="clearfix"></div>
        <div class="row mt30">
            <div class="col-md-12">
                <table class="table table-hover bg-info">
                    <tr>
                        <th>学号</th>
                        <th>姓名</th>
                        <th>性别</th>
                        <th>出生日期</th>
                        <th>政治面貌</th>
                        <th>家庭住址</th>
                        <th>班级</th>
                        <th>操作</th>
                    </tr>
<?php
    require "conn.php";
    $sql_count="select count(*) as total from bstudent";
    $result_count=mysqli_query($link,$sql_count);
    $row_count=mysqli_fetch_assoc($result_count);
    if(empty($row_count))
    {
        echo "<script>alert('当前没有任何成绩信息！');</script>";
        exit;
    }
    $total=$row_count['total'];
    $pagesize=10;
    $pagenum=ceil($total/$pagesize);
    $page=isset($_GET['page'])?$_GET['page']:1;
    $page=$page<1?1:$page;
    $page=$page>$pagenum?$pagenum:$page;
    $start=($page-1)*$pagesize;
    $sql="select stud_id,stud_name,stud_sex,birth,members,family_place,
class_name from bstudent join bclass where bstudent.class_id=bclass.class_id limit
{$start},{$pagesize}";
    $result = mysqli_query($link,$sql);
    while($row = mysqli_fetch_assoc($result))
    {
?>
                    <tr>
                        <td><?php echo $row['stud_Id'];?></td>
```

275

```
                    <td><?php echo $row['stud_name'];?></td>
                    <td><?php echo $row['stud_sex'];?></td>
                    <td><?php echo $row['birth'];?></td>
                    <td><?php echo $row['members'];?></td>
                    <td><?php echo $row['family_place'];?></td>
                    <td><?php echo $row['class_name'];?></td>
                    <td>
                        <a href="edit_student.php?id=<?php echo
$row['stud_Id'];?>" class="btn btn-primary btn-sm">编辑</a>
                    </td>
                </tr>
    <?php
        }
    ?>
                </table>
            </div>
        </div>
    </div>
    <div align="center">
        <a href="score.php?page=1">首页</a>    <a href=
"score.php?page=<?php echo $page-1;?>">上一页</a>    <a href=
"score.php?page=<?php echo $page+1;?>">下一页</a>    <a href=
"score.php?page=<?php echo $pagenum?>">尾页</a>
    </div>
</body>
</html>
```

（2）"学生信息添加"页面的设计。

● 新建一动态网页，保存为 add_student.php，并设计网页上静态显示的内容，如图 9-33 所示。

图 9-33   设置好的"学生信息添加"页面

add_student.php 文件的关键代码如下：

```
<form class="form-horizontal" role="form" action="doadd_student.php" method=
"post">
      <div class="form-group">
          <label class="col-sm-3 control-label col-lg-3">所属班级</label>
              <div class="col-lg-6">
                  <div class="iconic-input right">
                      <select name="class_id" class="form-control" >
                      <?php
                          require "conn.php";
                          $sql_class="select * from bclass";
                          $result_class = mysqli_query($link,$sql_class);
                          while($row_class= mysqli_fetch_assoc($result_class))
                          {
                      ?>
                      <option value="<?php echo $row_class['class_id'];?>">
<?php echo $row_class['class_name'];?></option>
                      <?php
                          }
                      ?>
                  </select>
              </div>
          </div>
      </div>
      <div class="form-group">
          <label class="col-sm-3 control-label col-lg-3"></label>
          <div class="col-lg-6">
              <div class="iconic-input right">
                  <input type="submit" class="form-control btn-primary"
value="添加">
              </div>
          </div>
      </div>
  </form>
```

● 再新建一动态网页，保存为 doadd_student.php，用于将学生添加到 studentscore 数据库的 bstudent 表中。页面的关键代码为：

```
<?php
    require "conn.php";
    $stud_Id=$_POST['stud_Id'];
    $stud_name=$_POST['stud_name'];
    $stud_sex=$_POST['stud_sex'];
    $birth=$_POST['birth'];
    $members=$_POST['members'];
    $family_place=$_POST['family_place'];
    $class_id=$_POST['class_id'];
```

```
$sql="insert into bstudent
values('{$stud_Id}','{$stud_name}','{$stud_sex}','{$birth}','{$members}','{$fa
mily_place}','{$class_id}')";
      $result = mysqli_query($link,$sql);
      if($result)
      {
            echo "<script>alert('添加学生成功！');location='student.php';</script>";
      }
      else
      {
            echo "<script>alert('添加学生失败！');</script>";
      }
?>
```

（3）"学生信息修改"页面的设计。

● 新建一动态网页，保存为 edit_student.php，并设计网页上静态显示的内容，如图 9-34 所示。

图 9-34　设置好的"学生信息修改"页面

edit_student.php 文件的核心代码如下：

```php
<?php
      require "conn.php";
      if(!isset($_GET['id']))
      {
            echo "<script>alert('非法操作');location='student.php';</script>";
      }
      $id=$_GET['id'];
      $sql="select * from bstudent where stud_id='{$id}'";
      $result = mysqli_query($link,$sql);
      $row = mysqli_fetch_assoc($result);
      if($row)
      {
```

```
    ?>
    <form class="form-horizontal" role="form" action="doedit_student.php" method=
"post">
        <div class="form-group">
            <label  class="col-lg-3 col-sm-3 control-label">学号</label>
            <div class="col-lg-6">
                <div class="iconic-input">
                    <input type="text" name="stud_Id" value="<?php echo $row
['stud_Id'];?>" class="form-control" placeholder="学号" readonly>
                </div>
            </div>
        </div>
        <div class="form-group">
            <label  class="col-lg-3 col-sm-3 control-label">姓名</label>
            <div class="col-lg-6">
                <div class="iconic-input right">
                    <input type="text" name="stud_name" value="<?php echo
$row['stud_name'];?>" class="form-control" placeholder="姓名">
                </div>
            </div>
        </div>
        <div class="form-group">
            <label  class="col-lg-3 col-sm-3 control-label">性别</label>
            <div class="col-lg-6">
                <div>
                    <input type="radio" name="stud_sex" value="男" <?php if
($row['stud_sex']=='男') echo 'checked';?>>男
                    <input type="radio" name="stud_sex" value="女" <?php
if($row['stud_sex']=='女') echo 'checked';?>>女
                </div>
            </div>
        </div>
        <div class="form-group">
            <label  class="col-lg-3 col-sm-3 control-label">出生日期</label>
            <div class="col-lg-6">
                <div class="iconic-input">
                    <input type="date" name="birth" class="form-control" value
="<?php echo $row['birth'];?>"/>
                </div>
            </div>
        </div>
        <div class="form-group">
            <label  class="col-lg-3 col-sm-3 control-label">政治面貌</label>
            <div class="col-lg-6">
                <div class="iconic-input right">
                    <input type="radio" name="members" value="党员" <?php
if($row['members']=='党员') echo 'checked';?>/>党员
                    <input type="radio" name="members" value="团员" <?php
if($row['members']=='团员') echo 'checked';?>/>团员
```

279

```html
                        <input type="radio" name="members" value="群众" <?php
if($row['members']=='群众') echo 'checked';?>/>群众
                    </div>
                </div>
            </div>
            <div class="form-group">
                <label  class="col-lg-3 col-sm-3 control-label">家庭住址</label>
                <div class="col-lg-6">
                    <div class="iconic-input right">
                        <input type="text" name="family_place" value="<?php echo
$row['family_place'];?>" class="form-control spinner" placeholder="家庭地址">
                    </div>
                </div>
            </div>
            <div class="form-group">
                <label class="col-sm-3 control-label col-lg-3">所属班级</label>
                <div class="col-lg-6">
                    <div class="iconic-input right">
                        <select name="class_id" class="form-control" >
                            <?php
                                $sql_class="select * from bclass";
                                $result_class = mysqli_query($link,$sql_class);
                                while($row_class = mysqli_fetch_assoc($result_
class))

                                {
                            ?>
                            <option value="<?php echo $row_class['class_id'];?>"
<?php if($row_class['class_id']==$row['class_id']) echo 'selected';?>><?php echo
$row_class['class_name'];?></option>
                            <?php
                                }
                            ?>
                        </select>
                    </div>
                </div>
            </div>
            <div class="form-group">
                <label class="col-sm-3 control-label col-lg-3"></label>
                <div class="col-lg-6">
                    <div class="iconic-input right">
                        <input type="submit" class="form-control btn-primary"
value="修改">
                    </div>
                </div>
            </div>
    </form>
    <?php
        }
    ?>
```

● 再新建一动态网页，保存为 doedit_student.php，用于修改 studentscore 数据库的 bstudent 表中该学生的信息。页面的关键代码为：

```php
<?php
    require "conn.php";
    $stud_Id=$_POST['stud_Id'];
    $stud_name=$_POST['stud_name'];
    $stud_sex=$_POST['stud_sex'];
    $birth=$_POST['birth'];
    $members=$_POST['members'];
    $family_place=$_POST['family_place'];
    $class_id=$_POST['class_id'];
    $sql="update bstudent set stud_name='{$stud_name}',stud_sex='{$stud_sex}',birth='{$birth}',members='{$members}',family_place='{$family_place}',class_id='{$class_id}' where stud_Id='{$stud_Id}'";
    $result = mysqli_query($link,$sql);
    if($result)
    {
        echo "<script>alert('学生修改信息成功！');location='student.php';</script>";
    }
?>
```

4. 测试运行

（1）启动 WAMPServer。

（2）打开浏览器，输入地址 http://localhost/scorescore/student.php（注：地址中的 localhost 也可为 127.0.0.1 或本地计算机在局域网中的 IP 地址，student.php 为成绩列表显示页面），即可显示"学生基本信息管理"页面，如图 9-35 所示。

图 9-35　"学生基本信息管理"页面效果图

281

任务 9.3.2　学生成绩管理系统中的"课程信息管理"功能的设计

【**任务描述**】使用 PHP 设计并实现学生成绩管理系统中的"课程信息管理"功能模块，要求实现"课程列表显示""课程信息添加""课程信息修改"3 个功能。"课程列表显示"页面如图 9-36 所示。

图 9-36　"课程列表显示"页面

【**任务分析**】本任务可以需要使用多个 PHP 文件来实现上述功能，各个文件的功能具体如表 9-12 所示，每个功能的具体实现参看任务实现。

表 9-12　"课程信息管理"模块文件列表

文 件 名	功　　能
course.php	课程列表显示
add_course.php	课程信息添加
doadd_course.php	执行课程信息添加
edit_course.php	课程信息修改
doedit.course.php	执行课程信息修改

【**任务实现**】

1. 任务准备

本任务是在 WAMPServer 集成环境中加以实现的，首先在 www 文件夹下新建文件夹 studentscore，并且根据需要，将本任务所需要的 css、js、图片，以及第三方类复制到该文件夹。

2. 创建数据库连接文件

由于在课程列表显示、课程信息添加、课程信息修改等功能中都需要连接数据库，因此创建数据库连接文件 conn.php，关键代码如下：

```php
<?php
    //连接服务器
    $link=mysqli_connect("localhost","root","") or die('服务器连接失败！');
    //选择数据库
    mysqli_select_db($link,'studentscore') or die('数据库连接失败！');
    //设置字符集
    mysqli_set_charset($link,"utf8");
?>
```

3. 创建"课程列表显示"页面

（1）"课程列表显示"页面的设计。"课程列表显示"页面的主要功能是以分页显示方式将课程信息显示出来的，同时，提供课程添加、修改功能。此外，为了方便切换学生管理和成绩管理，还提供了相应超链接。

新建一动态网页，保存为 course.php，该文件的关键代码如下：

```html
<!DOCTYPE html>
<html lang="cn">
<head>
    <meta charset="UTF-8">
    <title>课程列表</title>
    <link href="static/css/bootstrap.min.css" type="text/css" rel="stylesheet" />
    <link href="static/reset.css" type="text/css" rel="stylesheet" />
</head>
<body>
    <div class="container-fluid">
        <div class="row">
            <div class="col-md-12 bg-primary p30" align="center">
                <h1>课程列表</h1>
                <hr />
                <a href="course.php" class="btn btn-default">课程列表页
</a>
                <a href="add_course.php" class="btn btn-default">添加课程
</a>
                <a href="score.php" class="btn btn-primary">成绩管理</a>
                <a href="student.php" class="btn btn-primary">学生管理</a>
            </div>
        </div><!--END row-->
        <div class="clearfix"></div>
        <div class="row mt30">
            <div class="col-md-12">
                <table class="table table-hover bg-info">
```

```html
                                <tr>
                                        <th>课程号</th>
                                        <th>课程名</th>
                                        <th>课程类型</th>
                                        <th>学时</th>
                                        <th>学分</th>
                                        <th>操作</th>
                                </tr>
```
```php
    <?php
        require "conn.php";
        $sql_count="select count(*) as total from bcourse";
        $result_count=mysqli_query($link,$sql_count);
        $row_count=mysqli_fetch_assoc($result_count);
        if(empty($row_count))
        {
            echo "<script>alert('当前没有任何课程信息！');</script>";
            exit;
        }
        $total=$row_count['total'];
        $pagesize=10;
        $pagenum=ceil($total/$pagesize);
        $page=isset($_GET['page'])?$_GET['page']:1;
        $page=$page<1?1:$page;
        $page=$page>$pagenum?$pagenum:$page;
        $start=($page-1)*$pagesize;
        $sql="select * from bcourse limit {$start},{$pagesize}";
        $result = mysqli_query($link,$sql);
        while($row = mysqli_fetch_assoc($result))
        {
    ?>
                                <tr>
                                        <td><?php echo $row['course_id'];?></td>
                                        <td><?php echo $row['course_name'];?></td>
                                        <td><?php echo $row['course_type'];?></td>
                                        <td><?php echo $row['hours'];?></td>
                                        <td><?php echo $row['credit'];?></td>
                                        <td>
                                                <a href="edit_course.php?id=<?php echo
$row['course_id'];?>" class="btn btn-primary btn-sm">编辑</a>
                                        </td>
                                </tr>
    <?php
        }
    ?>
                        </table>
```

```
                    </div>
                </div>
            </div>
            <div align="center">
                    <a href="course.php?page=1">首页</a>    <a
href="course.php?page=<?php echo $page-1;?>">上一页</a>    
<a href="course.php?page=<?php echo $page+1;?>">下一页</a>   
 <a href="course.php?page=<?php echo $pagenum?>">尾页</a>
            </div>
        </body>
    </html>
```

（2）"课程信息添加"页面的设计。

● 新建一动态网页，保存为 add_course.php，并设计网页上静态显示的内容，如图 9-37
所示。

图 9-37 设置好的"课程信息添加"页面

● 再新建一动态网页，保存为 doadd_course.php，用于将课程添加到 studentscore 数据库
的 bcourse 表中。页面的关键代码为：

```php
<?php
    require "conn.php";
    $course_id=$_POST['course_id'];
    $course_name=$_POST['course_name'];
    $course_type=$_POST['course_type'];
    $hours=$_POST['hours'];
    $credit=$_POST['credit'];
    $sql="insert into bcourse
values('{$course_id}','{$course_name}','{$course_type}',{$hours},{$credit})";
    $result = mysqli_query($link,$sql);
    if($result)
    {
```

```
         echo "<script>alert('添加课程成功！');location='course.php';</script>";
    }
    else
    {
         echo "<script>alert('添加课程失败！');</script>";
    }
    ?>
```

（3）"课程信息修改"页面的设计。

● 新建一动态网页，保存为 edit_course.php，并设计网页上静态显示的内容，如图 9-38 所示。

图 9-38　设置好的"课程信息修改"页面

edit_course.php 文件的核心代码如下：

```
<?php
    require "conn.php";
    if(!isset($_GET['id']))
    {
         echo "<script>alert('非法操作');location='course.php';</script>";
    }
    $id=$_GET['id'];
    $sql="select * from bcourse where course_id='{$id}'";
    $result = mysqli_query($link,$sql);
    $row = mysqli_fetch_assoc($result);
    if($row)
    {
?>
    <form class="form-horizontal" role="form" action="doedit_course.php"
method="post">
         <div class="form-group">
              <label  class="col-lg-3 col-sm-3 control-label">课程号</label>
```

286

```
                <div class="col-lg-6">
                        <div class="iconic-input">
                                <input type="text" name="course_id" value="<?php echo
$row['course_id'];?>" class="form-control" placeholder="课程号" readonly>
                        </div>
                </div>
        </div>
        <div class="form-group">
                <label  class="col-lg-3 col-sm-3 control-label">课程名</label>
                <div class="col-lg-6">
                        <div class="iconic-input right">
                                <input type="text" name="course_name" value="<?php echo
$row['course_name'];?>" class="form-control" placeholder="课程名">
                        </div>
                </div>
        </div>
        <div class="form-group">
                <label  class="col-lg-3 col-sm-3 control-label">课程类型</label>
                <div class="col-lg-6">
                        <div>
                                <input type="radio" name="course_type" value="必修" <?php
if($row['course_type']=='必修') echo 'checked';?>>必修
                                <input type="radio" name="course_type" value="选修" <?php
if($row['course_type']=='选修') echo 'checked';?>>选修
                        </div>
                </div>
        </div>
        <div class="form-group">
                <label  class="col-lg-3 col-sm-3 control-label">学时</label>
                <div class="col-lg-6">
                        <div class="iconic-input">
                                <input type="input" name="hours" class="form-control"
value="<?php echo $row['hours'];?>"/>
                        </div>
                </div>
        </div>
        <div class="form-group">
                <label  class="col-lg-3 col-sm-3 control-label">学分</label>
                <div class="col-lg-6">
                        <div class="iconic-input">
                                <input type="input" name="credit" class="form-control"
value="<?php echo $row['credit'];?>"/>
                        </div>
                </div>
        </div>
```

```
        <div class="form-group">
            <label class="col-sm-3 control-label col-lg-3"></label>
            <div class="col-lg-6">
                <div class="iconic-input right">
                    <input type="submit" class="form-control btn-primary"
value="修改">
                </div>
            </div>
        </div>
    </form>
    <?php
        }
    ?>
```

● 再新建一动态网页，保存为 doedit_course.php，用于修改 studentscore 数据库的 bcourse 表中该课程的信息。页面的关键代码为：

```
<?php
    require "conn.php";
    $course_id=$_POST['course_id'];
    $course_name=$_POST['course_name'];
    $course_type=$_POST['course_type'];
    $hours=$_POST['hours'];
    $credit=$_POST['credit'];
    $sql="update bcourse set
course_name='{$course_name}',course_type='{$course_type}', hours={$hours},
credit={$credit} where course_id='{$course_id}'";
    $result = mysqli_query($link,$sql);
    if($result)
    {
        echo "<script>alert('课程信息修改成功！
');location='course.php';</script>";
    }
    else
    {
        echo "<script>alert('课程信息修改失败！');</script>";
    }
?>
```

4. 测试运行

（1）启动 WAMPServer。

（2）打开浏览器，输入地址 http://localhost/scorescore/course.php（注：地址中的 localhost 也可为 127.0.0.1 或本地计算机在局域网中的 IP 地址，course.php 为成绩列表显示页面），即可显示 "课程信息管理" 页面，如图 9-39 所示。

288

图 9-39　"课程信息管理"页面效果图

任务 9.3.3　学生成绩管理系统中的"学生成绩管理"功能的设计

【任务描述】使用 PHP 设计并实现学生成绩管理系统中的"学生成绩管理"功能模块，要求实现"成绩列表显示"、"成绩信息添加"、"成绩信息修改"、"成绩信息删除"以及"批量导入成绩"5 个功能。"成绩列表显示"页面如图 9-40 所示。

图 9-40　"成绩列表显示"页面

【任务分析】本任务可以使用多个 PHP 文件来实现上述功能，各个文件的功能具体如表 9-13 所示，每个功能的具体实现参看任务实现。

表 9-13 "成绩管理"模块文件列表

文 件 名	功 能
score.php	成绩列表显示
add_score.php	添加成绩信息
doadd_score.php	执行添加成绩信息
edit_score.php	修改成绩信息
doedit.score.php	执行修改成绩信息
delete_score.php	删除成绩信息
import_score.php	批量导入成绩
doimport_score.php	执行批量导入成绩

【任务实现】

1. 任务准备

本任务是在 WAMPServer 集成环境中加以实现的，首先在 www 文件夹下新建文件夹 studentscore，并且根据需要，将本任务所需要的 css、js、图片，以及第三方类复制到该文件夹。

2. 创建数据库连接文件

由于在成绩列表显示、添加成绩、修改成绩、删除成绩等功能中都需要连接数据库，因此创建数据库连接文件 conn.php，关键代码如下：

```php
<?php
    //连接服务器
    $link=mysqli_connect("localhost","root","") or die('服务器连接失败！');
    //选择数据库
    mysqli_select_db($link,'studentscore') or die('数据库连接失败！');
    //设置字符集
    mysqli_set_charset($link,"utf8");
?>
```

3. 创建"成绩列表显示"页面

（1）"成绩列表显示"页面的设计。"成绩列表显示"页面的主要功能是以分页显示方式将成绩信息显示出来的，同时，提供成绩添加、删除、修改和批量导入功能。此外，为了方便切换学生管理和课程管理，还提供了相应超链接。

新建一动态网页，保存为 score.php，该文件的关键代码如下：

```
<!DOCTYPE html>
<html lang="cn">
<head>
```

```html
<meta charset="UTF-8">
<title>成绩列表</title>
<link href="static/css/bootstrap.min.css" type="text/css" rel="stylesheet" />
<link href="static/reset.css" type="text/css" rel="stylesheet" />
</head>
<body>
    <div class="container-fluid">
        <div class="row">
            <div class="col-md-12 bg-primary p30" align="center">
                <h1>成绩列表</h1>
                <hr />
                <a href="score.php" class="btn btn-default">成绩列表页</a>
                <a href="add_score.php" class="btn btn-default">添加成绩
</a>
                <a href="import_score.php" class="btn btn-default">批量
导入成绩</a>
                <a href="course.php" class="btn btn-primary">课程管理</a>
                <a href="student.php" class="btn btn-primary">学生管理</a>
            </div>
        </div><!--END row-->
        <div class="clearfix"></div>
        <div class="row mt30">
            <div class="col-md-12">
                <table class="table table-hover bg-info">
                    <tr>
                        <th>学号</th>
                        <th>姓名</th>
                        <th>课程</th>
                        <th>课程类型</th>
                        <th>学时</th>
                        <th>学分</th>
                        <th>学期</th>
                        <th>成绩</th>
                        <th>补考成绩</th>
                        <th>操作</th>
                    </tr>
<?php
    require "conn.php";
    $sql_count="select count(*) as total from bscore";
    $result_count=mysqli_query($link,$sql_count);
    $row_count=mysqli_fetch_assoc($result_count);
    if(empty($row_count))
    {
        echo "<script>alert('当前没有任何成绩信息！');</script>";
        exit;
```

```
        }
        $total=$row_count['total'];
        $pagesize=10;
        $pagenum=ceil($total/$pagesize);
        $page=isset($_GET['page'])?$_GET['page']:1;
        $page=$page<1?1:$page;
        $page=$page>$pagenum?$pagenum:$page;
        $start=($page-1)*$pagesize;
        $sql="select stud_cod,bscore.stud_id as stud_id,stud_name,course_name,
course_type,hours,credit,term,score,makeup from bscore,bstudent,bcourse where
bscore.stud_id=bstudent.stud_Id and bscore.course_id=bcourse.course_id limit
{$start},{$pagesize}";
        $result = mysqli_query($link,$sql);
        while($row = mysqli_fetch_assoc($result))
        {
    ?>
                            <tr>
                                <td><?php echo $row['stud_id'];?></td>
                                <td><?php echo $row['stud_name'];?></td>
                                <td><?php echo $row['course_name'];?></td>
                                <td><?php echo $row['course_type'];?></td>
                                <td><?php echo $row['hours'];?></td>
                                <td><?php echo $row['credit'];?></td>
                                <td><?php echo $row['term'];?></td>
                                <td><?php echo $row['score'];?></td>
                                <td><?php echo $row['makeup'];?></td>
                                <td>
                                    <a href="edit_score.php?id=<?php echo $row
['stud_cod'];?>" class="btn btn-primary btn-sm">编辑</a>
                                    <a href="delete_score.php?id=<?php echo
$row['stud_cod'];?>" class="btn btn-danger btn-sm">删除</a>
                                </td>
                            </tr>
    <?php
        }
    ?>
                    </table>
                </div>
            </div>
        </div>
        <div align="center">
            <a href="score.php?page=1">首页</a>    <a href=
"score.php?page=<?php echo $page-1;?>">上一页</a>    <a href=
"score.php?page=<?php echo $page+1;?>">下一页</a>    <a href=
"score.php?page=<?php echo $pagenum?>">尾页</a>
```

```
        </div>
    </body>
    </html>
```

（2）"成绩信息添加"页面的设计。

● 新建一动态网页，保存为 add_score.php，并设计网页上静态显示的内容，同时根据现有系统课程学生和课程情况，以下拉列表的形式将上述信息显示在下拉列表中，如图 9-41 所示。

图 9-41　设置好的"成绩信息添加"页面

add_score.php 文件的关键代码如下：

```php
<?php
    require "conn.php";
?>
<form class="form-horizontal" role="form" action="doadd_score.php"
method="post">
<div class="form-group">
<label  class="col-lg-3 col-sm-3 control-label">学生</label>
                <div class="col-lg-6">
                    <div class="iconic-input right">
                        <select name="stud_id" class="form-control" >
                            <?php
                                $sql_student="select * from bstudent";
                                $result_student = mysqli_query($link,$sql_
student);
                                while($row_student = mysqli_fetch_
assoc($result_student))
                                {
                            ?>
                            <option value="<?php echo $row_student['stud_
Id'];?>"><?php echo
$row_student['stud_Id']."-".$row_student['stud_name'];?></option>
```

293

```
                                        <?php
                                            }
                                        ?>
        </select>
                            </div>
                        </div>
            </div>
            <div class="form-group">
                    <label  class="col-lg-3 col-sm-3 control-label">课程</label>
                        <div class="col-lg-6">
                                <div class="iconic-input right">
                                    <select name="course_id" class="form-control" >
                                        <?php
                                            $sql_course="select * from bcourse";
                                                $result_course = mysqli_query($link,
$sql_course);

                                                $row_course = mysqli_fetch_assoc
($result_course);

                                                while($row_course = mysqli_fetch_assoc
($result_course))
                                                    {
                                ?>
                                            <option value="<?php echo $row_course['course_
id'];?>"><?php echo $row_course['course_id']."-".$row_course['course_name'];?>
</option>
                                            <?php
                                                }
                                ?>
        </select>
                                </div>
                        </div>
                        </div>
                        <div class="form-group">
                            <label  class="col-lg-3 col-sm-3 control-label">学期</label>
                            <div class="col-lg-6">
                                <div class="iconic-input right">
                                    <select name="term" class="form-control" >
                                            <option value="1">1</option>
                                            <option value="2">2</option>
                                            <option value="3">3</option>
                                            <option value="4">4</option>
                                            <option value="5">5</option>
                                            <option value="6">6</option>
                                    </select>
                                </div>
```

```
                </div>
            </div>
            <div class="form-group">
                <label  class="col-lg-3 col-sm-3 control-label">成绩</label>
            <div class="col-lg-6">
                <div class="iconic-input">
                        <input type="input" name="score" class="form-control"/>
                </div>
                </div>
            </div>
            <div class="form-group">
                <label class="col-sm-3 control-label col-lg-3"></label>
                <div class="col-lg-6">
                <div class="iconic-input right">
                        <input type="submit" class="form-control btn-primary"
value="添加">
                    </div>
            </div>
            </div>
    </form>
```

● 再新建一动态网页，保存为 doadd_score.php，用于将成绩添加到 studentscore 数据库的 bscore 表中。页面的关键代码为：

```php
<?php
    require "conn.php";
    $stud_id=$_POST['stud_id'];
    $course_id=$_POST['course_id'];
    $term=$_POST['term'];
    $score=$_POST['score'];
    $sql="insert into bscore values(null,'{$stud_id}','{$course_id}',{$term},
{$score},null)";
    $result = mysqli_query($link,$sql);
    if($result)
    {
        echo "<script>alert('添加成绩成功！');location='score.php';</script>";
    }
    else
    {
        echo "<script>alert('添加成绩失败！');</script>";
    }
?>
```

（3）"成绩信息修改"页面的设计

● 新建一动态网页，保存为 edit_score.php，并设计网页上静态显示的内容，如图 9-42 所示。

图 9-42 设置好的"成绩信息修改"页面

edit_score.php 文件的核心代码如下：

```php
<?php
    require "conn.php";
    if(!isset($_GET['id']))
    {
        echo "<script>alert('非法操作');location='course.php';</script>";
    }
    $id=$_GET['id'];
    $sql="select stud_cod,bscore.stud_id as
stud_id,stud_name,course_name,course_type,hours,credit,term,score,makeup from
bscore,bstudent,bcourse where bscore.stud_id=bstudent.stud_Id and bscore.course_
id=bcourse.course_id and stud_cod='{$id}'";
    $result = mysqli_query($link,$sql);
    $row = mysqli_fetch_assoc($result);
    if($row)
    {
?>
    <form class="form-horizontal" role="form" action="doedit_score.php"
method="post">
            <div class="form-group">
                <label  class="col-lg-3 col-sm-3 control-label">学号</label>
                <div class="col-lg-6">
                    <div class="iconic-input">
                        <input type="hidden" name="stud_cod" value=
"<?php echo $row['stud_cod'];?>" />
                        <input type="text" name="stud_id" value="<?php
echo $row['stud_id'];?>" class="form-control" placeholder="学号" readonly>
                    </div>
```

```
                </div>
            </div>
            <div class="form-group">
                <label  class="col-lg-3 col-sm-3 control-label">姓名</label>
                <div class="col-lg-6">
                    <div class="iconic-input right">
                        <input type="text" name="stud_name"
value="<?php echo $row['stud_name'];?>" class="form-control" placeholder="课程名
" readonly>
                    </div>
                </div>
            </div>
            <div class="form-group">
                <label  class="col-lg-3 col-sm-3 control-label">课程类型
</label>
                <div class="col-lg-6">
                    <div class="iconic-input">
                        <input type="text" name="course_type" class=
"form-control" value="<?php echo $row['course_type'];?>" readonly />
                    </div>
                </div>
            </div>
            <div class="form-group">
                <label  class="col-lg-3 col-sm-3 control-label">课程</label>
                <div class="col-lg-6">
                    <div class="iconic-input">
                        <input type="input" name="course_name" class=
"form-control" value="<?php echo $row['course_name'];?>" readonly />
                    </div>
                </div>
            </div>
            <div class="form-group">
                <label  class="col-lg-3 col-sm-3 control-label">学时</label>
                <div class="col-lg-6">
                    <div class="iconic-input">
                        <input type="input" name="hours" class="form-
control" value="<?php echo $row['hours'];?>" readonly />
                    </div>
                </div>
            </div>
            <div class="form-group">
                <label  class="col-lg-3 col-sm-3 control-label">学分</label>
                <div class="col-lg-6">
                    <div class="iconic-input">
                        <input type="input" name="credit" class="form-
control" value="<?php echo $row['credit'];?>" readonly />
                    </div>
```

```
                        </div>
                </div>
                <div class="form-group">
                        <label class="col-lg-3 col-sm-3 control-label">学期</label>
                        <div class="col-lg-6">
                                <div class="iconic-input">
                                        <input type="input" name="term" class="form-
control" value="<?php echo $row['term'];?>" readonly />
                                </div>
                        </div>
                </div>
                <div class="form-group">
                        <label class="col-lg-3 col-sm-3 control-label">成绩</label>
                        <div class="col-lg-6">
                                <div class="iconic-input">
                                        <input type="input" name="score" class="form-
control" value="<?php echo $row['score'];?>"/>
                                </div>
                        </div>
                </div>
                <div class="form-group">
                        <label class="col-lg-3 col-sm-3 control-label">补考成绩
</label>
                        <div class="col-lg-6">
                                <div class="iconic-input">
                                        <input type="input" name="makeup" class="form-
control" value="<?php echo $row['makeup'];?>"/>
                                </div>
                        </div>
                </div>
                <div class="form-group">
                        <label class="col-sm-3 control-label col-lg-3"></label>
                        <div class="col-lg-6">
                                <div class="iconic-input right">
                                        <input type="submit" class="form-control btn-
primary" value="修改">
                                </div>
                        </div>
                </div>
        </form>
<?php
        }
?>
```

● 再新建一动态网页，保存为 doedit_score.php，用于修改 studentscore 数据库的 bscore
表中该学生的成绩。页面的关键代码为：

```
<?php
```

```php
    require "conn.php";
    $stud_cod=$_POST['stud_cod'];
    $score=$_POST['score'];
    if(!empty($_POST['makeup']))
    {
        $makeup=$_POST['makeup'];
        $sql="update bscore set score={$score}, makeup={$makeup} where stud_
cod={$stud_cod}";
    }
    else
    {
        $sql="update bscore set score={$score} ,makeup=null where stud_cod=
{$stud_cod}";
    }
    $result = mysqli_query($link,$sql);
    if($result)
    {
        echo "<script>alert('成绩修改信息成功！');location='score.php';
</script>";
    }
    else
    {
        echo "<script>alert('成绩修改信息失败！');</script>";
    }
?>
```

（4）"成绩信息删除"页面的设计。新建一动态网页，保存为 delete_score.jsp，用于删除成绩记录。页面的关键代码为：

```php
<?php
    require "conn.php";
    if(!isset($_GET['id']))
    {
        echo "<script>alert('非法操作');location='score.php';</script>";
    }
    $id=$_GET['id'];
    $sql="delete from bscore where stud_cod='{$id}'";
    $result = mysqli_query($link,$sql);
    if($result)
    {
        echo "<script>alert('成绩信息删除成功！');location='score.php';
</script>";
    }
    else
    {
        echo "<script>alert('成绩信息删除失败！');</script>";
    }
?>
```

（5）"批量导入成绩"页面的设计。

● 在确保符合外键约束的前提下，本系统提供了批量导入功能，可以将 Excel 文件中的成绩批量导入 studentscore 数据库的 bscore 表中。新建一个 import_score.php 文件，如图 9-43 所示。

图 9-43　"批量导入成绩"页面

import_score.php 文件的关键代码如下所示：

```
<form enctype="multipart/form-data" action="doimport_score.php"
method="post">
    <div class="form-group">
        <label for="exampleInputPassword1">下载模板</label>
        请先<a href="sample.xlsx">下载 Excel 例子模板</a>编辑后上传文件
    </div>
    <div class="form-group">
        <label for="exampleInputFile">选择文件</label>
        <input type="file" name="myfile">
    </div>
    <input type="submit" class="btn btn-primary" value="上传文件" />
</form>
```

● 再新建一动态网页，保存为 doimport_score.php，用于执行将 Excel 文件中的数据批量导入 studentscore 数据库的 bscore 表中。页面的关键代码为：

```
<?php
    header("Content-type:text/html;charset=utf-8");
    function upExecel()
    {
        //判断是否选择了要上传的表格
        if (empty($_POST['myfile'])) {
            echo "<script>alert(您未选择表格);history.go(-1);</script>";
        }
        //获取表格的大小，限制上传表格的大小 5MB
        $file_size = $_FILES['myfile']['size'];
        if ($file_size>5*1024*1024)
        {
```

```
                echo "<script>alert('上传失败，上传的表格不能超过 5MB 的大小');
history.go(-1);</script>";
                exit();
        }
        //限制上传表格类型
        $file_type = $_FILES['myfile']['type'];
        //application/vnd.ms-excel  为 xls 文件类型
        if ($file_type!='application/vnd.ms-excel' and $file_type!=
'application/vnd.openxmlformats-officedocument.spreadsheetml.sheet')
        {
                echo "<script>alert('上传失败，只能上传 excel 文件!');history.
go(-1)</script>";
                exit();
        }
        //判断表格是否上传成功
        if (is_uploaded_file($_FILES['myfile']['tmp_name']))
        {
                require_once './classes/PHPExcel.php';
                require_once './classes/PHPExcel/IOFactory.php';
                require_once './classes/PHPExcel/Reader/Excel2007.php';
                require_once './classes/PHPExcel/Reader/Excel5.php';
                //以上三步加载 PHPExcel 的类
        if($file_type=='application/vnd.openxmlformats-officedocument.
spreadsheetml.sheet')
                        $objReader = PHPExcel_IOFactory::createReader
('Excel2007');//use excel2007 for 2007 format
                else
                        $objReader = PHPExcel_IOFactory::createReader('Excel5');
                //接收存在缓存中的 Excel 表格
                $filename = $_FILES['myfile']['tmp_name'];
                $objPHPExcel = $objReader->load($filename); //$filename 可以
是上传的表格，或者是指定的表格
                $sheet = $objPHPExcel->getSheet(0);
                $highestRow = $sheet->getHighestRow(); //取得总行数
                //循环读取 Excel 表格,读取一条,插入一条
                //j 表示从哪一行开始读取，这里从第二行开始读取，因为第一行是标题不保存
                //$a 表示列号
                for($j=2;$j<=$highestRow;$j++)
                {
                        $stud_id = $objPHPExcel->getActiveSheet()->getCell
("A".$j)->getValue();
                        $course_id = $objPHPExcel->getActiveSheet()->getCell
("B".$j)-> getValue();
                        $term = $objPHPExcel->getActiveSheet()->getCell("C".
$j)->getValue();
                        $score = $objPHPExcel->getActiveSheet()->getCell("D".
$j)->getValue();
```

```
require 'conn.php';
//null 为主键 id，自增可用 null 表示自动添加
$sql = "INSERT INTO bscore VALUES(null,'{$stud_id}',
'{$course_id}',{$term},{$score},null)";
$result=mysqli_query($link,$sql);
if(!$result)
{
        echo "<script>alert('数据导入失败！');location=
'score.php';</script>";
}
}
}
echo "<script>alert('数据导入成功！');location='score.php';</script>";
}
//调用
upExecel();
?>
```

4. 测试运行

（1）启动 WAMPServer。

（2）打开浏览器，输入地址 http://localhost/scorescore/score.php（注：地址中的 localhost 也可为 127.0.0.1 或本地计算机在局域网中的 IP 地址，score.php 为成绩列表显示页面），即可显示成绩管理界面，如图 9-44 所示。

图 9-44 "成绩信息管理"页面效果图

【**任务总结**】本任务使用 PHP 语言设计学生成绩管理系统中的"学生基本信息管理"、"课程信息管理"和"成绩信息管理"功能模块，实现了学生基本信息、课程信息、成绩信息

的添加、修改、删除和浏览功能。

项目小结：本项目围绕数据库应用系统开发的内容与方法，以学生成绩管理系统在 2 种不同的开发环境中的开发过程为主线，介绍了 C/S、B/S 应用程序体系结构的特点和应用场合，使用 Python 和 PHP 设计数据库应用系统时涉及到的数据库访问技术、编程技巧和开发步骤。

习题九

一、选择题

1. 下列（　　）不是 Python 的编程特点。
   A. 面向对象　　　　　　　　　　B. 可扩展性和可嵌入性
   C. 免费开源　　　　　　　　　　D. 强大的 MFC 类库
2. 下列符号中，表示 Python 的单行注释的是（　　）。
   A. #　　　　　　B. //　　　　　　C. /*......*/　　　　D. <!-- -->
3. 下列各项中，（　　）不属于 PHP 的标记（定界符）。
   A. <%...%>　　　B. <?php...?>　　C. <?...?>　　　　D. <#...#>
4. 在 Python 中，使用（　　）关键字创建自定义函数。
   A. function　　　B. def　　　　　C. func　　　　　D. proc
5. 在 Python 中，下面（　　）是类的构造函数，在生成对象时调用。
   A. __name__　　　B. __call__　　　C. __init__　　　D. __del__
6. 在 PHP 中，使用 mysqli 对象的（　　）方法可以对 MySQL 执行一次查询。
   A. connect()　　　B. select_db()　　C. query()　　　D. fetch_assoc()

二、填空题

1. 数据库应用系统是在_____的支持下运行的一类计算机应用软件。开发数据库应用系统不仅要进行数据库的设计，还要进行_____的设计。
2. C/S 结构是基于_____技术而实现的。在 C/S 结构中，常将那些运行应用程序并向另一计算机请求服务的计算机称为_____，而用来接收客户机的请求并将数据库处理结果传送给客户机的计算机称为_____。
3. B/S 结构是基于_____技术而实现的。在物理结构上，它由_____、_____和_____组成。而在逻辑结构上，B/S 包含三层：_____层、_____层和_____层。
4. 在 PyCharm 集成环境中开发 Python 应用程序的步骤为：新建项目、_____、_____和_____。
5. 如果要在 Python 程序中通过直接书写连接字符串代码来连接数据库，此时需要引入_____模块。
6. 使用 mysqli_result 对象的_____属性可以获取结果集中包含的字段数。

三、判断题

1. 客户端应用程序与数据库服务器必须位于同一台计算机上。　　　　　　　　（　　）
2. PyCharm 是开发 Python 应用程序的集成开发环境。　　　　　　　　　　（　　）

3. Python 中的多行语句可以使用反斜杠来实现。 （   ）

4. Python 中可以使用 return 语句返回函数值，而不带 return 的函数表示返回 None。
（   ）

5. PHP 的所有应用程序都是通过 Web 服务器和 PHP 引擎程序解释执行完成的。 （   ）

6. 使用 mysqli 对象的 select_db()方法可以为执行的查询选择一个默认的数据库。 （   ）

四、简答题

1. 试述 C/S、B/S 两种数据库应用程序体系结构的特点。

2. 通过上网查询，说明 Python 还有哪些应用领域。

3. 通过上网查询，简述 PHP 语言具有哪些主要特点。

4. 试述 PHP 访问 MySQL 数据库的基本流程。

5. 试述通过 PHP 添加记录的主要步骤。

五、项目实践（训）题

1. 仿照任务 9.2.2，试在 PyCharm Community 2019 中用 Python 语言设计人事管理系统中的"部门信息录入与维护"功能，使之能实现部门信息的添加、修改、删除和显示。

2. 仿照任务 9.2.3，试在 PyCharm Community 2019 中使用 Python 语言设计人事管理系统中的"雇员信息录入与维护"功能，使之能实现雇员信息的添加、修改和删除。

3. 仿照任务 9.3.1，试在 WAMPServer 集成环境中使用 PHP 设计人事管理系统中的"雇员信息录入与维护"功能，使之能实现雇员信息的添加、修改、删除和显示。

4. 仿照任务 9.3.2，试在 WAMPServer 集成环境中使用 PHP 设计人事管理系统中的"请假信息管理"功能，实现对人事管理数据库中 bleave 表中数据的添加、修改、删除和显示。

附 录

一、studentscore 数据库各数据表数据实例

（1）bmajor（专业信息表）数据表记录如附表 1-1 所示。

附表 1-1 bmajor 数据表记录

记录号	major_id	major_name	depart_id	depart_name
1	31	计算机应用	30	信息学院
2	32	计算机网络	30	信息学院
3	11	机电一体化	10	机电学院
4	12	数控技术	10	机电学院
5	13	计算机控制	10	机电学院
6	21	电子商务	20	工商学院

（2）bclass（班级信息表）数据表记录如附表 1-2 所示。

附表 1-2 bclass 数据表记录

记录号	class_id	class_name	class_num	major_id	length	depart_id
1	30311231	计应 1231	45	31	3	30
2	30311232	计应 1232	45	31	3	30
3	10111241	机电 1241	40	11	4	10
4	10111242	机电 1242	40	11	4	10
5	10121231	数控 1231	40	12	3	10
6	10131331	计控 1331	40	13	3	10
7	30321331	网络 1331	45	32	3	30
8	10111331	机电 1331	45	11	3	10
9	20211331	电商 1331	45	21	3	20

（3）bstudent（学生信息表）数据表记录如附表 1-3 所示。

附表 1-3　bstudent 数据表记录

记录号	stud_id	stud_name	stud_sex	birth	members	family_place	class_id
1	3031123101	张山	男	94/08/28	团员	江苏	30311231
2	3031123102	武云峰	男	93/05/02	团员	上海	30311231
3	3031123103	孙玉凤	女	94/12/10	群众	江苏	30311231
4	3032133101	刘飞	男	93/11/29	团员	江苏	30321331
5	3032133102	褚葛林生	男	92/12/02	群众	山东	30321331
6	1011124101	王加玲	女	94/10/08	团员	山东	10111241
7	1011124102	周云天	男	92/01/02	党员	上海	10111241
8	1011124103	东方明亮	女	93/05/01	群众	天津	10111241
9	1011124201	张洁艳	女	92/06/30	团员	山西	10111242
10	1011124202	沈晓英	女	92/05/30	党员	山东	10111242
11	1012123101	杨洪艳	女	94/06/22	群众	江苏	10121231
12	1013133101	李伟	男	92/08/25	党员	山东	10131331
13	1012123102	王静静	女	93/09/15	团员	江苏	10121231
14	1013133102	李永生	男	92/07/17	党员	浙江	10131331
15	1012123105	吴小威	男	92/04/05	群众	浙江	10121231
16	3032133103	王正东	男	95/11/04	团员	山东	30321331
17	3032133104	李海	男	91/10/15	群众	山西	30321331

（4）bcourse（课程信息表）数据表记录如附表 1-4 所示。

附表 1-4　bcourse 数据表记录

记录号	course_id	course_name	course_type	hours	credit
1	10001	电子技术	必修	80	5
2	10002	机械制图	必修	64	4
3	10003	数控机床	必修	72	5
4	20001	商务基础	选修	32	2
5	20002	国际贸易	必修	64	4
6	30001	计算机基础	必修	60	4
7	30002	网络技术基础	必修	80	5
8	30003	常用工具软件	选修	48	3
9	30004	数据库原理	必修	72	5

（5）bscore（学生成绩表）数据表记录如附表 1-5 所示。

附表 1-5　bscore 数据表记录

stud_cod	stud_id	course_id	term	score	makeup
1	3031123101	30001	1	69.5	
2	3031123101	30002	2	78.0	
3	3031123102	30001	1	83.5	
4	3031123103	30001	1	90.5	
5	3031123103	30002	2	81.0	
6	3031123103	30003	3	91.5	
7	3032133102	30002	2	92.0	
8	1011124101	10001	1	74.5	
9	1011124101	10002	2	80.0	
10	1011124102	10001	1	46.5	
11	1011124102	10002	2	65.0	
12	1012123101	10002	2	76.0	
13	1012123101	10003	3	71.0	
14	1012123101	30003	4	80.0	

（6）users（用户信息表）数据表记录如附表 1-6 所示。

附表 1-6　users 数据表记录

记录号	users_dh	users_name	users_bz	password
1	2018090101	admin	1	A8327533
2	2018090201	teacher1	2	T1234567
3	2019090202	teacher2	2	T7654321
4	2018090301	student1	3	S1234567
5	2019090302	student2	3	S7654321

注：学生学号的前 8 位表示班级代号，后 2 位为顺序编号。其中，班级代号的前 2 位为院部代号，接着 2 位为专业代号，然后是年份和学制，最后 1 位为顺序编号。

二、people 数据库各数据表数据实例

（1）bdept（部门信息表）数据表记录如附表 2-1 所示。

附表 2-1　bdept 数据表记录

记录号	deptid	deptname	deptnum	depttel	deptmanager
1	3011	生产部	200	67603011	王心林
2	2012	宣传部	4	67602012	武云
3	2011	人事部	5	67602011	诸葛明月
4	2013	财务部	5	67602013	杨佳

记录号	deptid	deptname	deptnum	depttel	deptmanager
5	2014	公用部	15	67602014	张明亮
6	3012	机修部	12	67501052	李一
7	3013	后勤部	20	67602015	沈英

（2）bemployee（职工信息表）数据表记录如附表 2-2 所示。

附表 2-2　bemployee 数据表记录

employeeid	name	sex	birthday	birthplace	identity
301101	王心林	男	08/28/74	江苏	320504197408283021
301102	孙凤玉	女	05/02/73	上海	32050419730502302X
201201	武云	男	12/10/74	江苏	320504197412103024
201101	诸葛明月	男	11/29/73	江苏	320504197311293023
201102	陆琴	女	12/10/84	云南	320504198412103023
201301	杨佳	女	06/22/74	江苏	320504197406223026
301103	李伟	男	08/25/72	山东	320504197208253021
201401	张明亮	女	05/01/73	上海	320504197305013027
301104	张洁艳	女	06/30/82	江苏	320504198206303022
301201	李一	男	12/02/72	山东	320504197212023021
201302	张三	女	10/08/84	山东	320504198410083028
201202	周天明	男	01/02/82	上海	320504198201023025
301301	沈英	女	05/30/72	山东	32050419720530302X
301302	李也	男	05/30/82	河北	32050419820530302X

political	culture	marital	zhicheng	deptid
群众	高中	已婚	技术员	3011
党员	大学本科	已婚	工程师	3011
群众	大学本科	已婚	工程师	2012
群众	大学专科	已婚	技术员	2011
团员	大学本科	未婚	技术员	2011
党员	大学专科	未婚	工程师	2013
党员	大学专科	已婚	高级工程师	3011
群众	研究生	未婚	高级工程师	2014
群众	研究生	已婚	工程师	3011
群众	大学本科	已婚	会计师	3012
团员	大学本科	未婚	审计师	2013

political	culture	marital	zhicheng	deptid
团员	大学专科	未婚	工程师	2012
党员	研究生	已婚	工程师	3013
群众	大学本科	已婚	技术员	3013

（3）bleave（考勤信息表）数据表记录如附表 2-3 所示。

附表 2-3　bleave 数据表记录

记录号	leave_id	employeeid	start_date	end_date	days	reason	signer
1	10001	201203	2016-1-23	2016-1-24	1	事假	武云
2	10002	301102	2016-2-1	2016-2-4	3	病假	王心林
3	10003	201203	2016-8-1	2016-8-3	2	事假	武云
4	10004	201302	2016-9-1	2016-9-5	4	病假	杨佳
5	10005	301102	2016-9-5	2016-9-6	1	事假	王心林
6	20001	301103	2017-10-12	2017-10-14	2	病假	王心林
7	20002	301302	2017-11-5	2017-11-5	0.5	事假	沈英

（4）bsalary（工资信息表）数据表记录如附表 2-4 所示。

附表 2-4　bsalary 数据表记录

salary_id	employeeid	b_salary	p_salary	subsidy	total_salary	deduct	final_salary
060101	201201	3000.0	800.5	150.0		250.0	
060102	201202	2400.5	600.0	150.0		300.0	
060103	201101	3000.0	800.0	150.0		240.0	
060104	201102	2500.0	600.0	150.0		200.0	
060105	201301	3000.0	800.0	150.0		250.0	
060106	201401	3000.0	800.0	150.0		260.0	
060107	201402	3100.0	600.0	150.0		150.0	
060108	301301	3300.0	800.05	150.0		250.0	
060109	301302	3000.0	600.0	150.0		280.0	
060110	301101	3500.0	800.0	150.0		260.0	
060111	301102	2600.0	600.0	150.0		200.0	
060112	301103	2800.0	600.0	150.0		300.0	
060113	301104	3000.0	800.0	150.0		240.0	
060114	201302	2500.0	600.0	150.0		220.0	

注：职工号的前 4 位表示部门号，其后为顺序编号。